Python
极客项目编程 第2版

PYTHON PLAYGROUND 2ND EDITION

[美] 马赫什·文基塔查拉姆（Mahesh Venkitachalam）◎ 著　　袁国忠 ◎ 译

人民邮电出版社

北京

图书在版编目（ＣＩＰ）数据

Python极客项目编程 / （美）马赫什·文基塔查拉姆
(Mahesh Venkitachalam) 著 ；袁国忠译. -- 2版. --
北京 ： 人民邮电出版社，2024.7
  ISBN 978-7-115-64236-3

  Ⅰ．①P… Ⅱ．①马… ②袁… Ⅲ．①软件工具一程序
设计 Ⅳ．①TP311.561

  中国国家版本馆CIP数据核字(2024)第076880号

◆ 著　　　　［美］马赫什·文基塔查拉姆（Mahesh Venkitachalam）

　　译　　　　袁国忠

　　责任编辑　龚昕岳

　　责任印制　王　郁　焦志炜

◆ 人民邮电出版社出版发行　　北京市丰台区成寿寺路 11 号

　　邮编　100164　　电子邮件　315@ptpress.com.cn

　　网址　https://www.ptpress.com.cn

　　三河市君旺印务有限公司印刷

◆ 开本：800×1000　1/16

　　印张：21　　　　　　　　　2024 年 7 月第 2 版

　　字数：486 千字　　　　　　2025 年 2 月河北第 6 次印刷

　　著作权合同登记号　图字：01-2024-0845 号

定价：69.80 元

读者服务热线：**(010)81055410** 印装质量热线：**(010)81055316**
反盗版热线：**(010)81055315**

内 容 提 要

    Python 是一种解释型、面向对象、动态数据类型的高级程序设计语言，通过 Python 编程能够解决现实生活中的很多问题。本书并不介绍 Python 语言的基础知识，而是通过一系列有趣的项目，展示如何用 Python 解决各种实际问题，以及如何使用一些流行的 Python 库。

    本书共 15 章，每章讲解一个有趣的 Python 项目，这些项目可以分成 5 个部分：第一部分是热身，包括科赫雪花、繁花曲线；第二部分是模拟生命，包括康威生命游戏、使用 Karplus-Strong 算法生成泛音、群体行为模拟；第三部分是好玩的图形，包括文本图形、照片马赛克、裸眼立体画；第四部分是走进三维，包括理解 OpenGL、圆环面上的康威生命游戏、体渲染；第五部分是玩转硬件，包括在树莓派 Pico 上实现 Karplus-Strong 算法、树莓派激光音乐秀、物联网花园、树莓派音频机器学习。此外，本书还通过附录介绍如何安装 Python 和设置树莓派。

    本书适合已经了解了基本的 Python 语法和编程知识、想要尝试和探索通过 Python 编程解决实际问题的读者阅读，也可作为 Python 初学者练习项目开发的参考用书。

本书第1版获得的赞誉

如果你想熟练地运用 Python 做些聪明的事情，很难找到比此书中的项目更好或更有用的资料来帮助你理解这门语言的工作方式。

——*Network World News Magazine*

每个 Python 程序员的书架上都应有这本书。

——*Full Circle Magazine*

此书中充满有趣的项目。

——iProgrammer 网站

本书适合想进一步提升编程水平和扩展 Python 语言知识的程序员阅读。本书很好地诠释了 Python 的相关细节，并确保读者能够清楚地了解 Python 程序中正在发生的事情。

——InfoQ 网站

本书为具有科学思维的程序员和对编程感兴趣的科学爱好者提供了优秀的项目，适合各种人群阅读。

——《Python 编程快速上手：让繁琐工作自动化》作者 Al Sweigart

这是一本难得一见的编程图书，读起来很有趣，不仅适合中高级 Python 程序员参考，即便是新手也应该读一读。阅读本书的过程始终都很愉快。

——Goodreads 网站评论

此书充满有趣且娱乐性十足的想法，是一部非典型的编程著作，适合编程爱好者用来寻找乐趣，千万不要错过！

——亚马逊网站评论

作 者 简 介

　　马赫什·文基塔查拉姆（Mahesh Venkitachalam）是一名计算机图形学和嵌入式系统顾问，拥有二十余年从业经验。他是 Electronut Labs 的创始人，该公司以开发充满创意的开源硬件著称。他经常撰写有关编程和电子技术的博客。

技术审稿人简介

　　埃里克·莫滕松（Eric Mortenson）拥有威斯康星大学麦迪逊分校数学学士和博士学位，曾在宾夕法尼亚州立大学、昆士兰大学和马克斯·普朗克数学研究所担任研究和教学职务，目前为圣彼得堡国立大学数学和计算机科学副教授。

　　赞德·索尔达特（Xander Soldaat）是乐高 MINDSTORMS 社区前合作伙伴，曾从事 IT 基础架构师和工程师工作 18 年，做过全职软件开发人员，最近重返老本行——Linux 领域，担任 Red Hat 公司的 OpenShift 云架构师。他在闲暇之余喜欢捣鼓机器人、3D 打印和自制复古计算机。

致　　谢

　　有人说，写书就像跑马拉松。本书的编写工作确实考验了我耐力的极限，如果没有亲朋好友和家人的支持和鼓励，这项工作就不可能完成。

　　首先，感谢我的妻子 Hema，在我写作本书的两年时间里，她始终对我充满了爱、鼓励和耐心。感谢我的朋友 Raviprakash Jayaraman，每当我面临困境时，他都与我共进退，并对本书进行审阅，我们一起吃过午餐、看过电影，还一起逛过动物园。感谢 Seby Kallarakkal，他敦促我完成本书的写作，并同我做过有趣的讨论。万分感激 Santosh Hemachandra 博士，他同我讨论快速傅里叶变换，给我提供了极大的帮助。感谢 Karthikeyan Chellappa 帮助我测试 Python 模块的安装情况，还多次与我一起绕着 Kaikondrahalli 湖跑步。还要感谢 Matthew Denham，他让我明白了万花尺的数学原理。

　　感谢 No Starch 出版社的 Tyler Ortman 和 Bill Pollock 接受我编写本书的提案，感谢 Serena Yang 对本书第 1 版所做的专业编辑工作，还要感谢 Nicholas Kramer 对本书第 1 版进行技术审稿。

　　感谢 Nathan Heidelberger 对本书第 2 版所做的细致认真的编辑工作。正是因为他的严谨，第 1 版的很多地方才能得到极大的改进。感谢 Eric Mortenson 和 Xander Soldaat，他们分别对本书的软件部分和硬件部分做了技术审稿。再次感谢 Raviprakash Jayaraman，他在多个操作系统中对第 2 版的代码进行了测试，提供了极大的帮助。还要感谢我的儿子兼办公室同事 Aryan Mahesh，感谢他在我写作本书期间给我讲傻傻的笑话、向我推荐音乐，并同我深入探讨科幻题材的图书和电影。

　　感谢我的父母 A.V. Venkitachalam 和 N. Saraswathy，他们为我提供了超出其经济能力的教育。最后，感谢所有激励过我的老师，真希望一生都能做一名学生。

前　　言

欢迎阅读本书！本书提供 15 个令人兴奋的项目，旨在鼓励读者探索 Python 编程世界。这些项目涵盖各种主题，如绘制繁花曲线图案、进行三维渲染、让激光图案随音乐起舞，以及使用机器学习识别语音等。除本身具有的趣味性外，这些项目还提供了很大的扩展空间，为读者探索自己的创意提供跳板。

本书为谁而写

本书是为想通过编程来理解和探索创意的人编写的，阅读本书需要了解基本的 Python 语法和编程概念，并熟悉高中数学。在每个项目中，我将竭尽全力诠释所需的数学知识。

本书并非 Python 入门教程，不介绍基础知识，而是通过一系列重要项目演示如何使用 Python 解决各种实际问题。在完成这些项目的过程中，你将探索 Python 编程语言的玄妙之处，并学习如何使用一些深受欢迎的 Python 库。更重要的是，你将学习如何将问题化整为零、设计出解决问题的算法并使用 Python 从零开始实现解决方案。

一些实际问题解决起来可能很难，因为它们通常是开放性的，要求你具备众多领域的专业知识，但 Python 提供了帮助你解决问题的工具。在成为专家级程序员的路途中，克服困难、找到实际问题的解决方案是最重要的。

本书涵盖的内容

下面快速浏览一下本书的内容。

第一部分包含几个帮助你热身的项目。

第 1 章 "科赫雪花"，介绍使用递归函数和海龟绘图法绘制有趣的分形图案。

第 2 章 "繁花曲线"，介绍使用参数方程和海龟绘图法绘制类似于万花尺生成的曲线。

第二部分包含多个使用数学模型模拟真实现象的项目。

第 3 章 "康威生命游戏"，介绍使用 NumPy 和 Matplotlib 实现著名的 "元胞自动机" 模型，根据几个简单规则生成不断进化的模拟生命系统。

第 4 章 "使用 Karplus-Strong 算法生成泛音"，介绍如何模拟弹拨乐器的声音，并使用 PyAudio 播放这些声音。

第 5 章 "群体行为模拟"，介绍使用 NumPy 和 Matplotlib 实现 Boids 算法，并模拟鸟群的行为。

第三部分的项目介绍如何使用 Python 读取和操作二维图像。

第 6 章"文本图形",介绍 Python 图像库(Python Imaging Library,PIL)的模块 Pillow,演示如何将图像转换为文本图形。

第 7 章"照片马赛克",介绍将一组较小的图像拼接在一起,创建较大的可识别图像。

第 8 章"裸眼立体画",介绍利用深度贴图和像素操作赋予二维图像立体效果。

第四部分介绍如何使用着色器和 OpenGL 库,基于图形处理单元(Graphics Processing Unit,GPU)快速而高效地渲染三维图形。

第 9 章"理解 OpenGL",介绍有关如何使用 OpenGL 创建简单三维图形的基础知识。

第 10 章"圆环面上的康威生命游戏",介绍如何在三维环面上实现模拟生命系统。

第 11 章"体渲染",介绍用于渲染体数据的体光线投射算法——一种常用于医学成像领域(如 MRI 和 CT)的技术。

最后,第五部分利用树莓派和其他电子元件来介绍如何在嵌入式系统中使用 Python 进行编程。

第 12 章"在树莓派 Pico 上实现 Karplus-Strong 算法",介绍如何组装可演奏的电子乐器,并使用 MicroPython 在微控制器树莓派 Pico 上实现 Karplus-Strong 算法。

第 13 章"树莓派激光音乐秀",介绍如何在树莓派中使用 Python 控制两个旋转镜片和一束激光,从而生成随音乐起舞的激光秀。

第 14 章"物联网花园",介绍使用低功耗蓝牙将树莓派与运行 CircuitPython 的 Adafruit 硬件连接起来,搭建一个对花园温度和湿度进行监控的物联网系统。

第 15 章"树莓派音频机器学习",介绍如何在树莓派中实现语音识别系统,带你进入激动人心的 TensorFlow 机器学习领域。

每章都有"实验"一节,提供如何扩展该章项目或进一步探索相关主题的建议。

本版新增内容

本版包含 5 个新项目,其中包括第 1 章"科赫雪花"和第 10 章"圆环面上的康威生命游戏"。此外,最重要的修订在硬件部分,本版专注于基于树莓派的系统,不再涉及 Arduino。因此,第五部分的每个项目要么是全新的(第 12 章、第 14 章和第 15 章),要么做了全面修订(第 13 章)。通过使用树莓派,本书简化了硬件项目的组装过程,确保专注于 Python 编程,而不再需要在 Python 和 Arduino 编程语言(一种 C++版本)之间切换。通过阅读修订后的第五部分,读者还将体验 MicroPython 和 CircuitPython 编程——两个针对资源有限的嵌入式系统做了优化的Python 版本。

本版的其他重要修订如下。

❑ 第 4 章播放 WAV 文件时,使用 PyAudio 替代 Pygame。

❑ 第 7 章为照片马赛克查找最佳图像匹配时,对线性查找算法和 k-d 树数据结构的性能做了比较。

❑ 第 8 章新增介绍如何创建用于生成裸眼立体画的自定义深度贴图。

❑ 附录 A 新增介绍如何使用 Anaconda 简化 Python 安装。

除这些具体修订外，还对全书进行了审校和修正，并基于第 1 版出版后 Python 发生的变化对代码做了必要的修订。

为何使用 Python

Python 是一种非常适合用来探索编程的语言。作为一种多范式语言，它在程序编写方式方面具有很大的灵活性。可将 Python 作为脚本语言用于执行代码，可将其作为过程型语言用于将程序组织成一组相互调用的函数，还可将其作为面向对象语言，从而使用类、继承和模块来打造层次结构。这种灵活性让用户能够根据项目的需求选择最合适的编程风格。

使用 C 或 C++等更传统的语言进行开发时，必须在运行前编译并链接代码，但使用 Python 时，编写好代码后就可直接运行（在幕后，Python 将代码编译为中间字节码，再由 Python 解释器运行，但这些过程对用户来说是透明的）。在使用 Python 进行实践时，反复修改并运行代码的过程非常简便。

Python 提供了为数不多的几个简单而强大的数据结构，因此只要熟悉字符串、列表、元组、字典、列表推导式及基本控制结构（如 for 和 while 循环），便在学习 Python 的道路上迈出了巨大的一步。Python 语法简洁而富有表现力，只需编写几行代码就能执行复杂的操作。熟悉 Python 内置模块和第三方模块后，便掌握了一整套解决实际问题（如本书中介绍的项目）的工具。可采用标准方式在 Python 中调用 C/C++代码（或者反过来），并且无论要实现什么功能，几乎都能找到相应的 Python 库，这让用户能够在较大的项目中轻松地将 Python 和其他语言模块结合起来使用。正因为如此，Python 被认为是一种绝佳的“胶水语言”，让用户能够轻松地将各种软件组件组合在一起。第四部分的三维图形项目表明，可将 Python 同类似 C 语言的 OpenGL 着色语言结合起来使用。此外，第 14 章将 HTML（超文本标记语言）、CSS（串联样式表）和 JavaScript 结合起来使用，为物联网花园监控器创建 Web 界面。在开发实际软件项目时，通常需要结合使用多种软件技术，Python 非常适合用于开发这样的分层架构。

Python 还提供了一个方便的工具——Python 解释器，让用户能够轻松地检查代码语法、执行快速计算，乃至对正在开发的代码进行测试。编写 Python 代码时，我会同时打开 3 个窗口：文本编辑器、Shell 和 Python 解释器。在编辑器中开发代码时，我将函数或类导入解释器，并在开发的同时进行测试。

在代码中使用新模块前，我还会先使用解释器来熟悉它们。例如，开发第 14 章的物联网花园项目时，我要测试数据库模块 sqlite3。为此，我打开 Python 解释器并尝试执行如下代码，确保自己知道如何创建和添加数据库记录。

```
>>> import sqlite3
>>> con = sqlite3.connect('test.db')
>>> cur = con.cursor()
>>> cur.execute("CREATE TABLE sensor_data (TS datetime, ID text, VAL numeric)")
>>> for i in range(10):
...     cur.execute("INSERT into sensor_data VALUES (datetime('now'),'ABC', ?)", (i, ))
>>> con.commit()
>>> con.close()
>>> exit()
```

为确认上述做法可行，我执行如下代码，以检索前面添加的部分数据：

```
>>> con = sqlite3.connect('test.db')
>>> cur = con.cursor()
>>> cur.execute("SELECT * FROM sensor_data WHERE VAL > 5")
>>> print(cur.fetchall())
[('2021- 10- 16 13:01:22', 'ABC', 6), ('2021- 10- 16 13:01:22', 'ABC', 7),
('2021- 10- 16 13:01:22', 'ABC', 8), ('2021- 10- 16 13:01:22', 'ABC', 9)]
```

这个示例说明了 Python 解释器这个强大工具在开发中的实际用途：要快速进行实验，无须编写完整的程序，打开解释器就可开始。这只是我喜爱 Python（同时认为你也会喜爱它）的众多原因之一。

示例代码

对于本书中每个项目的代码，我都竭尽所能、力图条分缕析地做出详尽的剖析。你可手动输入代码，也可按"资源与支持"页所述方式获取本书所有程序的完整代码。

接下来，我将带领你完成众多令人兴奋的项目，但愿你玩得和我开发时一样开心。别忘了探索每个项目中的实验。祝你在阅读本书的过程中拥有愉快的编程时光！

资源与支持

资源获取

本书提供如下资源：

❑ 本书源代码；

❑ Python 排障手册电子书；

❑ 程序员面试手册电子书；

❑ 异步社区 30 天 VIP 会员。

要获得以上资源，您可以扫描下方二维码，根据指引领取。

提交勘误

作者和编辑尽最大努力来确保书中内容的准确性，但难免会存在疏漏。欢迎您将发现的问题反馈给我们，帮助我们提升图书的质量。

当您发现错误时，请登录异步社区（https://www.epubit.com），按书名搜索，进入本书页面，单击"发表勘误"按钮，输入错误信息，然后单击"提交勘误"按钮即可（见下图）。本书的作者和编辑会对您提交的错误信息进行审核，确认并接受后，您将获赠异步社区的 100 积分。积分可用于在异步社区兑换优惠券、样书或奖品。

与我们联系

我们的联系邮箱是 contact@epubit.com.cn。

如果您对本书有任何疑问或建议，请您发邮件给我们，并请在邮件标题中注明本书书名，以便我们更高效地做出反馈。

如果您有兴趣出版图书、录制教学视频，或者参与图书翻译、技术审校等工作，可以发邮件给我们。

如果您所在的学校、培训机构或企业想批量购买本书或异步社区出版的其他图书，也可以发邮件给我们。

如果您在网上发现有针对异步社区出品图书的各种形式的盗版行为，包括对图书全部或部分内容的非授权传播，请您将怀疑有侵权行为的链接通过邮件发给我们。您的这一举动是对作者权益的保护，也是我们持续为您提供有价值的内容的动力之源。

关于异步社区和异步图书

"异步社区"是由人民邮电出版社创办的 IT 专业图书社区，于 2015 年 8 月上线运营，致力于优质内容的出版和分享，为读者提供高品质的学习内容，为作译者提供专业的出版服务，实现作者与读者的在线交流互动，以及传统出版与数字出版的融合发展。

"异步图书"是异步社区策划出版的精品 IT 图书的品牌，依托于人民邮电出版社在计算机图书领域 30 余年的发展与积淀。异步图书面向 IT 行业以及各行业使用 IT 的用户。

目　　录

Part 1

热身

在初学者心里，可能性很多，但在专家心里，可能性很少。

——铃木俊隆（Shunryu Suzuki）

本篇内容

## 第 1 章

科赫雪花

下面来开启我们的 Python 探险之旅，研究如何绘制一种有趣的形状——科赫雪花。科赫雪花是瑞典数学家黑尔格·冯·科赫（Helge von Koch）于 1904 年发明的，它是一种分形（fractal），一种不断放大时会不断重复自身的图形。

分形的重复特征源自递归，而递归是一种使用自身定义自身的技巧。具体地说，当使用递归算法绘制分形时，便开启了一个重复过程，并将每次重复的输出作为下一次重复的输入。

本章主要介绍如下内容。

- ❑ 有关递归算法和函数的基本知识。
- ❑ 使用模块 turtle 绘制图形的方法。
- ❑ 绘制科赫雪花的递归算法。
- ❑ 一些有关线性代数的知识。

1.1 工作原理

图 1.1 展示了科赫雪花是什么样的。其左、右两部分的形状与中间那部分完全相同，只是规模更小。同理，中间那部分本身是由形状与其相同但规模更小的部分组成的。这就是分形的自相似重复特征。

只要知道如何计算构成科赫雪花的基本形状中的各个点，便可开发一种算法来递归地执行相同的计算，从而绘制出越来越小的基本形状，构建出科赫雪花这种分形。本节将首先概述递归的工作原理，然后研究如何利用递归、一些线性代数知识和 Python 模块 turtle 来绘制科赫雪花。

图 1.1　科赫雪花

1.1.1 使用递归

为对递归的工作原理有所认识，下面来看一个简单的递归算法：计算阶乘。阶乘可使用下面的函数定义：

$$f(N) = 1 \times 2 \times 3 \times \cdots \times (N-1) \times N$$

换而言之，N 的阶乘就是整数 $1 \sim N$ 的乘积。对于上面的函数，可改写成下面这样：

$$f(N) = N \times (N-1) \times \cdots \times 3 \times 2 \times 1$$

并进一步改写为下面这样：

$$f(N) = N \times f(N-1)$$

上面使用 f 本身定义了 f 的阶乘，这就是递归。调用 $f(N)$ 将导致调用 $f(N-1)$，进而导致调用 $f(N-2)$，以此类推。然而，在什么情况下停止递归呢？为此，需要将 $f(1)$ 定义为 1，为递归指定终点。

下面演示如何使用 Python 来实现递归的阶乘函数：

```
def factorial(N):
❶   if N == 1:
        return 1
    else:
    ❷ return N * factorial(N- 1)
```

在❶处，处理了 N 为 1 的情形——直接返回 1；在❷处，实现了递归调用：调用函数 factorial()，并传入参数 N − 1。这个函数将不断调用自身，直到 N 为 1。这样做的效果是，当这个函数返回时，就计算出了整数 $1 \sim N$ 的乘积。

一般而言，实现使用递归的算法时应采取如下步骤。

1．定义一个基线条件（base case）。满足基线条件时，递归将终止。阶乘的基线条件是 factorial(1)=1。

2．定义递归步骤。为此，需要考虑如何将算法表示为递归过程。在有些算法中，可能需要执行多次递归调用（稍后将介绍）。

解决可分解为其小型版本的问题时，递归是一个很有用的工具。可用于阶乘算法，也可用于科赫雪花的绘制。然而，递归并非总是效率最高的问题解决方式，在有些情况下，合理的选择是以循环的方式重新实现递归算法。但相比于循环实现，递归算法通常更紧凑、更优雅。

1.1.2 构建科赫雪花

下面来看看如何构建科赫雪花。图 1.2 展示了用于绘制科赫雪花的基本图案，以下称之为片段（flake）。这个片段基于长度为 d 的线段 AB，该线段被分为等长的 3 部分（AP_1、P_1P_3 和 P_3B），其中每部分的长度都为 r。P_1 并非直接连接到 P_3，而是经由 P_2 连接到 P_3。P_2 是这样确定的：P_1、P_2 和 P_3 构成一个边长为 r、高为 h 的等边三角形。点 C 为 P_1 和 P_3 之间的中点，它位于 P_2 的正下方，因此 AB 和 CP_2 是垂直的。

明白如何确定图 1.2 所示的各点后，就可递归地绘制越来越小的片段，从而构建出科赫雪花。大致而言，目标如下：给定点 A 和点 B，需

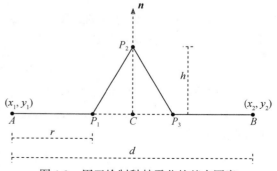

图 1.2　用于绘制科赫雪花的基本图案

要计算点 P_1、P_2 和 P_3 的坐标，并像图 1.2 那样将它们连接起来。要计算这些坐标，需要使用一些线性代数知识，线性代数是数学的一个分支，能够根据向量计算距离以及确定点的坐标。所谓向量，指的是有长度和方向的量。

下面介绍一个简单的线性代数公式，后面将用到它。给定三维空间中的点 A 和单位向量 $\boldsymbol{n}$（单位向量是长度为 1 的向量），要计算从点 A 出发沿这个单位向量移动距离 d 到达的点 B 的坐标，可使用下面的公式：

$$B = A + d \times \boldsymbol{n}$$

可通过示例轻松地验证这一点。假设点 A 的坐标为 $(5, 0, 0)$，单位向量 $\boldsymbol{n}$ 为 $(0, 1, 0)$，从点 A 出发沿这个单位向量移动 10 个单位到达点 B，那么点 B 的坐标是多少呢？使用刚才的公式，可得到如下结果：

$$B = (5, 0, 0) + 10 \times (0, 1, 0) = (5, 10, 0)$$

换而言之，要从点 A 到点 B，需要沿 y 轴的正方向移动 10 个单位。

下面介绍另一个技巧，即垂直向量计算技巧（perpendicular vector trick）。假设有向量 $\boldsymbol{A} = (a, b)$，如果有另一个向量 $\boldsymbol{B}$，它与向量 $\boldsymbol{A}$ 垂直，那么可将它表示为向量 $\boldsymbol{B} = (-b, a)$。要验证这个关系，可计算 $\boldsymbol{A}$ 和 $\boldsymbol{B}$ 的点积。要计算两个二维向量的点积，可将两个向量的第一个分量相乘，并将第二个分量相乘，再将这两个乘积相加。在这里，$\boldsymbol{A}$ 和 $\boldsymbol{B}$ 的点积如下：

$$\boldsymbol{A} \cdot \boldsymbol{B} = (a \times (-b)) + (b \times a) = -ab + ab = 0$$

两个向量垂直时，它们的点积为 0，因此 $\boldsymbol{B}$ 确实垂直于 $\boldsymbol{A}$。

掌握这些线性代数知识后，回过头来看图 1.2 所示的片段。给定点 A 和点 B 的坐标，如何计算点 P_2 的坐标呢？要到达点 P_2，可从点 C 出发，沿单位向量 $\boldsymbol{n}$ 移动距离 h。根据前面的第一个线性代数公式可知：

$$P_2 = C + h \times \boldsymbol{n}$$

下面来将变量代入公式。点 C 为线段 AB 的中点，因此 $C = (A + B) / 2$。其次，h 为边长为 r 的等边三角形的高。根据勾股定理可知：

$$h = \frac{\sqrt{3}}{2} r$$

在这里，r 为点 A 到点 B 的距离的三分之一。如果点 A 的坐标为 (x_1, y_1)，点 B 的坐标为 (x_2, y_2)，可使用下面的公式计算它们之间的距离：

$$d = \sqrt{(x_1 - x_2)^2 + (y_1 - y_2)^2}$$

只需将这个公式的结果除以 3，就可得到 r 的值。

最后，需要将向量 $\boldsymbol{n}$ 表示出来。假设 $\boldsymbol{n}$ 与向量 $\overrightarrow{AB}$ 垂直，而向量 $\overrightarrow{AB}$ 可表示为点 B 的坐标减去点 A 的坐标：

$$\overrightarrow{AB} = (x_2 - x_1, \ y_2 - y_1)$$

向量 $\overrightarrow{AB}$ 的长度 $d = |\overrightarrow{AB}|$。现在利用前面的垂直向量计算技巧，使用 A 和 B 来表示 $\boldsymbol{n}$：

$$n = \frac{(-(y_2 - y_1),\ x_2 - x_1)}{|\overrightarrow{AB}|} = \left(\frac{y_1 - y_2}{d}, \frac{x_2 - x_1}{d} \right)$$

接下来需要计算 P_1 和 P_3 的坐标，为此需要用到另一个线性代数公式。假设有线段 AB，而点 C 位于这条线段上；同时假设 a 为 A 到 C 的距离，而 b 为 B 到 C 的距离。可使用下面的公式来计算点 C 的坐标：

$$C = \frac{(b \times A) + (a \times B)}{a + b}$$

要明白这个公式，可假设点 C 为线段 AB 的中点，此时 a 和 b 相等。在这种情况下，凭直觉就能知道 C 的坐标应该为 $(A + B) / 2$。在上面的公式中，将所有的 b 都替换为 a，结果如下：

$$C = \frac{(a \times A) + (a \times B)}{a + a} = \frac{A + B}{2}$$

有了这个新公式后，就可计算 P_1 和 P_3 的坐标了。这两个点将线段 AB 三等分，这意味着 P_1 到 B 的距离为 P_1 到 A 的距离的两倍（即 $b_1 = 2a_1$），P_3 到 A 的距离为 P_3 到 B 的距离的两倍（即 $a_3 = 2b_3$）。将这些值代入前面的公式，可得到如下计算 P_1 和 P_3 坐标的公式：

$$P_1 = \frac{2 \times A + B}{3}$$

$$P_3 = \frac{A + 2 \times B}{3}$$

至此，就获得了绘制科赫雪花分形的第 1 层级所需的一切：给定点 A 和点 B，然后通过计算确定点 P_1、P_2 和 P_3。在这个分形的第 2 层级，将第 1 层级中片段内的每条线段（如图 1.2 所示）替换为更小的片段，结果如图 1.3 所示。

注意，对于图 1.2 所示的 4 条线段（AP_1、P_1P_2、P_2P_3 和 P_3B），以每条线段为基础构建了一个新片段。在绘制科赫雪花的程序中，将把每条线段的端点（如 A 和 P_1）作为新片段的 A 和 B 的值，并递归地执行生成图 1.2 所示点的计算。

在分形的每个层级，都将再次对片段进行替换，从而绘制出越来越小的自相似图形。这

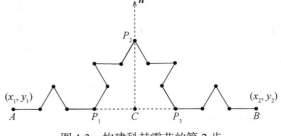

图 1.3 构建科赫雪花的第 2 步

就是科赫雪花绘制算法中的递归步骤，此后不断地重复这个步骤，直到满足基线条件。基线条件应该为线段 AB 的长度小于特定的阈值，如 10 像素。到达这个阈值后，将只绘制线段，而不再递归。

为让最终绘制出的科赫雪花更漂亮，可在分形的第 1 步绘制 3 个相连的片段，这样结果将更像雪花，呈六角对称，如图 1.4 所示。

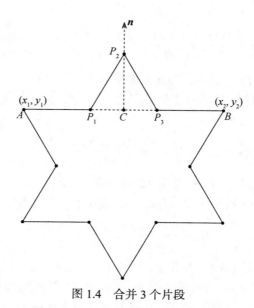

图 1.4   合并 3 个片段

知道如何计算绘制科赫雪花所需的坐标后，下面来看看如何在 Python 中使用这些坐标来绘制图形。

1.1.3   使用海龟绘图法绘图

为绘制科赫雪花，本章将使用 Python 模块 turtle，这是一款简单的绘图程序，以海龟在沙滩上拖着尾巴前行为模型，绘制出各种图案。模块 turtle 包含用于设置画笔（相当于海龟的尾巴）位置和颜色的方法，还有很多有助于绘图的函数。

只需使用几个绘图函数就可绘制出科赫雪花。实际上，从 turtle 的角度看，绘制科赫雪花几乎与绘制三角形一样简单。为证明这一点，并初步讲解 turtle 是如何工作的，下面的程序使用 turtle 绘制了一个三角形。请输入这些代码，将其保存为 test_turtle.py 文件，再在 Python 中运行它。

```
❶ import turtle

  def draw_triangle(x1, y1, x2, y2, x3, y3, t):
      #尝试绘制一个三角形
❷     t.up()
❸     t.setpos(x1, y1)
❹     t.down()
      t.setpos(x2, y2)
      t.setpos(x3, y3)
      t.setpos(x1, y1)
      t.up()

  def main():
      print('testing turtle graphics...')

❺     t = turtle.Turtle()
```

```
❻ t.hideturtle()

❼ draw_triangle(-100, 0, 0, -173.2, 100, 0, t)

❽ turtle.mainloop()

# 调用 main()函数
if __name__ == '__main__':
    main()
```

首先，导入了模块 turtle❶。接下来，定义了方法 draw_triangle()，其参数为 3 对坐标（三角形的 3 个顶点），以及 turtle 对象 t。在这个方法中，先调用了 up()❷，让 Python 抬起画笔，换而言之，就是让画笔离开虚拟纸张，以免在移动海龟时进行绘画。开始绘画前，需要指定海龟的位置。调用函数 setpos()❸将海龟的位置设置为第 1 对坐标对应的点。调用函数 down()❹将画笔放下，因此每次调用 setpos()时，都相当于将海龟移到了下一组坐标处，进而绘制出一条线段。最终的结果为一个三角形。

接下来，声明了函数 main()，实际的绘画工作是由它来完成的。在这个函数中，创建了用于绘画的 turtle 对象❺，并将其隐藏起来❻。如果没有隐藏 turtle 对象，将在绘制的线段开头看到一个海龟的图案。接下来，为绘制三角形，调用了 draw_triangle()，并将所需的坐标作为参数传递给它❼。调用函数 mainloop()❽确保绘制三角形后不会关闭 tkinter 窗口（tkinter 是 Python 默认使用的 GUI 库）。

图 1.5 显示了这个简单程序的输出。

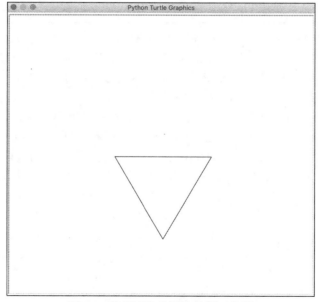

图 1.5　使用海龟绘图法绘制三角形

有了完成本章项目所需的一切后，下面来绘制科赫雪花。

1.2　需求

在本章项目中，将使用 Python 模块 turtle 来绘制科赫雪花。

1.3　代码

为绘制科赫雪花，需要定义一个递归函数 drawKochSF()。这个函数根据点 *A* 和点 *B* 的坐标计算点 P_1、P_2 和 P_3（见图 1.2）的坐标；再递归地调用自己，为越来越短的线段执行同样的计算，直到满足基线条件；最后使用模块 turtle 绘制片段。要查看完整的项目代码，请参阅 1.7 节"完整代码"，也可见本书配套源代码中的"/koch/koch.py"。

1.3.1　计算点的坐标

在函数 drawKochSF()中，首先计算为绘制图 1.2 所示基本片段图案所需的所有点的坐标。

```
def drawKochSF(x1, y1, x2, y2, t):
    d = math.sqrt((x1-x2)*(x1-x2) + (y1-y2)*(y1-y2))
    r = d/3.0
    h = r*math.sqrt(3)/2.0
    p3 = ((x1 + 2*x2)/3.0, (y1 + 2*y2)/3.0)
    p1 = ((2*x1 + x2)/3.0, (2*y1 + y2)/3.0)
    c = (0.5*(x1+x2), 0.5*(y1+y2))
    n = ((y1-y2)/d, (x2-x1)/d)
    p2 = (c[0]+h*n[0], c[1]+h*n[1])
```

函数 drawKochSF()被定义为将线段 *AB* 的端点的 *x* 和 *y* 坐标作为参数，该线段定义了图 1.4 所示雪花中的一个片段。该函数还将 turtle 对象 t 作为参数，该参数用于完成实际的绘图工作。接下来，这个函数将计算图 1.2 所示的所有参数，这些参数在 1.1.2 小节"构建科赫雪花"中讨论过。首先计算的是 d——*A* 到 *B* 的距离。将这个距离除以 3 得到 r，这是构成片段的各条线段（总共 4 条）的长度。然后根据 r 计算 h，这是片段中间的三角形的高。

接下来计算其他参数，它们都是元组，包含 *x* 坐标和 *y* 坐标。元组 p3 和 p1 定义了片段中间的三角形底边的两个端点，元组 c 表示 p1 和 p3 的中点，而 n 是与线段 *AB* 垂直的单位向量。通过结合使用 c、h 和 n，计算出了 p2——片段中间的三角形的顶点坐标。

1.3.2　递归

在函数 drawKochSF()的下一部分中，使用递归将第 1 个片段分解成越来越小的片段。

```
❶ if d > 10:
    # 第 1 个片段
    ❷ drawKochSF(x1, y1, p1[0], p1[1], t)
    # 第 2 个片段
    drawKochSF(p1[0], p1[1], p2[0], p2[1], t)
    # 第 3 个片段
    drawKochSF(p2[0], p2[1], p3[0], p3[1], t)
    # 第 4 个片段
    drawKochSF(p3[0], p3[1], x2, y2, t)
```

1

　　首先确定了递归停止条件❶。如果 d（线段 AB 的长度）大于 10 像素，就继续递归，这是通过调用函数 drawKochSF() 4 次实现的。每次调用 drawKochSF() 时，都传入了一组不同的参数，这些参数是根据构成片段的 4 条线段的端点坐标确定的，而这些端点坐标已在函数开头计算得到。例如，在❷处，为线段 AP_1 调用了函数 drawKochSF()，而此后几次函数调用分别针对的是线段 P_1P_2、P_2P_3 和 P_3B。在这些递归调用中，都将根据新的点 A 和点 B 坐标重复之前的计算，并判断 d 是否依然大于 10 像素，如果是就再次递归调用 drawKochSF() 4 次，以此类推。

1.3.3　绘制片段

　　下面来看看线段 AB 小于 10 像素时的情况，这是此递归算法的基线条件。小于这个阈值后将不再递归，而是将构成单个片段的 4 条线段返回，为此使用了模块 turtle 中的方法 up()、down() 和 setpos()，这些方法在 1.1.3 小节"使用海龟绘图法绘图"中介绍过。

```
    else:
        # 绘制中间的角
        t.up()
❶      t.setpos(p1[0], p1[1])
        t.down()
        t.setpos(p2[0], p2[1])
        t.setpos(p3[0], p3[1])
        # 绘制两侧的边
        t.up()
❷      t.setpos(x1, y1)
        t.down()
        t.setpos(p1[0], p1[1])
        t.up()
❸      t.setpos(p3[0], p3[1])
        t.down()
        t.setpos(x2, y2)
```

　　首先绘制了由点 P_1、P_2 和 P_3 构成的角❶，然后绘制了线段 $AP_1$❷和 P_3B❸。由于在函数 drawKochSF() 的开头完成了所有必要的计算，因此实际绘图工作很简单，将合适的坐标传递给方法 setpos() 即可。

1.3.4　编写函数 main()

　　函数 main() 创建并设置一个 turtle 对象，再调用 drawKochSF()。

```
def main():
    print('Drawing the Koch Snowflake...')

    t = turtle.Turtle()
    t.hideturtle()

    # 绘制科赫雪花
    try:
❶      drawKochSF(-100, 0, 100, 0, t)
❷      drawKochSF(0, -173.2, -100, 0, t)
❸      drawKochSF(100, 0, 0, -173.2, t)
❹   except:
        print("Exception, exiting.")
        exit(0)
```

```
      # 等用户在屏幕上单击后退出
  ❺ turtle.Screen().exitonclick()
```

从图 1.4 可知，要绘制 3 个片段，确保最终输出为六角对称的雪花图形。为此，调用了 drawKochSF() 3 次：对于第 1 个片段，点 A 和点 B 的坐标分别为(-100, 0)和(100, 0)❶；对于第 2 个片段，坐标为(0, -173.2)和(-100, 0)❷；对于第 3 个片段，坐标为(100, 0)和(0, -173.2)❸。请注意，这些坐标与前面在程序 test_turtle.py 中绘制三角形时使用的坐标相同。请尝试确定这些坐标是如何计算出来的。（提示：$173.2 \approx 100\sqrt{3}$）

为捕获绘图期间可能发生的异常，将对函数 drawKochSF() 的调用放在一个 Python try 块中。例如，用户在绘图期间关闭了窗口，将引发异常，可在 except 块中捕获此异常❹，然后输出一条消息并退出程序。如果用户没有终止绘图过程，将执行代码 turtle.Screen().exitonclick()❺，等待用户单击将窗口关闭。

1.4   运行程序

在终端使用下面的命令运行代码，其输出如图 1.6 所示。

```
$ python koch.py
```

至此，就绘制出了一片漂亮的科赫雪花！

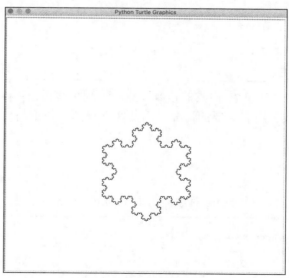

图 1.6   绘制的科赫雪花

1.5   小结

本章介绍了有关递归函数和递归算法的基本知识，以及如何使用 Python 模块 turtle 绘制简单图形，并介绍了如何结合使用这些概念绘制一种漂亮的图形——被称为科赫雪花的有趣分形。

1.6 实验

学会如何绘制科赫雪花后，来看看另一个有趣的分形——谢尔平斯基三角形，它是以波兰数学家瓦茨瓦夫·谢尔平斯基（Wacław Sierpiński）的名字命名的，其形状如图 1.7 所示。

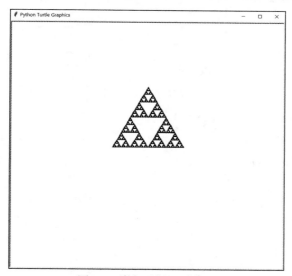

图 1.7　谢尔平斯基三角形

请尝试使用海龟绘图法绘制谢尔平斯基三角形。可像绘制科赫雪花时那样使用一种递归算法。如果仔细观察图 1.7，将发现大三角形可被分成 3 个小三角形，并在中央形成一个倒三角形孔洞；而每个小三角形本身又能被分成 3 个更小的三角形，同样在中央形成一个倒三角形孔洞，以此类推。这提供了该如何拆分要使用的递归算法的线索。

这个问题的解决方案可见本书配套源代码中的"/koch/koch.py"。

1.7 完整代码

下面是绘制科赫雪花的完整代码：

```
"""
koch.py

一个绘制科赫雪花的程序。

开发者：Mahesh Venkitachalam
"""

import turtle
import math

#以递归的方式绘制科赫雪花
```

```python
def drawKochSF(x1, y1, x2, y2, t):
    d = math.sqrt((x1-x2)*(x1-x2) + (y1-y2)*(y1-y2))
    r = d/3.0
    h = r*math.sqrt(3)/2.0
    p3 = ((x1 + 2*x2)/3.0, (y1 + 2*y2)/3.0)
    p1 = ((2*x1 + x2)/3.0, (2*y1 + y2)/3.0)
    c = (0.5*(x1+x2), 0.5*(y1+y2))
    n = ((y1-y2)/d, (x2-x1)/d)
    p2 = (c[0]+h*n[0], c[1]+h*n[1])
    if d > 10:
        # 第 1 个片段
        drawKochSF(x1, y1, p1[0], p1[1], t)
        # 第 2 个片段
        drawKochSF(p1[0], p1[1], p2[0], p2[1], t)
        # #第 3 个片段
        drawKochSF(p2[0], p2[1], p3[0], p3[1], t)
        # 第 4 个片段
        drawKochSF(p3[0], p3[1], x2, y2, t)
    else:
        # 绘制中间的角
        t.up()
        t.setpos(p1[0], p1[1])
        t.down()
        t.setpos(p2[0], p2[1])
        t.setpos(p3[0], p3[1])
        # 绘制两侧的边
        t.up()
        t.setpos(x1, y1)
        t.down()
        t.setpos(p1[0], p1[1])
        t.up()
        t.setpos(p3[0], p3[1])
        t.down()
        t.setpos(x2, y2)

# 函数 main()
def main():
    print('Drawing the Koch Snowflake...')
    t = turtle.Turtle()
    t.hideturtle()

    # 绘制科赫雪花
    try:
        drawKochSF(-100, 0, 100, 0, t)
        drawKochSF(0, -173.2, -100, 0, t)
        drawKochSF(100, 0, 0, -173.2, t)
    except:
        print("Exception, exiting.")
        exit(0)

    # 等用户在屏幕上单击后退出
    turtle.Screen().exitonclick()

# 调用函数 main()
if __name__ == '__main__':
    main()
```

## 第 2 章

繁花曲线

图 2.1 展示了可用来绘制数学曲线的万花尺玩具。这种玩具由两个尺寸不同（一大一小）的塑料齿轮组成，在小齿轮中有几个孔，将铅笔或钢笔插入其中一个孔，再让小齿轮沿大齿轮内侧（大齿轮的齿在内侧）旋转，可绘制出无数复杂而神奇的对称图案。

在本章项目中，将使用 Python 来创建繁花曲线动画，使用参数方程来描述万花尺齿轮的运动轨迹，进而绘制曲线（以下称为"繁花曲线"），再把绘制的图案保存为 PNG 图像文件。这个程序将绘制随机的繁花曲线，但如果指定了命令行参数，它将绘制由指定参数定义的繁花曲线。

在本章项目中，将介绍如何在计算机上绘制繁花曲线，还将介绍如何完成以下任务。

❑ 使用参数方程生成曲线。

❑ 使用模块 turtle 通过绘制一系列线段来绘制曲线。

❑ 使用定时器来生成图形动画。

❑ 将图形保存为图像文件。

需要注意的是，出于对演示和趣味性的考虑，本章项目使用模块 turtle 来绘制繁花曲线，但它的运行速度比较慢，在对性能要求很高的情况下并非理想的图形绘制模块。（对于海龟，怎么能期望它很快呢？）如果要快速绘制图形，本书后面的项目中将介绍一些更好的方法。

图 2.1　万花尺玩具

2.1　工作原理

本章项目是使用参数方程实现的，这些方程将曲线上的点的坐标表示为一个或多个变量的函数，而这些变量被称为参数。把参数值代入方程，以计算构成繁花曲线的点的坐标，再将这些坐标交给模块 turtle 以绘制相应的曲线。

2.1.1　理解参数方程

为帮助读者理解参数方程的工作原理，先来看一个简单的示例：表示圆的方程。假设一个圆的半径为 r，其圆心位于二维平面坐标系的原点，那么这个圆将由所有这样的点组成：其坐标 x 和 y 满足方程 $x^2 + y^2 = r^2$。然而，这个方程并非参数方程，因为参数方程是基于其他变量（参数）的变化获得所有可能的 x 和 y 值。

来看下面的方程：

$$x = r \cos(\theta)$$
$$y = r \sin(\theta)$$

这两个方程就是前述圆的参数化表示，其中的参数 θ 为从原点到点 (x, y) 的线段与 x 轴正方向的夹角。这些方程计算得到的 (x, y) 都满足前面的方程 $x^2 + y^2 = r^2$。将 θ 从 0 逐渐变为 2π 时，这些方程生成的坐标 x 和 y 对应的点便构成了圆，如图 2.2 所示。

别忘了，这两个方程只适用于以坐标系原点为圆心的圆。通过将圆心从点 $(0, 0)$ 平移到点 (a, b)，可将圆放到平面的任何地方，因此更通用的参数方程为 $x = a + r \cos(\theta)$ 和 $y = b + r \sin(\theta)$。

万花尺轨迹的参数方程和圆的参数方程差别不大，因为从本质上说，绘制万花尺轨迹不过是绘制两个相切的圆。图 2.3 展示了万花尺轨迹的数学模型。这个模型中没有齿轮，因为在万花尺玩具中，齿轮的唯一用途是防止滑动，而在数学建模这样的理想世界中，根本不用担心滑动的问题。

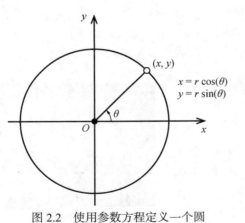

图 2.2　使用参数方程定义一个圆

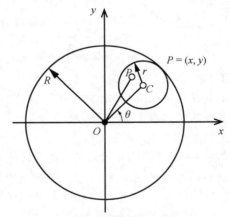

图 2.3　万花尺轨迹的数学模型

在图 2.3 中，C 为小圆的圆心，P 为笔尖，而 θ 为从原点到 C 的线段与 x 轴正方向的夹角。大圆的半径为 R，小圆的半径为 r，用变量 k 表示这两个半径的比值，如下所示：

$$k = \frac{r}{R}$$

线段 PC 的长度 $|\overrightarrow{PC}|$ 为笔尖与小圆圆心的距离。用变量 l 表示 $|\overrightarrow{PC}|$ 与小圆半径的比值，如下所示：

$$l = \frac{|\overrightarrow{PC}|}{r}$$

现在可以使用这些变量来创建两个参数方程，用于表示在大圆内侧滚动小圆时，得到的点 P（笔尖）的运动轨迹，如下所示：

$$x = R\left((1-k)\cos(\theta) + lk\cos\left(\frac{1-k}{k}\theta\right)\right)$$

$$y = R\left((1-k)\sin(\theta) - lk\sin\left(\frac{1-k}{k}\theta\right)\right)$$

注意 这些曲线被称为内摆线。虽然这些方程看起来有点复杂，但推导过程非常简单。如果读者想研究相关的数学知识，可参阅与万花尺（spirograph）相关的文献。

图 2.4 显示了使用上述参数方程绘制的一条曲线。为绘制这条曲线，将 R、r 和 l 分别设置成了 220、65 和 0.8。通过将这 3 个参数设置为不同的值，再逐渐增大夹角 θ，可生成无数条神奇的繁花曲线。

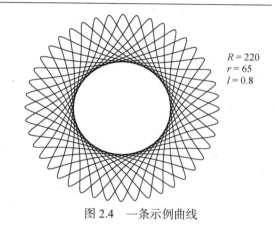

$R = 220$
$r = 65$
$l = 0.8$

图 2.4 一条示例曲线

至此，余下的唯一任务是确定在什么情况下停止绘画，因为要绘制完整的繁花曲线，可能需要让小圆沿大圆内侧转很多圈。要确定何时停止，需计算万花尺轨迹的周期性（即小圆沿大圆内侧绕多少圈后绘制的曲线将是重复的），可先查看内圆半径和外圆半径的比值：

$$\frac{r}{R}$$

再对这个分数进行约分，方法是将分子和分母都除以它们的最大公约数（Greastest Common Divisor，GCD）。这样得到的分子就能指出需要沿大圆内侧绕多少圈才能绘制出完整的曲线。例如，在图 2.4 中，代入 r 和 R 的值可得：

$$\frac{r}{R} = \frac{65}{220} = \frac{(65/5)}{(220/5)} = \frac{13}{44}$$

这表明小圆沿大圆内侧绕 13 圈后，绘制的曲线将重复，即确定了整条繁花曲线的形状；分母 44 为小圆绕其圆心旋转的圈数。如果数一数图 2.4 所示图形中的花瓣数量，将发现正好是 44 个。

将表示半径比值的分数约分后，便可计算在绘制繁花曲线的过程中参数 θ 的取值范围[0，$2\pi r$]，这样就能知道在何时该停止绘制。在图 2.4 中，将在 θ 为 $2\pi \times 13 = 26\pi$ 时停止绘制。如果不知道 θ 为多少后停止绘制，将一直循环绘制，导致不必要的重复。

2.1.2 使用海龟绘图法绘制曲线

Python 模块 turtle 没有提供绘制曲线的方法，因此这里将通过在不同的点之间绘制线段来生成繁花曲线，而这些点是使用前面讨论的参数方程计算得到的。只要在从一个点移到另一个点时，角度 θ 的变化足够小，最终绘制出的图形看起来就像曲线。

为证明这一点，下面的程序使用模块 turtle 绘制了一个圆。这个程序使用了表示圆的基本参数方程 $x = a + r \cos(\theta)$ 和 $y = b + r \sin(\theta)$ 来确定圆上的点，再使用线段将相邻的点连接起来。严格地说，这个程序实际上绘制的是一个 N 边形，但由于角度参数 θ 的递增量很小，因此 N 将非常大，使这个多边形看起来像圆。请输入下面的代码，将其保存为文件 drawcircle.py，再在 Python 中运行。

```
import math
import turtle

# 使用模块 turtle 绘制圆
def drawCircleTurtle(x, y, r):
    # 移到起点
    turtle.up()
❶ turtle.setpos(x + r, y)
    turtle.down()

    # 绘制圆
❷ for i in range(0, 365, 5):
    ❸ a = math.radians(i)
    ❹ turtle.setpos(x + r*math.cos(a), y + r*math.sin(a))

❺ drawCircleTurtle(100, 100, 50)
turtle.mainloop()
```

这里定义了函数 drawCircleTurtle()，其参数为要绘制的圆的圆心坐标(x, y)及其半径 r。这个函数首先将海龟移到圆上的第一个点，即与圆的水平轴相交的右边那个点：(x + r, y) ❶。函数调用 up()是为了避免在移到起点的过程中进行绘画。然后使用 range (0, 365, 5)开启了一个循环，它以步长 5 将变量 i 从 0 递增到 360❷。变量 i 为角度参数，将被传递给圆的参数方程，但这样做之前，先将其单位从度转换成了弧度❸。大多数计算机程序都要求以弧度为单位来执行基于角度的计算。

接下来，使用两个参数方程计算下一个点的坐标，并相应地设置海龟的位置❹。这将绘制一条线段，其起点为海龟的上一个位置，终点为计算得到的新位置。

定义好绘制圆的函数后，调用它来实际绘制圆❺。由于每次只将角度参数增加了 5°，因此通过绘制线段得到的图形看起来像圆。调用 turtle.mainloop()，可避免 tkinter 窗口被关闭，这样能够展示绘制结果。

现在可以开始绘制繁花曲线了，为此将使用前面演示的海龟绘图法，唯一不同的地方是用来计算坐标的参数方程。

2.2　需求

为绘制繁花曲线，将使用如下模块。
❑ 模块 turtle：用于绘图。
❑ 模块 Pillow：Python 图像库（Python Imaging Library，PIL）的一个分支，用于将繁花曲线保存为图像。

2.3　代码

　　定义一个名为 Spiro 的类，用于绘制曲线。这个类可用于根据自定义参数绘制单条繁花曲线，也可用于在动画中同时绘制多条随机繁花曲线。为协调动画，定义另一个名为 SpiroAnimator 的类。在程序的顶层编写一个将图形存储为图像文件的函数，同时使用函数 main() 来接收用户输入并启动动画。

　　要查看完整的项目代码，可参阅 2.7 节"完整代码"，也可见本书配套源代码中的"/spirograph/spiro.py"。

2.3.1　绘制繁花曲线

　　Spiro 类包含几个用于绘制繁花曲线的方法。下面先来看这个类的构造函数：

```
class Spiro:
    # 构造函数
    def __init__(self, xc, yc, col, R, r, l):

        # 创建 turtle 对象
❶       self.t = turtle.Turtle()
        # 设置光标形状
❷       self.t.shape('turtle')
        # 设置以度为单位的步长
❸       self.step = 5
        # 设置绘画结束标志
❹       self.drawingComplete = False

        # 设置参数
        self.setparams(xc, yc, col, R, r, l)

        # 开始绘画
        self.restart()
```

　　这个构造函数首先创建一个新的 turtle 对象❶，让每个 Spiro 对象都有一个与之相关联的 turtle 对象，这意味着可同时使用多个 Spiro 对象绘制一系列繁花曲线。接下来，将光标形状设置为海龟❷（还可将光标设置为其他形状，详情请参阅 Python 官方文档中的"turtle——海龟绘图"部分）。然后，将角度参数的递增量设置为 5°❸，并创建布尔标志 drawingComplete，用于表明繁花曲线是否已绘制完毕❹。同时使用多个 Spiro 对象绘制繁花曲线时，这个标志很有用，能够确定某条特定的繁花曲线是否已绘制完毕。这个构造函数在最后调用了接下来将讨论的两个设置方法。

1.　设置方法

　　在 Spiro 类中，方法 setparams() 和 restart() 都用于在绘制繁花曲线前完成一些设置工作。下面先来看看方法 setparams()：

```
def setparams(self, xc, yc, col, R, r, l):
    #设置定义繁花曲线的参数
    self.xc = xc
```

```
    self.yc = yc
    self.R = int(R)
    self.r = int(r)
    self.l = l
    self.col = col
    # 通过除以 GCD 将分数约分
❶  gcdVal = math.gcd(self.r, self.R)
❷  self.nRot = self.r//gcdVal
    # 计算半径比
    self.k = r/float(R)
    # 设置颜色
    self.t.color(*col)
    # 存储当前角度
❸  self.a = 0
```

首先，存储了繁花曲线的中心坐标 xc 和 yc。然后，将每个圆的半径 R 和 r 都转换为整数，并存储转换结果。另外，还存储了 l 和 col，它们分别指定了笔尖的位置和繁花曲线的颜色。接下来，使用 Python 内置模块 math 中的方法 gcd() 计算两个半径的 GCD❶，再使用这项信息确定繁花曲线的周期性，并将其存储在 self.nRot 中❷。最后，将角度参数 a 的初始值设置为 0❸。

方法 restart() 也用于完成设置任务，它能重置 Spiro 对象的绘图参数，并将笔尖放到正确的位置，为绘画做好准备。这个方法可用来在程序的绘画部分复用同一个 Spiro 对象来依次绘制多条繁花曲线。

为绘制新的繁花曲线做好准备后，程序将调用方法 restart()，这个方法的代码如下：

```
def restart(self):
    # 设置绘画结束标志
    self.drawingComplete = False
    # 显示海龟
    self.t.showturtle()
    # 移到起始位置
❶  self.t.up()
❷  R, k, l = self.R, self.k, self.l
    a = 0.0
❸  x = R*((1-k)*math.cos(a) + l*k*math.cos((1-k)*a/k))
    y = R*((1-k)*math.sin(a) - l*k*math.sin((1-k)*a/k))
❹  self.t.setpos(self.xc + x, self.yc + y)
❺  self.t.down()
```

首先将 drawingComplete 标志重置为 False，指出 Spiro 对象，为绘制新的繁花曲线做好准备。然后，显示海龟光标，以防它被隐藏。接下来将画笔抬起❶，以免在❹处移到起始位置时绘制一条线段。❷处使用了一些局部变量，这旨在让代码更简洁。将这些变量代入计算繁花曲线的参数方程，以计算起点的坐标 x 和 y❸，这是通过将角度参数 a 的初始值设置为 0.0 实现的。最后，将海龟移到正确的位置后放下画笔，以便能够开始绘制繁花曲线❺。

2.　方法 draw()

如果使用命令行参数来设置繁花曲线，这个程序将绘制指定的繁花曲线，这是使用 Spiro 类的方法 draw() 完成的。这个方法通过绘制一系列相连的线段一次性绘制整条繁花曲线：

```
def draw(self):
    # 绘制余下的线段
    R, k, l = self.R, self.k, self.l
❶  for i in range(0, 360*self.nRot + 1, self.step):
```

```
       a = math.radians(i)
❷    x = R*((1-k)*math.cos(a) + l*k*math.cos((1-k)*a/k))
     y = R*((1-k)*math.sin(a) - l*k*math.sin((1-k)*a/k))

     try:
        ❸ self.t.setpos(self.xc + x, self.yc + y)
     except:
         print("Exception, exiting.")
         exit(0)
    # 繁花曲线已绘制完毕，因此隐藏海龟光标
❹ self.t.hideturtle()
```

2

在这个方法中，遍历参数 i 的取值范围，即 0 到 360 与 nRot 的乘积❶。在这个循环中，根据参数 i 的当前值计算出相应点的坐标 x 和 y❷，并调用 turtle 对象的方法 setpos() 绘制一条从前一个点到当前点的线段❸。调用这个方法的代码放在一个 try 块中，以便能够捕获可能出现的异常（如用户在绘图期间关闭了窗口），并妥善地退出。最后，隐藏光标❹，因为绘制工作已完成。

3.　方法 update()

如果没有使用命令行参数，这个程序将以动画方式绘制多条随机的繁花曲线，这要求对前面绘制繁花曲线的代码进行重构：不一次性绘制整条繁花曲线，而是编写一个只绘制繁花曲线中一条线段的方法，并在动画的每一步都调用这个方法。为满足这种需求，在 Spiro 类中定义了方法 update()，如下所示：

```
def update(self):
    # 如果繁花曲线已绘制完毕，就跳过后面的步骤
  ❶ if self.drawingComplete:
        return
    # 递增角度
  ❷ self.a += self.step
    # 绘制一条线段
    R, k, l = self.R, self.k, self.l
    # 设置角度
  ❸ a = math.radians(self.a)
    x = self.R*((1-k)*math.cos(a) + l*k*math.cos((1-k)*a/k))
    y = self.R*((1-k)*math.sin(a) - l*k*math.sin((1-k)*a/k))

    try:
       ❹ self.t.setpos(self.xc + x, self.yc + y)
    except:
        print("Exception, exiting.")
        exit(0)
    # 如果繁花曲线已绘制完毕，就设置相应的标志
  ❺ if self.a >= 360*self.nRot:
        self.drawingComplete = True
        # 繁花曲线已绘制完毕，因此隐藏海龟光标
        self.t.hideturtle()
```

在这个方法中，首先检查是否设置了标志 drawingComplete❶，如果否，就执行余下的代码。接着递增当前角度❷，根据当前角度计算相应点的坐标 x 和 y❸，并将海龟移到该点，从而绘制一条线段❹。这些代码与方法 draw() 中 for() 循环内的代码一样，但只执行一次。

前面讨论繁花曲线的参数方程时，谈到了这种曲线的周期性。角度增加到一定程度后，繁花曲线将开始重复。在方法 update() 的最后，检查角度是否增大到了这样的程度❺，如果是，就

设置标志 drawingComplete，因为繁花曲线已绘制完毕。最后，隐藏海龟光标，以便欣赏漂亮的作品。

2.3.2　协调动画

SpiroAnimator 类能用于以动画方式绘制多条随机的繁花曲线。这个类负责协调多个参数随机的 Spiro 对象，这是通过使用定时器定期调用每个 Spiro 对象的方法 update() 实现的。这种技术可定期地更新图形，还可让程序能够处理诸如按键、单击等事件。

下面先来看看 SpiroAnimator 类的构造函数：

```
class SpiroAnimator:
    # 构造函数
    def __init__(self, N):
        # 设置定时器值，单位为毫秒
   ❶ self.deltaT = 10
        # 获取窗口尺寸
   ❷ self.width = turtle.window_width()
        self.height = turtle.window_height()
        # 设置重新开始标志
   ❸ self.restarting = False
        # 创建 Spiro 对象
        self.spiros = []
        for i in range(N):
            #生成随机参数
       ❹ rparams = self.genRandomParams()
            #设置繁花曲线参数
       ❺ spiro = Spiro(*rparams)
            self.spiros.append(spiro)
        # 调用定时器
   ❻ turtle.ontimer(self.update, self.deltaT)
```

在 SpiroAnimator 类的构造函数中，将 deltaT 设置成了 10❶，这是后面将用于定时器的时间间隔，单位为毫秒（ms）。接下来，存储了 turtle 窗口的尺寸❷，并初始化了一个标志❸，它用于指出是否正在重新开始绘制。在一个重复 N 次的循环中（N 是在实例化 SpiroAnimator 对象时传入的），创建新的 Spiro 对象❺，并将它们添加到列表 spiros 中。创建每个 Spiro 对象前，都调用了辅助方法 genRandomParams()❹（稍后将介绍这个方法）来随机地生成繁花曲线的参数。然而，Spiro 类的构造函数要求向它提供多个参数，因此需使用 Python 运算符*将传入的元组拆分为一系列参数。最后，设置方法 turtle.ontimer()，使其每隔 deltaT 毫秒就调用 update() 一次❻，以生成动画效果。

1. 生成随机参数

创建每个 Spiro 对象时，都将向它传递使用方法 genRandomParams() 生成的随机参数，以生成各种各样的繁花曲线。每当 Spiro 对象绘制完一条繁花曲线，并为绘制新的繁花曲线做好准备后，都要调用这个方法。

```
def genRandomParams(self):
    width, height = self.width, self.height
    R = random.randint(50, min(width, height)//2)
    r = random.randint(10, 9*R//10)
    l = random.uniform(0.1, 0.9)
```

```
        xc = random.randint(-width//2, width//2)
        yc = random.randint(-height//2, height//2)
        col = (random.random(),
               random.random(),
               random.random())
❶       return (xc, yc, col, R, r, l)
```

为生成随机参数,使用了 Python 模块 random 中的 3 个方法:randint()、uniform()和 random()。randint()随机地返回一个位于指定范围内的整数,uniform()随机地返回一个位于指定范围内的浮点数,而 random()随机地返回一个位于 0～1 之间的浮点数。获取窗口宽度和高度中较小的那个值,并将其除以 2,再将 R 设置为从 50 到这个计算结果之间的一个随机整数;将 r 设置为 10 到 R 的 90%之间的一个随机整数;将 l 设置为 0.1～0.9 的一个随机浮点数。

接下来,在屏幕上随机地选择一个点作为繁花曲线的中心,即在屏幕边界内随机地选择 x 和 y 坐标作为 xc 和 yc。为繁花曲线随机地选择一种颜色,即为红色、绿色和蓝色分量分别选择一个随机值(这些值在范围 0～1 内)。最后,将所有参数作为一个元组返回❶。

2. 重新开始

SpiroAnimator 类有自己的方法 restart(),这个方法用来重新开始,以绘制一组新的繁花曲线:

```
def restart(self):
    # 如果正在重新开始,就不重新开始
❶   if self.restarting:
        return
    else:
        self.restarting = True
    for spiro in self.spiros:
        # 清屏
        spiro.clear()
        # 生成随机参数
        rparams = self.genRandomParams()
        # 设置繁花曲线的参数
        spiro.setparams(*rparams)
        # 重新开始绘制
        spiro.restart()
    # 结束重新开始绘制过程
❷   self.restarting = False
```

这个方法遍历所有的 Spiro 对象,对于每个对象,都清除以前绘制的内容,并随机地生成一组新的繁花曲线参数。然后,使用 Spiro 对象的设置方法 setparams()和 restart()来设置参数,从而让 Spiro 对象为绘制下一个繁花曲线做好准备。标志 self.restarting❶用于防止这个方法未执行完毕时被再次调用,例如当用户重复地按空格键时就可能出现这种情况。在方法 restart()末尾重置了这个标志,以防忽略对方法 restart()的下一次调用❷。

3. 更新动画

定时器每隔 10ms 就会调用 SpiroAnimator 类的方法 update()一次,以更新动画中使用的所有 Spiro 对象,这个方法的代码如下:

```
def update(self):
    # 更新所有的繁花曲线
❶   nComplete = 0
```

```
    for spiro in self.spiros:
        # 更新
    ❷ spiro.update()
        # 计算已绘制完毕的繁花曲线数
    ❸ if spiro.drawingComplete:
            nComplete += 1
    # 如果所有的繁花曲线都已绘制完毕, 就重新开始
❹ if nComplete == len(self.spiros):
        self.restart()
    # 调用定时器
    try:
    ❺ turtle.ontimer(self.update, self.deltaT)
    except:
        print("Exception, exiting.")
        exit(0)
```

方法 update()使用计数器 nComplete 来跟踪有多少个 Spiro 对象已完成绘制❶。它遍历 Spiro
对象列表, 并调用这些对象的方法 update()❷, 以绘制每条繁花曲线的下一条线段。如果一个
Spiro 对象已完成绘制, 就将计数器加 1❸。

在循环外检查计数器, 以确定是否所有 Spiro 对象都已完成绘制❹。如果都已完成, 就调
用方法 restart(), 使用全新的 Spiro 对象重新开始绘制。在方法 update()的末尾, 调用了模块 turtle
的方法 ontimer()❺, 以便在 deltaT 毫秒后再次调用 update()。正是这些代码让动画得以继续下去。

4. 显示/隐藏光标

在 SpiroAnimator 类中, 下面的方法用于在显示和隐藏海龟光标之间切换。隐藏光标后, 可
提高绘画速度。

```
def toggleTurtles(self):
    for spiro in self.spiros:
        if spiro.t.isvisible():
            spiro.t.hideturtle()
        else:
            spiro.t.showturtle()
```

这个方法使用 turtle 内置的方法在隐藏和显示光标之间切换(如果当前可见就隐藏, 如果
当前不可见就显示)。在动画运行期间, 当用户按 T 键时将调用方法 toggleTurtles()。

2.3.3 保存曲线

好不容易生成繁花曲线后, 能够保存结果就再好不过了。可使用独立函数 saveDrawing()
将绘图窗口的内容保存为 PNG 图像文件:

```
def saveDrawing():
    # 隐藏海龟光标
    ❶ turtle.hideturtle()
        # 生成独一无二的文件名
    ❷ dateStr = (datetime.now()).strftime("%d%b%Y-%H%M%S")
        fileName = 'spiro-' + dateStr
        print('saving drawing to {}.eps/png'.format(fileName))
        # 获取 tkinter 画布
        canvas = turtle.getcanvas()
        # 将图形保存为 EPS 文件
    ❸ canvas.postscript(file = fileName + '.eps')
        #使用模块 Pillow 将 EPS 文件转换为 PNG 文件
```

```
❹ img = Image.open(fileName + '.eps')
❺ img.save(fileName + '.png', 'png')
  # 显示海龟光标
  turtle.showturtle()
```

首先，隐藏了海龟光标❶，以防它出现在保存的图形中。然后，使用 datetime() 为图像文件生成基于时间戳的独一无二的名称（格式为"日-月-年-时-分-秒"）❷。为生成文件名，将这个字符串附加在 spiro-后面。

这个海龟绘图法程序使用 tkinter 创建的用户界面（UI）窗口，因此使用 tkinter 的画布对象以 EPS（Embedded PostScript，嵌入式 PostScript）文件格式保存窗口中的图像❸。EPS 是矢量图格式，可使用它以高分辨率输出图像，但 PNG 格式的用途更为广泛，因此使用 Pillow 打开 EPS 文件❹，再将其保存为 PNG 文件❺。最后，显示海龟光标。

2.3.4 分析命令行参数及初始化

本书的大多数项目都支持使用命令行参数进行定制。这里不使用人工来分析命令行参数（以防带来麻烦），而将这项烦琐的任务交给 Python 模块 argparse 去完成。在繁花曲线绘制程序的 main() 函数中，第一部分完成的就是命令行参数分析工作：

```
def main():
❶ parser = argparse.ArgumentParser(description=descStr)

  # 添加要求的参数
❷ parser.add_argument('--sparams', nargs=3, dest='sparams', required=False,
                      help="The three arguments in sparams: R, r, l.")

  # 分析参数
❸ args = parser.parse_args()
```

为管理命令行参数，创建了一个 ArgumentParser 对象❶。然后，在这个 ArgumentParser 对象中添加了参数--sparams❷，它由 3 部分组成，分别对应于繁花曲线的参数 R、r 和 l。使用选项 dest 指定了对参数进行分析后应将得到的值存储在哪个变量中，并使用 required=False 指出参数--sparams 是可选的。调用方法 parse_args() 来分析参数❸，通过对象 args 的属性访问参数。在这里，可通过 args.sparams 来访问参数--sparams 的值。

注意 在本书的每个项目中，都将采用这种基本模式来创建和分析命令行参数。

接下来，用函数 main() 设置一些 turtle 参数：

```
  # 将绘图窗口的宽度设置为屏幕宽度的 80%
❶ turtle.setup(width=0.8)

  # 将光标形状设置为海龟
  turtle.shape('turtle')

  # 将标题设置为"Spirographs!"
  turtle.title("Spirographs!")
  # 添加存储图形的按键处理程序
❷ turtle.onkey(saveDrawing, "s")
  # 开始侦听
❸ turtle.listen()
```

```
    # 隐藏海龟光标
❹ turtle.hideturtle()
```

使用 setup()将绘图窗口的宽度设置为屏幕宽度的 80%❶（还可向 setup()传递高度参数和原点参数）。然后，将光标形状设置为海龟，并将程序窗口的标题设置为"Spirographs!"。接下来，使用 onkey()让程序在用户按 S 键时调用函数 saveDrawing()来保存图形❷。通过调用 listen()，让绘图窗口侦听用户事件（如按键）❸。最后，隐藏海龟光标❹。

函数 main()余下的代码如下：

```
    # 检查是否向--sparams 发送了参数并绘制繁花曲线
❶ if args.sparams:
❷     params = [float(x) for x in args.sparams]
        # 使用给定的参数绘制繁花曲线
        col = (0.0, 0.0, 0.0)
❸     spiro = Spiro(0, 0, col, *params)
❹     spiro.draw()
    else:
        # 创建 SpiroAnimator 对象
❺     spiroAnim = SpiroAnimator(4)
        # 添加在显示/隐藏海龟光标之间切换的按键处理程序
        turtle.onkey(spiroAnim.toggleTurtles, "t")
        # 添加重新开始绘制的按键处理程序
        turtle.onkey(spiroAnim.restart, "space")

    # 开始 turtle 主循环
❻ turtle.mainloop()
```

首先检查是否给--sparams 传递了参数❶，如果传递了，就只绘制这些参数定义的繁花曲线。这些参数是用字符串表示的，需要将它们解读为数字，因此使用列表推导式将它们转换为一个浮点数列表❷（列表推导式是一种 Python 结构，能够以紧凑而高效的方式创建列表。例如，a = [2*x for x in range (1, 5)]创建一个列表，其中包含前 4 个正偶数）。然后，使用这些参数创建一个 Spiro 对象❸（这里借助了 Python 运算符*，它将列表拆分为一系列参数），并调用 draw()来绘制相应的繁花曲线❹。

如果没有在命令行中指定参数，就进入随机动画模式。在这种模式下，创建一个 SpiroAnimator 对象❺并传入参数 4，让程序同时绘制 4 条繁花曲线。然后，调用 onkey()两次以捕获其他按键事件：按 T 键将调用方法 toggleTurtles()，在显示和隐藏海龟光标之间切换；按空格键将调用 restart()中断当前绘画，并开始绘制 4 条不同的随机繁花曲线。最后，调用 mainloop()让 tkinter 窗口保持打开状态，以侦听事件❻。

2.4　运行程序

下面来运行这个程序：

```
$ python spiro.py
```

默认情况下，程序 spiro.py 同时绘制 4 条随机的繁花曲线，如图 2.5 所示。按 S 键可保存图形，按 T 键可在显示和隐藏光标之间切换，而按空格键可重新开始绘制。

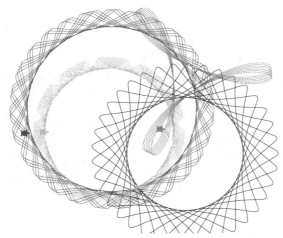

图 2.5 默认情况下程序 spiro.py 的运行情况

现在再次运行这个程序，并通过命令行传入参数，以绘制指定的繁花曲线：

```
$ python spiro.py --sparams 300 100 0.9
```

图 2.6 显示了这个程序的输出。该程序绘制了由指定参数定义的繁花曲线，而不像图 2.5 那样以动画方式绘制多条随机的繁花曲线。

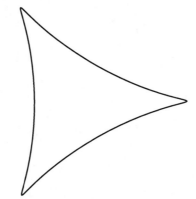

图 2.6 使用特定参数运行程序 spiro.py 的结果

请尝试使用不同的参数来运行这个程序，看看参数将如何影响最终绘制出来的曲线。

2.5 小结

本章介绍了如何绘制繁花曲线，还介绍了如何调整输入参数以生成各种繁花曲线，以及如何以动画方式绘制繁花曲线。希望读者觉得绘制这些繁花曲线的过程是一种享受（第 13 章将给读者带来惊喜，届时将介绍如何将繁花曲线投影到墙壁上）。

2.6　实验

下面是一些尝试绘制其他曲线的方式。

1. 请编写一个绘制随机对数螺线的程序。先确定定义对数螺线的参数方程，再使用它来绘制对数螺线。

2. 细心的读者可能注意到了，绘制曲线时，海龟光标总是朝右的，但海龟的移动方向并非总是这样的！请在绘制曲线时调整海龟的朝向，使其总是与绘图方向一致。（提示：绘制每条线段时，计算相邻两点之间的方向向量，并使用方法 turtle.setheading() 相应地调整海龟的朝向）

2.7　完整代码

下面列出了绘制繁花曲线的完整代码：

```
"""
spiro.py

一个模拟万花尺轨迹的 Python 程序

编写者: Mahesh Venkitachalam
"""

import random, argparse
import numpy as np
import math
import turtle
import random
from PIL import Image
from datetime import datetime

# 一个绘制繁花曲线的类
class Spiro:
    # 构造函数
    def __init__(self, xc, yc, col, R, r, l):
        # 创建 turtle 对象
        self.t = turtle.Turtle()
        # 设置光标形状
        self.t.shape('turtle')
        # 设置以度为单位的步长
        self.step = 5
        # 设置绘画结束标志
        self.drawingComplete = False

        # 设置参数
        self.setparams(xc, yc, col, R, r, l)

        # 开始绘画
        self.restart()

    # 设置参数
    def setparams(self, xc, yc, col, R, r, l):
        # 设置定义繁花曲线的参数
        self.xc = xc
        self.yc = yc
        self.R = int(R)
```

```
        self.r = int(r)
        self.l = l
        self.col = col
        # 通过除以 GCD 将分数约分
        gcdVal = math.gcd(self.r, self.R)
        self.nRot = self.r//gcdVal
        # 计算半径比
        self.k = r/float(R)
        # 设置颜色
        self.t.color(*col)
        # 存储当前角度
        self.a = 0

    # 重新开始绘画
    def restart(self):
        # 设置绘画结束标志
        self.drawingComplete = False
        # 显示海龟
        self.t.showturtle()
        # 移到起始位置
        self.t.up()
        R, k, l = self.R, self.k, self.l
        a = 0.0
        x = R*((1-k)*math.cos(a) + l*k*math.cos((1-k)*a/k))
        y = R*((1-k)*math.sin(a) - l*k*math.sin((1-k)*a/k))
        try:
            self.t.setpos(self.xc + x, self.yc + y)
        except:
            print("Exception, exiting.")
            exit(0)
        self.t.down()

    # 绘制繁花曲线
    def draw(self):
        # 绘制余下的线段
        R, k, l = self.R, self.k, self.l
        for i in range(0, 360*self.nRot + 1, self.step):
            a = math.radians(i)
            x = R*((1-k)*math.cos(a) + l*k*math.cos((1-k)*a/k))
            y = R*((1-k)*math.sin(a) - l*k*math.sin((1-k)*a/k))
            try:
                self.t.setpos(self.xc + x, self.yc + y)
            except:
                print("Exception, exiting.")
                exit(0)
        # 绘制完毕后隐藏海龟光标
        self.t.hideturtle()

    # 绘制一条线段
    def update(self):
        # 如果已绘制完毕，就跳过后面的步骤
        if self.drawingComplete:
            return
        # 递增角度
        self.a += self.step
        # 绘制一条线段
        R, k, l = self.R, self.k, self.l
        # 设置角度
        a = math.radians(self.a)
        x = self.R*((1-k)*math.cos(a) + l*k*math.cos((1-k)*a/k))
        y = self.R*((1-k)*math.sin(a) - l*k*math.sin((1-k)*a/k))
        try:
```

```python
                self.t.setpos(self.xc + x, self.yc + y)
        except:
            print("Exception, exiting.")
            exit(0)
        # 如果已绘制完毕，就设置相应的标志
        if self.a >= 360*self.nRot:
            self.drawingComplete = True
            # 已绘制完毕，因此隐藏海龟光标
            self.t.hideturtle()

    # 清屏
    def clear(self):
        # 抬起画笔
        self.t.up()
        # 清除 turtle 对象的内容
        self.t.clear()

# 一个以动画方式绘制繁花曲线的类
class SpiroAnimator:
    # 构造函数
    def __init__(self, N):
        # 设置定时器值，单位为毫秒
        self.deltaT = 10
        # 获取窗口尺寸
        self.width = turtle.window_width()
        self.height = turtle.window_height()
        # 设置重新开始标志
        self.restarting = False
        # 创建 Spiro 对象
        self.spiros = []
        for i in range(N):
            # 生成随机参数
            rparams = self.genRandomParams()
            # 设置繁花曲线参数
            spiro = Spiro(*rparams)
            self.spiros.append(spiro)
        # 调用定时器
        turtle.ontimer(self.update, self.deltaT)

    # 重新开始繁花曲线绘制
    def restart(self):
        # 如果正在重新开始，就不再重新开始
        if self.restarting:
            return
        else:
            self.restarting = True
        # 重新开始
        for spiro in self.spiros:
            # 清屏
            spiro.clear()
            # 生成随机参数
            rparams = self.genRandomParams()
            # 设置繁花曲线的参数
            spiro.setparams(*rparams)
            # 重新开始绘制
            spiro.restart()
        # 结束重新开始绘制过程
        self.restarting = False

    # 生成随机参数
    def genRandomParams(self):
        width, height = self.width, self.height
```

```python
        R = random.randint(50, min(width, height)//2)
        r = random.randint(10, 9*R//10)
        l = random.uniform(0.1, 0.9)
        xc = random.randint(-width//2, width//2)
        yc = random.randint(-height//2, height//2)
        col = (random.random(),
               random.random(),
               random.random())
        return (xc, yc, col, R, r, l)

    def update(self):
        # 更新所有的繁花曲线
        nComplete = 0
        for spiro in self.spiros:
            # 更新
            spiro.update()
            # 计算已绘制完毕的繁花曲线数
            if spiro.drawingComplete:
                nComplete+= 1
        # 如果所有的繁花曲线都已绘制完毕，就重新开始
        if nComplete == len(self.spiros):
            self.restart()
        # 调用定时器
        try:
            turtle.ontimer(self.update, self.deltaT)
        except:
            print("Exception, exiting.")
            exit(0)

    # 在显示和隐藏海龟光标之间切换
    def toggleTurtles(self):
        for spiro in self.spiros:
            if spiro.t.isvisible():
                spiro.t.hideturtle()
            else:
                spiro.t.showturtle()

# 将繁花曲线保存为图像
def saveDrawing():
    # 隐藏海龟光标
    turtle.hideturtle()
    # 生成独一无二的文件名
    dateStr = (datetime.now()).strftime("%d%b%Y-%H%M%S")
    fileName = 'spiro-' + dateStr
    print('saving drawing to {}.eps/png'.format(fileName))
    # 获取 tkinter 画布
    canvas = turtle.getcanvas()
    # 将图形保存为 EPS 文件
    canvas.postscript(file = fileName + '.eps')
    # 使用模块 Pillow 将 EPS 文件转换为 PNG 文件
    img = Image.open(fileName + '.eps')
    img.save(fileName + '.png', 'png')
    # 显示海龟光标
    turtle.showturtle()

# 函数 main()
def main():
    # 必要时使用 sys.argv
    print('generating spirograph...')
    # 创建对象
    descStr = """这个程序使用模块 turtle 绘制繁花曲线
如果运行时没有指定参数，这个程序将绘制随机的繁花曲线
```

```
    参数说明如下
    R: 外圆半径
    r: 内圆半径
    l: 孔洞距离与 r 与 R 的比值
    """

    parser = argparse.ArgumentParser(description=descStr)

    # 添加要求的参数
    parser.add_argument('--sparams', nargs=3, dest='sparams', required=False,
                        help="The three arguments in sparams: R, r, l.")
    # 分析参数
    args = parser.parse_args()

    # 将绘图窗口的宽度设置为屏幕宽度的 80%
    turtle.setup(width=0.8)

    # 设置光标形状
    turtle.shape('turtle')

    # 设置标题
    turtle.title("Spirographs!")
    # 添加保存图像的按键处理程序
    turtle.onkey(saveDrawing, "s")
    # 开始侦听
    turtle.listen()

    # 隐藏海龟光标
    turtle.hideturtle()

    # 检查参数并绘制繁花曲线
    if args.sparams:
        params = [float(x) for x in args.sparams]
        # 使用给定的参数绘制繁花曲线
        # 默认为黑色
        col = (0.0, 0.0, 0.0)
        spiro = Spiro(0, 0, col, *params)
        spiro.draw()
    else:
        # 创建 SpiroAnimator 对象
        spiroAnim = SpiroAnimator(4)
        # 添加在显示/隐藏海龟光标之间切换的按键处理程序
        turtle.onkey(spiroAnim.toggleTurtles, "t")
        # 添加重新开始绘制的按键处理程序
        turtle.onkey(spiroAnim.restart, "space")

    # 开始 turtle 主循环
    turtle.mainloop()

# 调用函数 main()
if __name__ == '__main__':
    main()
```

Part 2

模拟生命

首先，假设奶牛是个球体。

——匿名（物理学笑话）

本篇内容

## 第 3 章

康威生命游戏

3

使用计算机来研究系统，可为系统建立数学模型，编写表示模型的程序，并让模型随时间的推移不断演进。计算机可以实现众多类型的模拟，这里专注于著名的康威生命游戏，它是由英国数学家约翰·康威（John Conway）设计的。康威生命游戏是一种元胞自动机（cellular automaton），即网格中的一系列元胞按照其邻接元胞的状态不断演化。

在本章项目中，将创建一个 $N \times N$ 的元胞网格，并通过应用康威生命游戏规则来模拟系统随时间推进而不断演化的情况；将显示系统在每个时间步（time step）的状态，并提供将输出存储到文件的途径；将把系统的初始状态设置为随机分布或预先定义的图案。

这个模拟系统由如下几部分组成。

❏ 属性：这是在一维或二维空间中定义的。

❏ 数学规则：用于在每个模拟步骤中修改属性。

❏ 在演化过程中显示或捕获系统状态的方式。

在康威生命游戏中，元胞的状态要么为存活（ON），要么为死亡（OFF）。游戏从初始状态开始，其中每个元胞的状态都为存活或死亡；然后，根据数学规则确定每个元胞的状态如何随时间的推进而变化。康威生命游戏的神奇之处在于，它虽然只有 4 条简单的规则，却能让系统通过演化生成行为极其复杂的图案，这些图案就像是有生命一样。生成的图案包括在网格上滑动的"滑翔机"、闪烁的"闪光灯"以及自我繁殖的图案。

当然，康威生命游戏的哲学意义也很重要，因为它表明系统根据简单规则可能演化出复杂的结构，而不一定按预想的方式演进。

下面是本章涵盖的一些主要概念。

❏ 使用 Matplotlib 来展示二维数据网格。

❏ 使用 Matplotlib 生成动画。

❏ 使用 NumPy 数组。

❏ 使用运算符%来确定边界条件。

❏ 让值呈随机分布。

3.1 工作原理

康威生命游戏建立在九宫格的基础之上，每个元胞都有 8 个邻接元胞，如图 3.1 所示。在模拟程序中，给定元胞是通过(i,j)来访问的，其中 i 和 j 分别是行索引和列索引。在特定时间点，给定元胞的值取决于在前一个时间步中邻接元胞的状态。

康威生命游戏遵循如下 4 条规则。

1．如果一个元胞是活的，且活的邻接元胞数少于两个，它将变为死的。

2．如果一个元胞是活的，且活的邻接元胞数为两个或 3 个，它将保持存活状态。

3．如果一个元胞是活的，且活的邻接元胞数超过 3 个，它将变成死的。

4．如果一个元胞是死的，且活的邻接元胞数为 3 个，它将变成活的。

制定这些规则旨在反映一些基本的种群演进方式：种群过小或过大都会导致个体死亡（活的邻接元胞数量少于两个或超过 3 个时，将当前元胞变成死的），但种群规模适中时，不仅不会导致个体死亡，还会使其繁殖（活的邻接元胞数为两个或 3 个时，当前元胞将保持存活状态或从死的变成活的）。

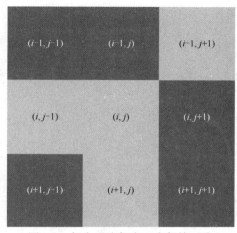

图 3.1　每个元胞都有 8 个邻接元胞

前面说过，每个元胞都有 8 个邻接元胞，但如果元胞位于网格边缘呢？对于这样的元胞，哪些元胞是其邻居呢？此时，需要考虑边界条件，决定位于网格边缘的元胞根据什么规则来确定其邻居。为解决这个问题，将使用环形边界条件（toroidal boundary condition），这意味着方形网格将回绕，使其形状为环面一样。如图 3.2 所示，首先弯曲网格，让其水平边（A 和 B）重合，从而形成一个圆柱体；然后，让圆柱体的垂直边（C 和 D）重合，形成一个环面。形成环面后，每个元胞都有 8 个邻居，因为环面没有边缘。

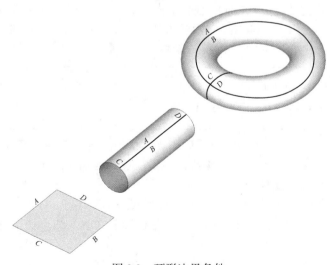

图 3.2　环形边界条件

在二维模拟和游戏中，环形边界条件很常见，例如游戏 *Pac-Man* 就使用了环形边界条件：游戏角色从屏幕顶端离开时，将在屏幕底端现身；从屏幕左端离开时，将在屏幕右端现身。在康威生命游戏中，将采用同样的逻辑，例如，对于位于网格左上角的元胞，其正上方的邻居为网格左下角的元胞，其正左方的邻居为网格右上角的元胞。

下面描述了为实现前述 4 条规则并进行模拟将使用的算法。

1．初始化网格中的元胞。
2．在每个时间步中，对于每个元胞(i, j)都采取如下措施。
　　a．根据邻居的值更新元胞(i, j)的值，并考虑边界条件。
　　b．更新网格显示结果。

3.2　需求

为计算并显示模拟输出，将使用 NumPy 数组和 Matplotlib 库；为更新模拟输出，将使用 Matplotlib 库的模块 animation。

3.3　代码

下面来条分缕析地研究这个程序的各个方面，包括如何使用 NumPy 和 Matplotlib 显示模拟网格、如何设置初始状态、如何处理环形边界条件以及如何实现康威生命游戏的规则。这里还将研究这个程序的 main() 函数，它将命令行参数发送给程序并启动模拟。要查看这个项目的完整代码，可参阅 3.7 节 "完整代码"，也可见本书配套源代码中的 "/conway/conway.py"。

3.3.1　显示网格

为指出网格中的元胞是活的（ON）还是死的（OFF），分别使用值 255 和 0 来表示。为显示网格的当前状态，将使用 Matplotlib 库中的方法 imshow()，它以图像方式呈现数字矩阵。为了解这个方法是如何工作的，下面在 Python 解释器中运行一个简单的示例。

```
>>> import numpy as np
>>> import matplotlib.pyplot as plt
❶ >>> x = np.array([[0, 0, 255], [255, 255, 0], [0, 255, 0]])
❷ >>> plt.imshow(x, interpolation='nearest')
>>> plt.show()
```

以上代码定义了一个二维 NumPy 数组❶，其形状为(3, 3)，这意味着这个数组包含 3 行、3 列。在这个数组中，每个元素都是一个整数。然后，使用方法 plt.imshow()将这个二维 NumPy 数组显示为图像❷；通过将选项 interpolation 设置为 nearest，让元胞之间的边界变得清晰（如果不这样做，边界将是模糊的）。图 3.3 显示了这些代码的输出。

注意到值为 0（OFF）的方块颜色较深，而值为 255（ON）的方块颜色较浅。

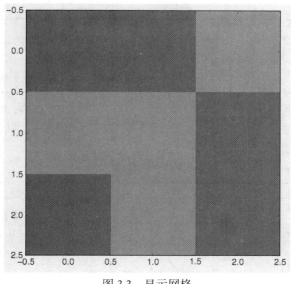

图 3.3 显示网格

3.3.2 设置初始状态

开始模拟前，需要设置二维网格中每个元胞的初始状态。可让元胞状态（ON 或 OFF）呈随机分布，看看将出现什么样的图案；也可指定特定的图案，看看它将如何演化。下面详细介绍这两种方法。

要指定随机的初始状态，可使用 NumPy 库的模块 random 中的方法 choice()。在 Python 解释器中输入如下代码，看看这个方法是如何工作的：

```
>>> np.random.choice([0, 255], 4*4, p=[0.1, 0.9]).reshape(4, 4)
```

输出如下：

```
array([[255, 255, 255, 255],
       [255, 255, 255, 255],
       [255, 255, 255, 255],
       [255, 255, 255, 0]])
```

np.random.choice()从[0, 255]中选择一个值,每个值出现的概率是由参数 p=[0.1, 0.9]指定的。这里将 0 的出现概率设置成了 0.1（即 10%），并将 255 出现的概率设置成了 0.9（参数 p 中两个值的和必须为 1）；使用方法 choice()创建了一个一维数组，这个一维数组包含 16 个元素（这是使用 4*4 指定的）；使用 reshape()将这个数组转换为一个 4 行、4 列的二维数组。

要设置初始状态，使其形成特定的，而不是使用随机值填充，可先使用 np.zeros()将网格初始化为所有元胞的值都为 0：

```
grid = np.zeros(N*N).reshape(N, N)
```

这将创建一个 $N \times N$ 数组，其中每个元素的值都为 0。然后，定义一个函数，在网格的特定位置添加特定的图案：

```
def addGlider(i, j, grid):
    """添加一个"滑翔机"图案，其左上角的元胞位于(i, j)处"""
❶   glider = np.array([[0, 0, 255],
                       [255, 0, 255],
                       [0, 255, 255]])
❷   grid[i:i+3, j:j+3] = glider
```

这里使用一个形状为(3，3)的 NumPy 数组定义了"滑翔机"图案（一个看上去可平稳地穿过网格的图案）❶。然后，使用 NumPy 切片操作将数组 glider 复制到模拟的二维网格中❷，并将该图案的左上角放在坐标 i 和 j 处。

现在可以调用函数 addGlider() 在全 0 网格中添加"滑翔机"图案了：

```
addGlider(1, 1, grid)
```

这里指定了坐标(1, 1)，从而将"滑翔机"图案放在网格的左上角（坐标(0, 0)）附近。请注意，grid[i, j]中 i 的取值范围为 0 到网格高度减 1，而 j 的取值范围为 0 到网格宽度减 1。

3.3.3　实现边界条件

下面来看看如何实现环形边界条件。先来看看在网格的右边缘会出现什么情况。第 i 行末尾的元胞是使用 grid[i, N − 1] 表示的，其右边的邻居为 grid[i, N]，但根据环形边界条件，访问 grid[i, N]时，应返回 grid[i, 0]的值。下面是实现这种做法的方式之一：

```
if j == N-1:
    right = grid[i, 0]
else:
    right = grid[i, j+1]
```

当然，对于网格左边缘、上边缘和下边缘的元胞，需要实现类似的边界条件，但这样做将增加很多代码，因为需要测试网格的全部 4 个边缘。为实现边界条件，一种紧凑得多的方式是使用 Python 求模运算符（%），下面在 Python 解释器中演示这个运算符的用法：

```
>>> N = 16
>>> i1 = 14
>>> i2 = 15
>>> (i1+1)%N
15
>>> (i2+1)%N
0
```

运算符%执行整数除法运算，并返回余数。在这里，15%16 的结果为 15，但 16%16 的结果为 0。使用运算符%可让值在右边缘回绕，因此可将访问网格中元胞的代码重写为下面这样：

```
right = grid[i, (j+1)%N]
```

当元胞位于网格右边缘（即 j = N − 1），并使用这种方法找出它右边的元胞时，将执行代码 (j + 1)%N，进而返回 0，从网格右边缘回绕到左边缘。对于位于网格下边缘的元胞，寻找其下方的邻居时，将回绕到网格顶端：

```
bottom = grid[(i+1)%N, j]
```

3.3.4　实现规则

　　康威生命游戏的规则基于有多少个邻接元胞是活的或死的。为简化实现这些规则的代码，可只计算处于存活状态的邻接元胞数。

　　由于存活状态对应的值为 255，因此只需将所有邻居的值相加，再除以 255，就可得到处于存活状态的邻接元胞数量。相应的代码如下：

```
total = int((grid[i, (j-1)%N] + grid[i, (j+1)%N] +
            grid[(i-1)%N, j] + grid[(i+1)%N, j] +
            grid[(i-1)%N, (j-1)%N] + grid[(i-1)%N, (j+1)%N] +
            grid[(i+1)%N, (j-1)%N] + grid[(i+1)%N, (j+1)%N])/255)
```

　　对于任何给定的元胞(i, j)，将其全部 8 个邻居的值相加（使用运算符%来实现环形边界条件），再将结果除以 255，得到处于存活状态的邻接元胞数量，并将其存储在变量 total 中。现在可以根据变量 total 来实现康威生命游戏规则了：

```
# 实现康威生命游戏的规则
if grid[i, j] == ON:
  ❶ if (total < 2) or (total > 3):
        newGrid[i, j] = OFF
else:
  ❷ if total == 3:
        newGrid[i, j] = ON
```

　　对于任何元胞，如果它当前处于存活状态，且处于存活状态的邻接元胞数量少于两个或超过 3 个，就将其变成死的❶。else 分支中的代码只适用于处于死亡状态的元胞：如果处于存活状态的邻接元胞数为 3 个，就将该元胞变成活的❷。修改是在 newGrid 的相应元胞中进行的，而 newGrid 最初为前一个时间步的网格的副本。对每个元胞都进行评估和更新后，newGrid 将包含用于显示下一个时间步的数据。不能直接修改前一个时间步的网格，否则在评估元胞的过程中元胞的状态将不断变化。

3.3.5　向程序传递命令行参数

　　现在可以着手编写 main()函数了，先将命令行参数发送给程序：

```
def main():
    # 命令行参数存储在 sys.argv[1]、sys.argv[2]等脚本中
    # sys.argv[0]为脚本名，可以忽略
    # 分析参数
  ❶ parser = argparse.ArgumentParser(description="Runs Conway's Game of Life
                                      simulation.")
    # 添加参数
  ❷ parser.add_argument('--grid-size', dest='N', required=False)
  ❸ parser.add_argument('--interval', dest='interval', required=False)
  ❹ parser.add_argument('--glider', action='store_true', required=False)
    args = parser.parse_args()
```

　　首先创建了一个 argparse.ArgumentParser，用于添加命令行参数❶。在接下来的几行中，添加了各种选项，其中❷处的选项指定了网格尺寸 N，❸处的选项设置动画更新间隔（单位为毫秒）。还创建了一个确定是否在网格中添加"滑翔机"图案的选项❹，如果没有设置这个选项，

模拟开始时网格中元胞的状态将是随机的。

3.3.6   初始化

在函数 main()中，接下来执行初始化任务：

```
    # 设置网格尺寸
❶ N = 100

    # 设置动画更新间隔
❷ updateInterval = 50
    if args.interval:
        updateInterval = int(args.interval)

    # 声明网格
    grid = np.array([])
    # 检查是否要添加"滑翔机"图案
❸ if args.glider:
        grid = np.zeros(N*N).reshape(N, N)
        addGlider(1, 1, grid)
❹ else:
        # 如果指定了 N 且它是有效的，就使用指定的 N
        if args.N and int(args.N) > 8:
            N = int(args.N)
        # 随机地填充网格（元胞处于死亡状态的可能性大于处于存活状态的可能性）
        grid = randomGrid(N)
```

这部分代码应用于命令行指定的参数，这是在分析完命令行参数后进行的。首先，设置了默认的网格尺寸（包含 100×100 个元胞）❶和默认的更新间隔（50ms）❷，以防用户没有在命令行设置这些选项。然后，设置了初始状态，可能是默认的随机图案❹，也可能是"滑翔机"图案❸。

最后，在函数 main()中设置动画：

```
    # 设置动画
❶ fig, ax = plt.subplots()
    img = ax.imshow(grid, interpolation='nearest')
❷ ani = animation.FuncAnimation(fig, update, fargs=(img, grid, N, ),
                                  interval=updateInterval,
                                  save_count=50)

    plt.show()
```

首先，配置了 Matplotlib 图表参数和动画参数❶。然后，设置了 animation.FuncAnimation()，以定期调用函数 update()❷，这个函数是在前面定义的，它使用环形边界条件根据康威生命游戏规则更新网格。

3.4   运行程序

现在来运行代码：

```
$ python conway.py
```

这将使用默认参数：网格包含 100×100 个元胞、更新间隔为 50ms。在模拟过程中，系统将随着时间的推移生成并保持各种图案，如图 3.4（a）和图 3.4（b）所示。

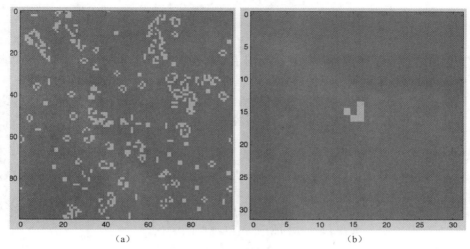

图 3.4 进行中的康威生命游戏

图 3.5 显示了模拟过程中可能出现的一些图案。除"滑翔机"图案外，还有由 3 个元胞构成的"闪光灯"图案以及诸如"方块"和"面包"等静态图案。

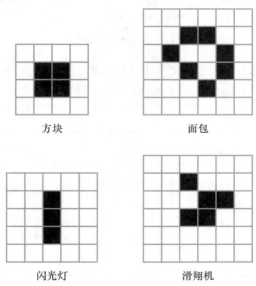

方块　　　　　　　　面包

闪光灯　　　　　　　滑翔机

图 3.5 康威生命游戏中出现的一些图案

现在，使用下面的参数来运行模拟：

```
$ python conway.py --grid-size 32 --interval 500 –glider
```

这将创建一个 32 × 32 的模拟网格，每隔 500ms 更新一次动画，并在初始网格中包含图 3.5 右下角所示的"滑翔机"图案。

3.5 小结

本章带领读者探索了康威生命游戏，介绍了如何实现基于数学规则的简单计算机模拟，以及如何使用 Matplotlib 来可视化系统在演化过程中的状态。

这里的康威生命游戏更强调简单而非性能。关于如何提高康威生命游戏的计算速度，有很多不同的方法，也有很多的研究，这在网上很容易搜索到。

3.6 实验

下面是一些进一步探索康威生命游戏的方式。

1. 编写方法 addGosperGun()，在网格中添加如图 3.6 所示的图案，这种图案被称为"高斯帕滑翔机枪"。运行模拟，并观察"高斯帕滑翔机枪"的变化。

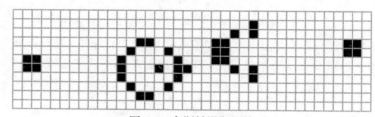

图 3.6 高斯帕滑翔机枪

2. 编写方法 readPattern()，从文本文件中读取初始图案，并使用它来设置模拟的初始状态。为此，可使用诸如 open() 和 file.read() 等 Python 方法。对于输入文件，建议采用如下格式：

```
8
0 0 0 255...
```

该文件的第 1 行定义了 N，而余下的内容定义了 $N \times N$ 个整数（整数的取值为 0 或 255，之间用空格分隔）。这项探索有助于了解在康威生命游戏规则下，给定的图案是如何演化的。添加命令行参数--pattern-file，以便在运行程序时指定要使用的输入文件。

3.7 完整代码

下面是康威生命游戏项目的完整代码：

```
"""
conway.py

使用 Python/Matplotlib 的康威生命游戏简单实现

编写者：Mahesh Venkitachalam
"""

import sys, argparse
import numpy as np
```

```
import matplotlib.pyplot as plt
import matplotlib.animation as animation

def randomGrid(N):
    """返回一个包含 N × N 个随机值的网格"""
    return np.random.choice([255, 0], N*N, p=[0.2, 0.8]).reshape(N, N)

def addGlider(i, j, grid):
    """添加"滑翔机"图案，其左上角元胞位于(i, j)处"""
    glider = np.array([[0,    0, 255],
                       [255,  0, 255],
                       [0,  255, 255]])
    grid[i:i+3, j:j+3] = glider

def update(frameNum, img, grid, N):
    # 复制网格，因为将逐行计算元胞的值
    # 且计算时需要用到 8 个邻接元胞
    newGrid = grid.copy()
    for i in range(N):
        for j in range(N):
            # 计算 8 个邻居值的和
            # 并使用环形边界条件确保到达边缘时回绕
            # 从而让模拟就像是在环面上进行的
            total = int((grid[i, (j-1)%N] + grid[i, (j+1)%N] +
                         grid[(i-1)%N, j] + grid[(i+1)%N, j] +
                         grid[(i-1)%N, (j-1)%N] + grid[(i-1)%N, (j+1)%N] +
                         grid[(i+1)%N, (j-1)%N] + grid[(i+1)%N, (j+1)%N])/255)
            # 实现康威生命游戏规则
            if grid[i, j]  == 255:
                if (total < 2) or (total > 3):
                    newGrid[i, j] = 0
            else:
                if total == 3:
                    newGrid[i, j] = 255
    # 更新数据
    img.set_data(newGrid)
    grid[:] = newGrid[:]
    # 这里需要返回一个元组
    # 因为这个回调函数需要返回一个可迭代对象
    return img,

# 函数 main()
def main():
    # 命令行参数存储在 sys.argv[1]、sys.argv[2]等脚本中
    # sys.argv[0]为脚本名，可以忽略
    # 分析参数
    parser = argparse.ArgumentParser(description="Runs Conway's Game of Life
                                     simulation.")
    # 添加参数
    parser.add_argument('--grid-size', dest='N', required=False)
    parser.add_argument('--interval', dest='interval', required=False)
    parser.add_argument('--glider', action='store_true', required=False)
    parser.add_argument('--gosper', action='store_true', required=False)
    args = parser.parse_args()

    # 设置网格尺寸
    N = 100

    # 设置动画更新间隔
    updateInterval = 50
    if args.interval:
```

```
            updateInterval = int(args.interval)

    # 声明网格
    grid = np.array([])
    # 检查是否要添加"滑翔机"图案
    if args.glider:
        grid = np.zeros(N*N).reshape(N, N)
        addGlider(1, 1, grid)
    elif args.gosper:
        grid = np.zeros(N*N).reshape(N, N)
        addGosperGliderGun(10, 10, grid)
    else:
        # 如果指定了 N 且它是有效的，就使用指定的 N
        if args.N and int(args.N) > 8:
            N = int(args.N)
        # 随机地填充网格（元胞处于死亡状态的可能性大于处于存活状态的可能性）
        grid = randomGrid(N)

    # 设置动画
    fig, ax = plt.subplots()
    img = ax.imshow(grid, interpolation='nearest')
    ani = animation.FuncAnimation(fig, update, fargs=(img, grid, N, ),
                                  frames = 10,
                                  interval=updateInterval)

    plt.show()

# 调用函数 main()
if __name__ == '__main__':
    main()
```

第4章 使用Karplus-Strong 算法生成泛音

音调（由频率决定）是音乐的主要特征之一。所谓频率，就是声音每秒的振动次数，单位为赫兹（Hz）。例如，原声吉他的第四根弦产生的 D 音符，频率为 146.83Hz。可在计算机上创建频率为 146.83Hz 的正弦波（如图 4.1 所示），以近似模拟这种声音。

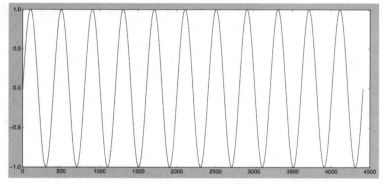

图 4.1　146.83 Hz 的正弦波

　　然而，如果在计算机上播放这个正弦波对应的声音，听起来完全不像是吉他弹奏出来的，也不像是钢琴或其他任何乐器弹奏出来的。为何波形相同时，计算机和乐器发出的声音如此天差地别呢？

　　拨弦时，吉他发出的声音由强度和频率各不相同的声音混合而成。刚拨弦时，声音的强度最大，随着时间的推移不断减小。拨动吉他第四根弦时，发出的声音的主频率（基频）为 146.83Hz，但还包含一些倍频声音，这些声音称为泛音。实际上，无论使用什么乐器弹奏，发出的声音都包含基频和泛音，正是不同的强度和频率组合，让不同乐器演奏出的声音各具特色。而计算机生成的正弦波只包含基频，没有泛音。

　　图 4.2 是拨动吉他第四根弦发出的声音的频谱图，从中可以看到泛音。频谱图显示了此声音中所有的频率，以及这些频率的强度。在图 4.2 所示的频谱图中，有很多不同的尖峰，这表明拨动吉他第四根弦发出的声音有很多不同的频率。

　　这个频谱图中最高的尖峰表示基频，而其他尖峰表示泛音，它们的强度没有基频那么大，但依然会影响声音的品质。

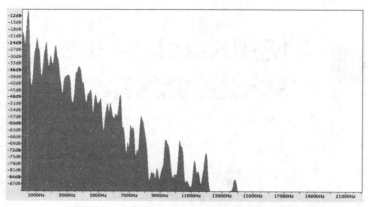

图 4.2　使用吉他弹奏的 D 音符的频谱图

要在计算机上模拟弹拨乐器发出的声音，需要同时生成基频和泛音，其中的诀窍是使用 Karplus-Strong 算法。本章将介绍使用 Karplus-Strong 算法生成 5 个类似于吉他发出的声音的音符，这些音符属于同一个音阶（一系列相关的音符）；将介绍可视化这些音符的算法，以及如何将声音保存为 WAV 文件；还将介绍如何创建一种随机播放这些 WAV 文件的方式，并带领读者完成如下任务。

- ❑ 使用 Python 类 deque 实现环形缓冲区。
- ❑ 使用 NumPy 数组。
- ❑ 使用 PyAudio 播放 WAV 文件。
- ❑ 使用 Matplotlib 绘制图形。
- ❑ 演奏五声音阶。

4.1　工作原理

假设有一根弦，它像吉他上的弦那样两端是固定的。拨动这根弦时，它将振动一会儿，进而发出声音，然后逐渐恢复到原始状态。在振动期间的任何时间点，弦的不同部分偏离原始状态的距离是不同的。可将这些偏离距离视为拨动这根弦时发出的声波的振幅。Karplus-Strong 算法由一系列生成并更新此偏离值（振幅）的步骤组成，以表示波的运动。将这些值存储为 WAV 文件并播放该文件，可模拟拨动琴弦发出的声音，并获得真假难辨的效果。

Karplus-Strong 算法将偏离值存储在环形缓冲区（也被称为循环缓冲区）中，这种缓冲区是长度固定的（就是一个数组），并从末尾回绕到开头。换而言之，达到缓冲区末尾后，下一个元素将为缓冲区中的第 1 个元素（有关环形缓冲区的更详细信息，请参阅 4.3.1 小节"使用 deque 实现环形缓冲区"）。

环形缓冲区的长度 N 与要模拟的音符的基频相关，它们之间满足方程 $N = S/f$，其中 S 为采样率（后文将更详细地介绍），而 f 为基频。模拟开始时，用范围为[-0.5, 0.5]的随机值填充缓冲区，可将这些随机值视为琴弦被拨动后的随机偏离值。随着模拟的进行，将根据 Karplus-Strong 算法中的步骤更新这些值（有关这些步骤，将稍后介绍）。

除环形缓冲区外，还将使用一个样本缓冲区来存储特定时间点的声音强度。样本缓冲区表示最终的声音数据，是根据环形缓冲区中的值确定的。样本缓冲区的长度和采样率共同决定了声音片段的长度。

4.1.1 模拟

在模拟的每个时间步中，都将环形缓冲区中的一个值存储到样本缓冲区，再按图 4.3 所示的反馈方案更新环形缓冲区中的值。样本缓冲区填满后，将其内容写入一个 WAV 文件，以便能够将模拟的音符作为音频播放。在模拟的每个时间步中，都执行如下操作，这些操作一起构成了 Karplus-Strong 算法。

1. 将环形缓冲区中的第 1 个元素存储到样本缓冲区。
2. 计算环形缓冲区开头两个元素的平均值。
3. 将这个平均值乘以衰减因子（这里为 0.995）。
4. 将这个值放到环形缓冲区的末尾。
5. 将环形缓冲区中的第 1 个元素删除。

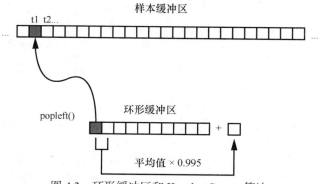

图 4.3　环形缓冲区和 Karplus-Strong 算法

这种反馈方案用于模拟穿过振动琴弦的波，环形缓冲区中的值表示琴弦各点处声波的能量。根据物理学知识，振动琴弦的基频与琴弦长度成反比。由于目标是生成特定频率的声音，因此让环形缓冲区的长度与所需频率成反比（参见前面说的公式 $N = S/f$）。算法的第 2 步计算了平均值，这相当于一个低通滤波器，阻断较高的频率，只让较低的频率通过，从而消除高次谐波（即较大的基频倍数），因为所需的主要是基频。第 3 步的衰减因子模拟了声波沿琴弦传播时的能量损失，因为声音随时间的推移会不断减弱。

在模拟的第 1 步，将值添加到样本缓冲区，而样本缓冲区表示随着时间的推移，生成的声音的振幅变化情况。通过将衰减后的值存储到环形缓冲区末尾（第 4 步），并删除环形缓冲区中的第 1 个元素（第 5 步），可确保存储到样本缓冲区的值（这些值构成了模拟的声音）是逐渐衰减的。

下面来看一个执行 Karplus-Strong 算法的简单示例。表 4.1 显示了两个相邻的时间步中的环形缓冲区，环形缓冲区中的每个值都表示声音的振幅，相当于被拨动的琴弦上特定点相对于原始位置的偏离量。这里的环形缓冲区包含 5 个元素，它们都被初始化为某种值。

表 4.1 Karplus-Strong 算法中两个时间步的环形缓冲区

时间步 1	0.1	−0.2	0.3	0.6	−0.5
时间步 2	−0.2	0.3	0.6	−0.5	−0.04975

从时间步 1 到时间步 2 的过程中，将表示时间步 1 的第 1 行的第 1 个值（0.1）删除，并将第 1 行中余下的所有值都移到表示时间步 2 的第 2 行（保持排列顺序不变）。在时间步 2 中，最后一个值是时间步 1 中前两个元素的均值衰减结果，其计算过程为 $0.995 \times ((0.1 + (−0.2)) \div 2) = −0.04975$。

4.1.2 WAV 文件格式

波形音频文件格式（Waveform Audio File Format，WAV）用于存储音频数据。这种格式很简单，不涉及复杂的压缩技术，因此非常适合用于小型音频项目。

在最简单的情况下，WAV 文件由一系列值组成，其中每个值都表示存储的声音在特定时间点的振幅，用固定数量的位表示，这种位数被称为分辨率。在这个项目中，使用的分辨率为 16 位。WAV 文件采用固定采样率。所谓采样率，指的是每秒采集或读取音频的次数。在这个项目中，采样率为 44100Hz，与激光唱片（CD）使用的采样率相同。总之，模拟弹拨乐器的声音时，在生成的 WAV 文件中，每秒音频包含 44100 个 16 位的值。

在这个项目中，将使用 Python 模块 wave，这个模块包含用于处理 WAV 文件的方法。为熟悉相关的工作原理，下面使用 Python 来生成 5s 的音频（220Hz 的正弦波）片段。首先，使用下面的公式来表示正弦波：

$$A = \sin(2\pi f t)$$

其中 A 为声波的振幅，f 为频率，t 为当前时间索引。这个公式可重写为下面这样：

$$A = \sin(2\pi f i / R)$$

其中 i 为样本索引，R 为采样率。有了这些公式后，便可像下面这样创建一个 WAV 文件，其中包含时长为 5s 的 220Hz 正弦波（这些代码可见本书配套源代码中的 "/karplus/sine.py"）。

```
import numpy as np
import wave, math

sRate = 44100
nSamples = sRate * 5
❶ x = np.arange(nSamples)/float(sRate)
❷ vals = np.sin(2.0*math.pi*220.0*x)
❸ data = np.array(vals*32767, 'int16').tobytes()
file = wave.open('sine220.wav', 'wb')
❹ file.setparams((1, 2, sRate, nSamples, 'NONE', 'uncompressed'))
❺ file.writeframes(data)
file.close()
```

以上代码首先创建一个 NumPy 数组，其中包含数字 0 到 nSamples −1，再将这些数字除以采样率，得到采集音频片段中每个样本时对应的时间值（单位为秒）❶。这个数组表示前面讨论的正弦波方程的 i/R 部分。接下来，根据正弦波公式使用这个数组创建另一个 NumPy 数组，其中包含正弦波的振幅值❷。需要将函数（如 sin()）应用于大量值时，使用 NumPy 数组是一种快捷而方便的方式。

计算得到的正弦波振幅值在范围[−1, 1]内，将它们转换为 16 位值，再转换为字符串，以便写入 WAV 文件❸。然后，设置 WAV 文件参数，这里为单声道、2 字节（16 位）、未压缩格式❹。最后，将数据写入文件❺。在图 4.4 中，使用免费音频编辑器 Audacity 打开了生成的文件 sine220.wav，正如预期的那样，显示的是 220Hz 的正弦波。如果播放这个文件，将听到持续 5s 的 220Hz 的音乐（要看到图 4.4 所示的正弦波，需要在 Audacity 中使用 Zoom 工具）。

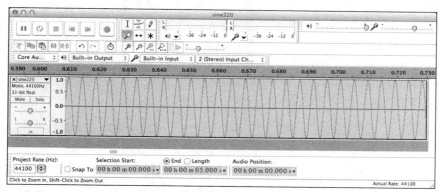

图 4.4　放大的 220 Hz 正弦波

在读者自己的项目中，使用音频数据填充样本缓冲区后，可像前面演示的那样将其写入 WAV 文件。

4.1.3　小调五声音阶

音阶是一系列音调（频率）逐渐升高或降低的音符。通常，一个音乐作品中所有的音符都来自特定音阶。音程是两个音调之间的高低差。半音是音阶的基本组成部分，是西方音乐中最小的音程，全音的长度为半音的两倍。大调音阶是最常见的音阶，遵循如下音程模式：全音—全音—半音—全音—全音—全音—半音。

下面简要地介绍五声音阶，因为后面将生成这个音阶中的音符。这里将说明在最终程序中使用 Karplus-Strong 算法来生成音符时，使用的频率是怎么来的。五声音阶是一种包含 5 个音符的音阶，这种音阶的一个变种是小调五声音阶，它遵循如下音程模式：（全音＋半音）—全音—全音—（全音＋半音）—全音。因此，C 小调五声音阶包含音符 C、降 E、F、G 和降 B。

表 4.2 列出了 C 小调五声音阶中的 5 个音符，后面将使用 Karplus-Strong 算法来生成这些音符（这里的 C4 表示钢琴第 4 个八度的 C，俗称中央 C）。

表 4.2　小调五声音阶中的音符

音符	频率/Hz
C4	261.6
降 E	311.1
F	349.2
G	392.0
降 B	466.2

在这个项目中，将整合一系列随机音符来生成美妙的旋律，且只使用小调五声音阶，因为无论以什么样的顺序演奏这个音阶中的音符，听起来都非常悦耳。这个音阶非常适合用来生成随机旋律，这是其他音阶（如大调音阶）无法比拟的。

4.2   需求

在这个项目中，将使用 Python 模块 wave 来创建 WAV 格式的音频文件。为实现 Karplus-Strong 算法，将使用 Python 模块 collections 中的 deque 类来实现环形缓冲区，并使用 NumPy 数组来表示样本缓冲区。还将使用 Matplotlib 来可视化用吉他弹奏出的声音，并使用模块 PyAudio 来播放 WAV 文件。

4.3   代码

下面来开发实现 Karplus-Strong 算法所需的各种代码片段，再将它们组合成完整的程序。要查看这个项目的完整代码，可参阅 4.7 节"完整代码"，也可见本书配套源代码中的"/karplus"。

4.3.1   使用 deque 实现环形缓冲区

前文提到，Karplus-Strong 算法使用环形缓冲区来生成音符。Python 模块 collections 包含专用的容器数据类型，可使用其中的 deque 容器来实现环形缓冲区。对于 deque 容器，可在两端（队头和队尾）插入和删除元素，如图 4.5 所示。这些插入和删除操作的复杂度为 $O(1)$（常量时间），这意味着无论 deque 容器有多大，执行这些操作所需的时间都不变。

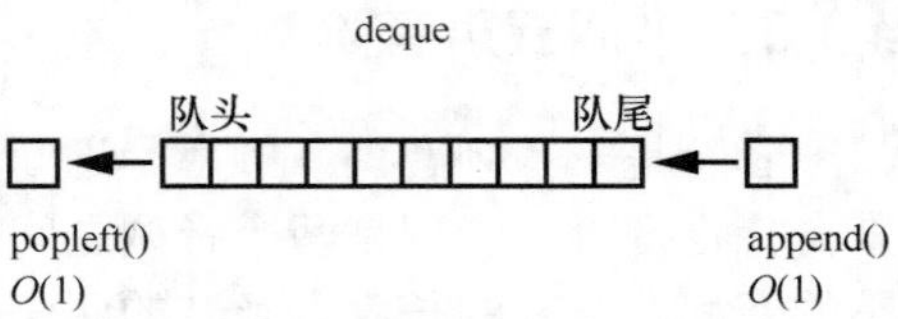

图 4.5   使用 deque 实现的环形缓冲区

下面的代码演示如何在 Python 中使用 deque：

```
>>> from collections import deque
❶ >>> d = deque(range(10), maxlen=10)
>>> print(d)
deque([0, 1, 2, 3, 4, 5, 6, 7, 8, 9], maxlen=10)
❷ >>> d.append(10)
>>> print(d)
deque([1, 2, 3, 4, 5, 6, 7, 8, 9, 10], maxlen=10)
```

首先，创建了一个 deque 容器，传入使用函数 range()创建的一个列表❶，并将 deque 容器的最大长度 maxlen 设置为 10。接下来，将元素 10 添加到这个 deque 容器的末尾❷。输出这个 deque 容器时，会发现元素 10 已添加到末尾，同时自动删除了第 1 个元素（0），以确保这个 deque 容器的长度不超过 10。这段代码能够同时实现 Karplus-Strong 算法的第 4 步和第 5 步：在环形缓冲区末尾添加一个新值的同时删除第 1 个值。

4.3.2   实现 Karplus-Strong 算法

现在利用函数 generateNote()来实现 Karplus-Strong 算法，使用 deque 容器实现环形缓冲区，并使用 NumPy 数组实现样本缓冲区。在这个函数中，还将使用 Matplotlib 来可视化 Karplus-Strong 算法的结果，绘制的图表将指出被拨动的琴弦的振幅如何随时间而变化，即琴弦在振动时是如何移动的。

首先做一些设置工作：

```
# 初始化图表
❶ fig, ax = plt.subplots(1)
❷ line, = ax.plot([], [])

def generateNote(freq):
    """使用 Karplus-Strong 算法生成音符"""
    nSamples = 44100
    sampleRate = 44100
  ❸ N = int(sampleRate/freq)
  ❹ if gShowPlot:
        # 设置坐标轴
        ax.set_xlim([0, N])
        ax.set_ylim([-1.0, 1.0])
        line.set_xdata(np.arange(0, N))

    # 初始化环形缓冲区
  ❺ buf = deque([random.random() - 0.5 for i in range(N)], maxlen=N)
    # 初始化样本缓冲区
  ❻ samples = np.array([0]*nSamples, 'float32')
```

首先，创建了一个 Matplotlib 图形❶和一个线条图❷，以便后面使用数据来填充它们。然后定义函数 generateNote()，这个函数将要生成的音符的频率作为参数。将音频片段包含的样本数和采样率都设置为 44100，这意味着音频片段的时长为 1s。接下来，将采样率除以频率，得到环形缓冲区的长度 N❸。如果设置了标志 gShowPlot❹，就初始化图表的 x 和 y 轴的取值范围，并使用函数 arange() 将 x 值初始化为 $[0, ..., N-1]$。

将环形缓冲区初始化为一个 deque 容器（其中包含范围 $[-0.5, 0.5]$ 内的随机数），并将这个 deque 容器的最大长度设置为 N❺。将样本缓冲区初始化为一个包含浮点数的 NumPy 数组❻，并将该数组的长度设置为音频片段包含的样本数。

接下来是函数 generateNote() 的核心部分，这部分实现 Karplus-Strong 算法，并创建图表。

```
for i in range(nSamples):
  ❶ samples[i] = buf[0]
  ❷ avg = 0.995*0.5*(buf[0] + buf[1])
  ❸ buf.append(avg)
    # 确定是否要绘制图表
  ❹ if gShowPlot:
        if i % 1000 == 0:
            line.set_ydata(buf)
            fig.canvas.draw()
            fig.canvas.flush_events()

# 将样本转换为 16 位值，再转换为字符串
# 最大的 16 位值为 32767
❺ samples = np.array(samples * 32767, 'int16')
❻ return samples.tobytes()
```

在这里，使用循环来执行 Karplus-Strong 算法，并设置样本缓冲区中每个元素的值。在每次迭代中，都将环形缓冲区中的第 1 个元素复制到样本缓冲区❶，再执行低通滤波和衰减操作，

方法是计算环形缓冲区中开头两个元素的平均值，并将结果乘以 0.995❷，然后将衰减结果添加到环形缓冲区末尾❸。由于表示环形缓冲区的 deque 容器存在最大长度限制，因此在执行 append() 操作的同时，将自动删除环形缓冲区的第 1 个元素。

对于最终得到的样本数组，将其转换为 16 位格式，方法是将每个值都乘 32767❺（16 位带符号整型的取值范围为 $-32768 \sim 32767$，且 $0.5 \times 65534 = 32767$）。然后，将这个数组转换为字节表示❻，以便后面使用模块 wave 将数据保存到文件中。

在实现算法 Karplus-Strong 的过程中，每计算 1000 个样本，都根据环形缓冲区中的值更新 Matplotlib 图表❹，从而展示环形缓冲区中的数据是如何随时间而变化的。

4.3.3　写入 WAV 文件

有了音频数据后，便可使用 Python 模块 wave 将其写入 WAV 文件。为此，定义函数 writeWAVE()：

```
def writeWAVE(fname, data):
    # 打开文件
 ❶ file = wave.open(fname, 'wb')
    # WAV 文件参数
    nChannels = 1
    sampleWidth = 2
    frameRate = 44100
    nFrames = 44100
    # 设置参数
 ❷ file.setparams((nChannels, sampleWidth, frameRate, nFrames,
                    'NONE', 'noncompressed'))
 ❸ file.writeframes(data)
    file.close()
```

首先，创建一个 WAV 文件❶并设置其参数：单声道、16 位、未压缩❷。然后，将数据写入这个文件❸。

4.3.4　使用 PyAudio 播放 WAV 文件

下面使用 Python 模块 PyAudio 来播放生成的 WAV 文件。PyAudio 是一个高性能低级库，用于访问计算机中的声音设备。为方便起见，将相关代码封装在 NotePlayer 类中，如下所示：

```
class NotePlayer:
    # 构造函数
    def __init__(self):
        # 初始化 PyAudio
     ❶ self.pa = pyaudio.PyAudio()
        # 打开流
     ❷ self.stream = self.pa.open(
                format=pyaudio.paInt16,
                channels=1,
                rate=44100,
                output=True)
        # 音符字典
     ❸ self.notes = []
```

在 NotePlayer 类的构造函数中，首先创建了用于播放 WAV 文件的 PyAudio 对象❶，再打开一个 16 位的单声道 PyAudio 输出流❷。还创建了一个空列表❸，后面将使用 5 个音符的 WAV 文件名来填充它。

在 Python 中，当指向特定对象的所有引用都被删除后，被称为"垃圾收集"的机制将销毁该对象。为此，将调用对象方法__del__()（也被称为析构函数）——如果定义了该方法。NotePlayer 类的析构函数如下：

```
def __del__(self):
    # 析构函数
    self.stream.stop_stream()
    self.stream.close()
    self.pa.terminate()
```

这个方法确保 NotePlayer 对象被销毁时，将清理 PyAudio 流。如果没有给 NotePlayer 类提供方法__del__()，等到对象被销毁时可能引发如未妥善地释放某些系统级资源（如这里的 PyAudio）的问题。

NotePlayer 类的其他方法用于创建音符列表以及播放这些音符对应的 WAV 文件。先来看方法 add()，它用于添加一个 WAV 文件名。

```
def add(self, fileName):
    self.notes.append(fileName)
```

这个方法将一个 WAV 文件名作为参数，并将其添加到在构造函数中初始化的列表 notes 中。NotePlayer 类使用这个列表来随机选择要播放的 WAV 文件。

下面来看看用于播放的方法 play()：

```
def play(self, fileName):
    try:
        print("playing " + fileName)
        # 打开 WAV 文件
      ❶ wf = wave.open(fileName, 'rb')
        # 读取一个数据块
      ❷ data = wf.readframes(CHUNK)
        # 读取余下的数据
        while data != b'':
          ❸ self.stream.write(data)
          ❹ data = wf.readframes(CHUNK)
        # 清理
      ❺ wf.close()
    except BaseException as err:
      ❻ print(f"Exception! {err=}, {type(err)=}.\nExiting.")
        exit(0)
```

在这里，使用 Python 模块 wave 打开指定的 WAV 文件❶，再从文件读取 CHUNK 帧（CHUNK 是一个全局常量，值为 1024）到 data 中❷。接下来，在一个 while 循环中，将 data 的内容写入 PyAudio 输出流❸，再从 WAV 文件中读取下一个数据块❹。写入输出流后就可通过计算机中的默认播放设备（通常是扬声器）播放音频。成块地读取数据旨在保证输出端的采样率，如果数据块太大，从读取到写入的时间可能过长，会导致声音听起来不对头。

只要未读取完文件中所有的数据（即 data 不为空），这个 while 循环就将不断地执行。读取所有的数据后，关闭 WAV 文件对象❺。处理播放期间可能发生的任何异常（如用户按 Ctrl + C 快捷键），输出错误❻并退出程序。

最后，使用 NotePlayer 类的方法 playRandom() 从生成的 5 个 WAV 文件中随机地挑选一个并播放：

```
def playRandom(self):
    """播放一个随机挑选的 WAV 文件"""
    index = random.randint(0, len(self.notes)-1)
    note = self.notes[index]
    self.play(note)
```

这个方法用来从列表 notes 中随机地选择一个 WAV 文件名，并将其传递给方法 play()进行播放。

4.3.5　创建音符及分析参数

下面来看看程序的 main()函数，用它创建音符、处理各种命令行参数、播放 WAV 文件。

```
def main():
--省略--
    parser = argparse.ArgumentParser(description="Generating sounds with
                                     Karplus-Strong Algorithm")
    # 添加参数
    parser.add_argument('--display', action='store_true', required=False)
    parser.add_argument('--play', action='store_true', required=False)
    args = parser.parse_args()

    # 如果设置了标志 display，就显示图表
❶ if args.display:
        gShowPlot = True
        plt.show(block=False)

    # 创建播放器
❷ nplayer = NotePlayer()

    print('creating notes...')
    for name, freq in list(pmNotes.items()):
        fileName = name + '.wav'
      ❸ if not os.path.exists(fileName) or args.display:
            data = generateNote(freq)
            print('creating ' + fileName + '...')
            writeWAVE(fileName, data)
        else:
            print('fileName already created. skipping...')

        # 将文件名添加到播放器中
❹ nplayer.add(name + '.wav')

        # 如果设置了标志 display，就播放 WAV 文件
        if args.display:
          ❺ nplayer.play(name + '.wav')
            time.sleep(0.5)

    # 播放随机旋律
    if args.play:
        while True:
            try:
              ❻ nplayer.playRandom()
                # 1～8 拍的休止符
              ❼ rest = np.random.choice([1, 2, 4, 8], 1,
                                         p=[0.15, 0.7, 0.1, 0.05])
                time.sleep(0.25*rest[0])
            except KeyboardInterrupt:
                exit()
```

首先，使用 argparse 为程序设置了一些命令行参数，这在本书前面的项目中讨论过。选项

--display 指定要依次播放的 5 个 WAV 文件，并使用 Matplotlib 可视化每个 WAV 文件的波形；选项--play 指定使用这 5 个 WAV 文件生成随机旋律。

如果指定了命令行参数--display❶，就会创建 Matplotlib 图表，以展示在 Karplus-Strong 算法执行期间波形是如何变化的。函数调用 plt.show(block=False)确保这个 Matplotlib 方法不会阻塞，这样当调用这个方法时，它将立即返回，接着执行下一条语句，保证能在每帧中更新图表。

接下来，创建了一个 NotePlayer 实例❷，再生成 5 个 WAV 文件，用于存储 C 小调五声音阶中的 5 个音符。音符的频率是在全局字典 pmNotes 中指定的，这个字典类似于下面这样：

```
pmNotes = {'C4': 262, 'Eb': 311, 'F': 349, 'G': 391, 'Bb': 466}
```

为生成音符，遍历这个字典，并使用字典 pmNotes 中的键和扩展名.wav 为音符生成文件名，如 C4.wav。使用方法 os.path.exists()确定是否存在同名的 WAV 文件❸，如果存在就跳过生成音符的代码(如果要运行这个程序多次，这是一个不错的优化)，否则就使用前面定义的 generateNote()和 writeWAVE()生成音符并将其写入文件。生成音符并创建 WAV 文件后，将文件名添加到 NotePlayer 对象的音符列表中❹，如果指定了命令行参数--display❺，就播放 WAV 文件。

如果指定了命令行参数--play，就不断调用 NotePlayer 类的方法 playRandom()，从 5 个 WAV 文件中随机地选择一个并播放它❻。为了让播放出来的声音听起来像乐曲，需要在音符之间添加休止符，因此使用 NumPy 中的方法 random.choice()选择随机的休止符❼。这个方法还可用来指定特定休止符被选择的概率，在这里，选择两拍的概率最大，选择 8 拍的概率最小。可尝试修改这些概率，以打造自己的音乐风格。

4.4 运行弹拨乐器模拟程序

要运行这个项目的代码，可执行如下命令：

```
$ python ks.py --display
```

Matplotlib 图表表明，Karplus- Strong 算法通过对初始随机偏离量进行转换，生成了指定频率的波形，如图 4.6 所示。

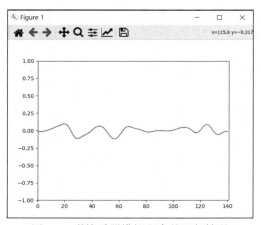

图 4.6 弹拨乐器模拟程序的运行情况

现在使用下面的命令尝试播放随机旋律：

```
$ python ks.py --play
```

这将使用表示五声音阶的 WAV 文件播放随机旋律。

4.5　小结

本意介绍了使用 Karplus-Strong 算法来模拟弹拨乐器演奏的声音，并播放了生成的 WAV 文件。介绍了如何实现 Karplus-Strong 算法（将 deque 容器作为环形缓冲区），还介绍了 WAV 文件格式和五声音阶，以及如何使用 PyAudio 播放 WAV 文件、如何使用 Matplotlib 来可视化琴弦振动的偏离量。

4.6　实验

下面是一些读者可以去完成的实验。

1．本章前文介绍过，Karplus-Strong 算法同时生成基频和泛音来创建逼真的弹拨乐器演奏的声音。但如何确定这种做法可行呢？可创建 WAV 文件的频谱图，如图 4.2 所示。为此，可使用免费程序 Audacity：在 Audacity 中打开 WAV 文件，并选择 Analyze→Plot Spectrum。你将发现，声音包含很多不同的频率。

2．使用在本章学到的技巧编写一个方法，重现两根以不同频率振动的琴弦发出的声音。（提示：使用 Karplus-Strong 算法生成一个用声音振幅值填充的环形缓冲区，通过将振幅值相加，可将两个声音合并）

3．像前一个实验那样，重现两根以不同频率振动的琴弦发出的声音，但模拟先拨动第 1 根琴弦、过段时间后再拨动第 2 根琴弦的情况。

4．编写一个方法，读取存储在文本文件中的音乐，并生成音符。然后，使用这些音符生成音乐。可使用音符名后跟休止符的格式，如：C4 1 F4 2 G4 1……

4.7　完整代码

本章项目的完整代码如下：

```
"""
ks.py

使用 Karplus-Strong 算法生成五声音阶中的音符
编写者：Mahesh Venkitachalam

"""
import sys, os


import time, random
import wave, argparse
import numpy as np
from collections import deque
```

```python
import matplotlib
# 修复 macOS 中存在的图表显示问题
matplotlib.use('TkAgg')
from matplotlib import pyplot as plt
import pyaudio

# 是否通过图表展示算法的执行过程？
gShowPlot = False

# 小调五声音阶中的音符
# 钢琴音符 C4-E(b)-F-G-B(b)-C5
pmNotes = {'C4': 262, 'Eb': 311, 'F': 349, 'G':391, 'Bb':466}

CHUNK = 1024

# 初始化图表
fig, ax = plt.subplots(1)
line, = ax.plot([], [])

# 写入 WAV 文件
def writeWAVE(fname, data):
    """将数据写入 WAV 文件"""
    # 打开文件
    file = wave.open(fname, 'wb')
    # WAV 文件的参数
    nChannels = 1
    sampleWidth = 2
    frameRate = 44100
    nFrames = 44100
    # 设置参数
    file.setparams((nChannels, sampleWidth, frameRate, nFrames,
                    'NONE', 'noncompressed'))
    file.writeframes(data)
    file.close()

def generateNote(freq):
    """使用 Karplus-Strong 算法生成音符"""
    nSamples = 44100
    sampleRate = 44100
    N = int(sampleRate/freq)

    if gShowPlot:
        # 设置坐标轴
        ax.set_xlim([0, N])
        ax.set_ylim([-1.0, 1.0])
        line.set_xdata(np.arange(0, N))

    # 初始化环形缓冲区
    buf = deque([random.random() - 0.5 for i in range(N)], maxlen=N)
    # 初始化样本缓冲区
    samples = np.array([0]*nSamples, 'float32')
    for i in range(nSamples):
        samples[i] = buf[0]
        avg = 0.995*0.5*(buf[0] + buf[1])
        buf.append(avg)
        # 确定是否要绘制图表
        if gShowPlot:
            if i % 1000 == 0:
                line.set_ydata(buf)
                fig.canvas.draw()
                fig.canvas.flush_events()
```

```python
        # 将样本转换为 16 位值，再转换为字符串
        # 最大的 16 位值为 32767
        samples = np.array(samples * 32767, 'int16')
        return samples.tobytes()


# 播放 WAV 文件
class NotePlayer:
    # 构造函数
    def __init__(self):
        # 初始化 PyAudio
        self.pa = pyaudio.PyAudio()
        # 打开流
        self.stream = self.pa.open(
                format=pyaudio.paInt16,
                channels=1,
                rate=44100,
                output=True)
        # 音符字典
        self.notes = []
    def __del__(self):
        # 析构函数
        self.stream.stop_stream()
        self.stream.close()
        self.pa.terminate()

    # 添加文件名
    def add(self, fileName):
        self.notes.append(fileName)
    # 播放 WAV 文件
    def play(self, fileName):
        try:
            print("playing " + fileName)
            # 打开 WAV 文件
            wf = wave.open(fileName, 'rb')
            # 读取一个数据块
            data = wf.readframes(CHUNK)
            # 读取余下的数据块
            while data != b'':
                self.stream.write(data)
                data = wf.readframes(CHUNK)
            # 清理
            wf.close()
        except BaseException as err:
            print(f"Exception! {err=}, {type(err)=}.\nExiting.")
            exit(0)

    def playRandom(self):
        """播放一个随机挑选的 WAV 文件"""
        index = random.randint(0, len(self.notes)-1)
        note = self.notes[index]
        self.play(note)


# 函数 main()
def main():
    # 声明全局变量
    global gShowPlot

    parser = argparse.ArgumentParser(description="Generating sounds with
                                     Karplus-Strong Algorithm.")
    # 添加参数
    parser.add_argument('--display', action='store_true', required=False)
    parser.add_argument('--play', action='store_true', required=False)
```

```
    args = parser.parse_args()

    # 如果设置了标志 display，就显示图表
    if args.display:
        gShowPlot = True
        # plt.ion()
        plt.show(block=False)

    # 创建播放器
    nplayer = NotePlayer()

    print('creating notes...')
    for name, freq in list(pmNotes.items()):
        fileName = name + '.wav'
        if not os.path.exists(fileName) or args.display:
            data = generateNote(freq)
            print('creating ' + fileName + '...')
            writeWAVE(fileName, data)
        else:
            print('fileName already created. skipping...')

        # 将文件名添加到播放器中
        nplayer.add(name + '.wav')

        # 如果设置了标志 display，就播放 WAV 文件
        if args.display:
            nplayer.play(name + '.wav')
            time.sleep(0.5)

    # 播放随机旋律
    if args.play:
        while True:
            try:
                nplayer.playRandom()
                # 1~8 拍的休止符
                rest = np.random.choice([1, 2, 4, 8], 1,
                                        p=[0.15, 0.7, 0.1, 0.05])
                time.sleep(0.25*rest[0])
            except KeyboardInterrupt:
                exit()

# 调用函数 main()
if __name__ == '__main__':
    main()
```

第 5 章 | **群体行为模拟**

如果仔细观察鸟群或鱼群，将发现虽然群体由个体组成，但群体本身好像也是有生命的。向前飞行以及飞越或绕过障碍物时，鸟群中的鸟会保持队形；受到干扰或惊吓时，它们会暂时分散，但随后又重新集结，像是受制于某种更强大的力量。

1986 年，克雷格·雷诺兹（Craig Reynolds）打造出的 Boids 模型能够非常逼真地模拟群体行为。Boids 模型的一个非凡之处在于，它只使用了 3 条简单规则来管理群体中的个体，但对群体行为的模拟却非常逼真。Boids 模型得到了广泛应用，甚至被用来制作模拟群体行为的计算机动画，如电影《蝙蝠侠归来》（1992 年上映）中的行军企鹅。

本章项目将介绍使用雷诺兹提出的 3 条规则来创建一个模拟鸟群行为的 Biods 模型，并通过绘图展示随着时间的流逝每只鸟的位置和飞行方向是如何变化的；还将介绍如何在鸟群中添加鸟、实现驱散效果（scatter effect），以研究局部扰动对鸟群的影响。Boids 模型也被称为多体模拟（N-body simulation），因为它模拟了由彼此施加作用力的多个粒子组成的动力学系统。

5.1　工作原理

Boids 模型包含如下 3 条核心规则。

❑ 分离（separation）：始终确保个体之间存在一定距离。

❑ 保持一致（alignment）：让每个个体的移动方向都与附近同伴的平均移动方向相同。

❑ 聚集（cohesion）：每个个体都向附近同伴的中心移动。

在群体行为模拟中，可添加其他规则，如避开障碍以及受到干扰时散开，这些都将在本章后文介绍。为创建 Boids 动画，将在每个时间步中执行如下操作。

1. 对于每个个体：

　　a. 应用前述 3 条核心规则；

　　b. 应用其他附加规则；

　　c. 应用所有的边界条件。

2. 更新各个个体的位置和速度。

3. 通过绘图显示更新后个体的位置和速度。

这些简单的步骤可模拟群体复杂且不断变化的行为。

5.2　需求

在本章项目中，将用到如下 Python 库和模块。

❑ NumPy 库：使用它提供的数组来存储个体的位置和速度。

❑ Matplotlib 库：用于生成动画。

❑ argparse：用于处理命令行参数。

❑ 模块 scipy.spatial.distance：提供了一些非常简洁的点间距离计算方法。

选择使用 Matplotlib 是出于简洁和方便考虑。要尽可能快地绘制大量个体，可使用诸如 OpenGL 等库。有关图形这个主题，将在本书第三部分更详细地探讨。

5.3　代码

将使用一个名为 Boids 的类来模拟群体。首先，将设置各个个体的初始位置和速度；然后，设置边界条件、考虑如何绘制个体，以及实现前面讨论过的群体行为模拟规则；最后，将添加一些有趣的事件，让用户能够添加个体以及驱散群体。要查看这个项目的完整代码，可参阅 5.7 节 "完整代码"，也可见本书配套源代码中的 "/boids/boids.py"。

5.3.1　初始化模拟

为模拟群体行为，在每个时间步中都需要从 NumPy 数组获取信息，以计算各个个体的位置和速度。在模拟开始时，使用 Boids 类的方法 __init__()创建这些数组，并初始化所有个体，使其位于屏幕中心附近，且移动方向是随机的。

```
import argparse
import math
import numpy as np
import matplotlib.pyplot as plt
import matplotlib.animation as animation
from scipy.spatial.distance import squareform, pdist
from numpy.linalg import norm

❶ width, height = 640, 480

class Boids:
    """表示群体行为模拟的类"""
    def __init__(self, N):
        """初始化群体行为模拟"""
        # 初始化位置和速度
      ❷ self.pos = [width/2.0, height/2.0] +
            10*np.random.rand(2*N).reshape(N, 2)
        # 归一化随机速度
      ❸ angles = 2*math.pi*np.random.rand(N)
      ❹ self.vel = np.array(list(zip(np.cos(angles), np.sin(angles))))
        self.N = N
```

首先，导入了所需的模块，并设置模拟窗口的宽度和高度❶。然后，声明了 Boids 类。在这个类的 __init__()方法中，创建了一个名为 pos 的 NumPy 数组，用于存储所有个体的 x 和 y 坐标❷。为设置每对坐标的初始值，在窗口中心位置[width/2.0, height/2.0]的基础上，加上一个最大为 10 个单位的随机偏移量。代码 np.random.rand(2*N)创建了一个一维数组，其中包含 2N 个范围[0, 1]内的随机数，将其乘以 10，将范围放大到[0, 10]。函数调用 reshape()将一维数组转换为形状为(N, 2)的二维数组，用于存储 N 对 x 和 y 坐标。另外，NumPy 广播规则在这里也发挥了作用：将表示窗口中心的 1 × 2 数组[width/2.0, height/2.0]加上 N × 2 数组中的每个元素，从而随机地设置每个个体的位置相对于窗口中心的偏移量。

接下来，创建另一个数组，其中包含表示各个个体前进方向的单位速度向量（这些向量的长度为 1，方向是随机的）。为此，给定角度 t，坐标(cos(t), sin(t))位于以原点(0, 0)为中心、半径为 1.0 的圆上。如果绘制一条从原点到该圆上任何一点的线段，它将是一个单位向量，且方向取决于角度 t。因此，如果随机地选择 t，将得到一个随机的单位速度向量。图 5.1 展示了这种方案。

首先，生成一个数组，其中包含 N 个位于范围[0, 2π]内的随机角度❸。然后，通过计算这些角度的正弦值和余弦值创建另一个数组，以表示随机的单位速度向量❹。为将每个向量的坐标编组，使用了 Python 内置方法 zip()。下面的简单示例演示了 zip()的工作原理，它将两个列表合并为一个元组列表。其中的 list()是必不可少的，因为如果仅调用 zip()，将返回一个迭代器，而需要的是列表中的元素。

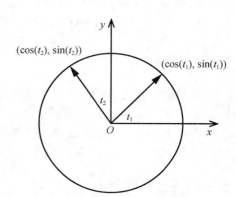

图 5.1　生成随机的单位速度向量

```
>>> list(zip([0, 1, 2], [3, 4, 5]))
[(0, 3), (1, 4), (2, 5)]
```

这样生成了两个在整个模拟过程中都很有用数组：pos 和 vel。数组 pos 包含随机位置，这些位置散落在以屏幕中心为圆心、半径为 10 像素的圆内；而数组 vel 包含方向随机的单位速度向量。这意味着模拟开始时，整个群体将在屏幕中心附近盘旋，且各个个体的行进方向是随机的。

接下来，使用方法__init__()声明一些帮助管理模拟的常量：

```
        # 个体间的最小距离
❶ self.minDist = 25.0
        # 应用规则导致的最大速度变化量
❷ self.maxRuleVel = 0.03
        # 最大速度
❸ self.maxVel = 2.0
```

在这里，定义了个体之间的最小距离❶，将根据这个值来应用"分离"规则。然后，定义了 maxRuleVel，它指定了每次应用模拟规则时个体速度的最大变化量❷。还定义了 maxVel，它指定了个体的最大速度❸。

5.3.2　设置边界条件

小鸟可在无垠的天空中飞行，但模拟鸟群时，必须将其限定在特定空间内。为此，将设置边界条件，就像第 3 章使用环形边界条件那样。在这里，将使用分片边界条件（tiled boundary condition），这相当于第 3 章使用的边界条件的连续空间版本。

可认为群体行为模拟是在分片的空间内进行的，即当群体离开一个分片时，将从相反的方向进入另一个分片。环形边界条件和分片边界条件之间的主要不同之处在于，群体行为模拟不是在离散的网格中进行的，而是在连续的区域内进行的。图 5.2 说明了分片边界条件是什么样的。

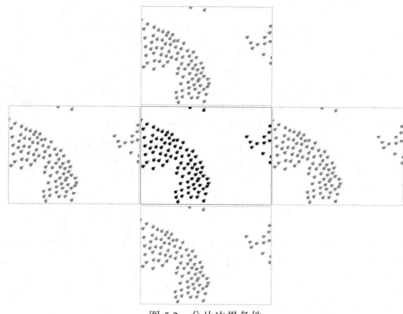

图 5.2 分片边界条件

请看中间那个分片。当鸟群向右飞行进入右边的分片时，分片边界条件确保它实际上是从左边的分片进入中间的分片；进入上面或下面的分片时，处理方式与此类似。

在 Boids 类的一个方法中，为群体行为模拟实现了分片边界条件：

```
def applyBC(self):
    """应用边界条件"""
    deltaR = 2.0
    for coord in self.pos:
      ❶ if coord[0] > width + deltaR:
            coord[0] = - deltaR
        if coord[0] < - deltaR:
            coord[0] = width + deltaR
        if coord[1] > height + deltaR:
            coord[1] = - deltaR
        if coord[1] < - deltaR:
            coord[1] = height + deltaR
```

这个方法对数组 pos 中每个个体的坐标应用分片边界条件。例如，如果 x 坐标大于窗口宽度❶，就调整它，使其位于窗口左边缘。这里的 deltaR 提供了一定的缓冲空间，等个体离开窗口一定距离后，再让它从相反的方向进入窗口，这将形成更佳的视觉效果。在窗口的左边缘、上边缘和下边缘，执行了类似的检查。

5.3.3   绘制个体

要生成动画，需要在每个时间步中获悉每个个体的位置和速度，并采取某种方式将位置和移动方向呈现出来。

1.   绘制个体的身体和头部

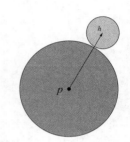

为生成鸟群动画，将使用 Matplotlib 和一个小诀窍来呈现个体的位置和速度。对于每个个体，都用两个圆来表示，如图 5.3 所示。大圆表示身体，小圆表示头部。点 p 表示身体的中心，使用向量 P 表示从坐标原点指向身体中心的向量，并使用前面讨论的 pos 数组中的坐标来表示 P。点 h 为头部的中心，使用向量 H 表示从坐标原点指向头部中心的向量，可使用公式 $H = P + kV$ 来计算，其中 V 是个体的速度，而 k 是一个常量，表示身体中心与头部中心之间的距离。这样可确保在任何时间点，个体的头部都指向运动方向。与只绘制身体相比，同时绘制身体和头部可更明确地指出运动的方向。

图 5.3   表示个体的方式

下面的代码片段摘自程序的 main()函数，使用 Matplotlib 绘制了表示个体的身体和头部的圆形标记。

```
fig = plt.figure()
ax = plt.axes(xlim=(0, width), ylim=(0, height))

❶ pts, = ax.plot([], [], markersize=10, c='k', marker='o', ls='None')
❷ head, = ax.plot([], [], markersize=4, c='r', marker='o', ls='None')
❸ anim = animation.FuncAnimation(fig, tick, fargs=(pts[0], head, boids),
                                    interval=50)
```

首先，设置了表示个体身体和头部的标记（pts❶和 head❷）的尺寸和形状。字符串'k'和'r'表示分别将颜色指定为黑色和红色，而'o'表示将标记形状指定为圆形。方法 ax.plot()返回一个包含 matplotlib.lines.Line2D 对象的列表，而这些代码行中的语法只选择列表中的第 1 个元素。

接下来，初始化了一个 matplotlib animation.FuncAnimation()对象❸，并将 tick()指定为将为每帧动画调用的回调函数（本章后文将讨论这个函数）；参数 fargs 用于给回调函数指定参数；还设置了时间间隔，即每隔多久将调用这个回调函数一次（这里为 50ms）。知道如何绘制身体和头部后，下面来看看如何更新它们的位置。

2.   更新个体的位置

动画开始后，需要更新个体的身体和头部的位置，这两个位置共同指出了个体的移动方向。为此，使用如下代码。

```
vec = self.pos + 10*self.vel/self.maxVel
head.set_data(vec.reshape(2*self.N)[::2], vec.reshape(2*self.N)[1::2])
```

首先，使用前文讨论的公式 $H = P + kV$ 计算头部的位置，其中使用的 k 值为 10，这意味着沿速度（vel）的方向移动 10 个单位。然后，使用 reshape 方法更新头部位置的 Matplotlib 坐标数据 set_data，其中的[::2]表示从速度列表中选择索引为偶数的元素（即 x 坐标数据），而[1::2]表示选择索引为奇数的元素（即 y 坐标数据）。

5.3.4 应用群体行为规则

在本小节中，将讨论如何实现群体行为模拟的 3 条规则（分离、保持一致和聚集），以便在每个时间步中重新计算各个个体的速度。先专注于"分离"规则，其目标是对于每个个体，都生成一个新的速度向量，用于让该个体远离附近的同伴，而附近的同伴指的是在半径 R 内的同伴。给定两个个体 i 和 j，假定它们的位置分别为 P_i 和 P_j，则执行运算 $P_i - P_j$ 将得到一个从个体 j 到个体 i 的向量，称为偏移向量（displacement vector）。对于个体 i，要为其计算一个速度向量以远离附近的同伴，只需将个体 i 与半径 R 内每个同伴之间的偏移向量相加。换而言之，$V_i = (P_i - P_1) + (P_i - P_2) + \cdots + (P_i - P_N)$，条件是个体 i 和 j 之间的距离小于 R。可以用下面的公式定义这一点：

$$V_i = \begin{cases} \sum (P_i - P_j), & |P_i - P_j| < R \\ 0, & \text{其他} \end{cases}$$

请注意，要实现这条规则（以及其他所有群体行为模拟规则），需要先计算每个个体与其他每个个体之间的距离，以确定哪些个体是附近的同伴。为此，传统的做法是使用两个嵌套循环来遍历每个个体。然而，NumPy 数组提供了效率更高的方法，无须使用循环。下面来实现这两种方案，对结果进行比较，再使用学到的知识来编写最终的代码。

1. 使用嵌套循环

首先，定义函数 test1()，它使用循环以直观的方式实现"分离"规则。

```
def test1(pos, radius):
    # 用 0 填充输出
    vel = np.zeros(2*N).reshape(N, 2)
    # 遍历各个个体的位置
❶ for (i1, p1) in enumerate(pos):
        # 计算速度向量
        val = np.array([0.0, 0.0])
        # 遍历其他每个个体的位置
  ❷ for (i2, p2) in enumerate(pos):
            if i1 != i2:
                # 计算个体之间的距离
                dist = math.sqrt((p2[0]-p1[0])*(p2[0]-p1[0]) +
                                 (p2[1]-p1[1])*(p2[1]-p1[1]))
                # 确定是否小于阈值
              ❸ if dist < radius:
                  ❹ val += (p2 - p1)
        # 设置速度
        vel[i1] = val
    # 返回计算得到的速度向量
    return vel
```

在上述代码中，使用了两个嵌套的循环。外部循环❶遍历数组 pos 中每个个体的位置；内部循环❷计算当前个体与其他每个个体的距离。如果距离小于阈值（传入的参数 radius）❸，就按前面讨论的那样计算偏移向量，并将结果加到 val 中❹。在内部循环的每次迭代末尾，val 都包含一个新的速度向量，用于让当前个体远离其附近的同伴，该速度向量被存储到数组 vel 中。

2. 使用 NumPy 库中的方法

下面来定义函数 test2()，它以"NumPy 方式"完成同样的任务——使用高度优化的 NumPy 方法而不是循环。为高效地计算点间距离，这里还将使用模块 scipy.spatial.distance 中的方法。

```
def test2(pos, radius):
    # 获取距离矩阵
❶  distMatrix = squareform(pdist(pos))
    # 确定是否小于阈值
❷  D = distMatrix < radius
    # 计算速度向量
❸  vel = pos*D.sum(axis=1).reshape(N, 1) - D.dot(pos)
    return vel
```

为计算数组 pos 中每点到其他每点之间的距离，使用了 SciPy 库中的方法 squareform()和 pdist()❶。对于包含 N 个点的数组，squareform()返回一个 $N \times N$ 矩阵，其中的 M_{ij} 项为点 P_i 和点 P_j 之间的距离。

下面通过一个简单的示例来看看这个矩阵是什么样的。在下面的代码中，对一个包含 3 个点的数组调用了方法 squareform()：

```
>>> import numpy as np
>>> from scipy.spatial.distance import squareform, pdist
>>> x = np.array([[0.0, 0.0], [1.0, 1.0], [2.0, 2.0]])
>>> squareform(pdist(x))
array([[0.        , 1.41421356, 2.82842712],
       [1.41421356, 0.        , 1.41421356],
       [2.82842712, 1.41421356, 0.        ]])
```

由于传入的数组包含 3 个点，因此距离计算的结果是一个 3 × 3 矩阵。在这个矩阵中，第 1 行的值为数组中第 1 个点[0.0, 0.0]与其他每个点的距离；对角线上的每个值都是 0，它们表示的是每个点到自身的距离。

回到函数 test2()。在这个函数中，接下来基于距离是否小于指定的半径对生成的矩阵进行筛选❷。以前面包含 3 个点的数组为例，这种筛选操作的结果如下：

```
>>> squareform(pdist(x)) < 1.4
array([[ True, False, False],
       [False,  True, False],
       [False, False,  True]])
```

使用比较运算符<生成一个与距离矩阵对应的布尔矩阵，其中的值为 True 或 False，如果距离小于指定的阈值（这里是 1.4）就为 True，否则为 False。

在函数 test2()中，使用了前面讨论的 V_i 计算公式的改进版——广播到整个 pos 数组❸。这个公式可重写为下面这样：

$$V_i = mP_i - \sum_{d<D} P_k$$

其中位于减号右边的求和项只包含满足距离要求的点，且该求和项中的元素数量为 m。这个公式可进一步改写为下面这样：

$$V_i = mP_i - \sum D_{ij}P_j$$

其中 D_{ij} 为❷处生成的布尔矩阵第 i 行，m 为该行中 True 值的数量，而 P_j 为所有与当前个体的距离小于指定半径的点。

方法 D.sum()❸计算布尔矩阵中各行的 True 值数量，从而提供上述方程中的 m 值。reshape() 是必不可少的，因为相加的结果是一个包含 N 个值的一维数组，形状为$(N,)$，而所需的形状为 $(N, 1)$，以便与位置数组相乘。D.dot(pos)计算布尔矩阵与位置数组的点积，对应公式中的 $D_{ij}P_j$ 部分。

3. 比较不同方案

在这两个方案中，test2()比 test1()简单得多，但其真正的优势体现在运行速度方面。下面使用 Python 模块 timeit 来评估这两个函数的性能。首先，在名为 test.py 的文件中，输入函数 test1() 和 test2()的代码，如下所示：

```
import math
import numpy as np
from scipy.spatial.distance import squareform, pdist, cdist

N = 100
width, height = 640, 480
pos = np.array(list(zip(width*np.random.rand(N), height*np.random.rand(N))))

def test1(pos, radius):
--省略--

def test2(post, radius):
--省略--
```

然后，在 Python 解释器中使用模块 timeit 来比较这两个函数的性能：

```
>>> from timeit import timeit
>>> timeit('test1(pos, 100)', 'from test import test1, N, pos, width, height', number=100)
7.880876064300537
>>> timeit('test2(pos, 100)', 'from test import test2, N, pos, width, height', number=100)
0.036969900131225586
```

相比于显式使用循环的代码，不包含循环的 NumPy 代码快大约 200 倍。这是为什么呢？这两种代码所做的事情不是大致相同吗？

作为一种解释型语言，Python 的速度天生就比 C 语言等编译型语言慢。而 NumPy 库提供了高度优化的数组操作方法，使程序兼具 Python 的便利性和几乎可与 C 语言媲美的性能。一般而言，通过重新组织算法，将数组作为一个整体进行操作，而不是通过遍历各个元素来执行计算，可让 NumPy 的优势最大限度地显现出来。

4. 编写最终的方法

比较两种方案后，便可使用学到的知识来编写最终的方法，以应用群体行为模拟的全部 3 条规则，并返回所有个体的新速度。在 Boids 类中，方法 applyRules()使用了前面讨论的 NumPy 技术来完成这项任务。

```
def applyRules(self):
    # 获取每个点到其他每个点的距离
❶   self.distMatrix = squareform(pdist(self.pos))
    # 应用第一条规则（分离）
    D = self.distMatrix < self.minDist
❷   vel = self.pos*D.sum(axis=1).reshape(self.N, 1) - D.dot(self.pos)
❸   self.limit(vel, self.maxRuleVel)

    # "保持一致"规则使用的距离阈值
❹   D = self.distMatrix < 50.0

    # 应用第二条规则（保持一致）
❺   vel2 = D.dot(self.vel)
    self.limit(vel2, self.maxRuleVel)
❻   vel += vel2
    # 应用第三条规则（聚集）

❼   vel3 = D.dot(self.pos) - self.pos
    self.limit(vel3, self.maxRuleVel)
❽   vel += vel3

    return vel
```

像前面讨论的那样，使用 SciPy 库中的方法 squareform()和 pdist()计算距离矩阵❶。当使用 NumPy 方法应用"分离"规则时❷，每个个体都将远离附近的同伴（距离不超过 minDist 即 25 像素的同伴）。对于计算得到的速度，使用 Boids 类的方法 limit()（将稍后介绍）进行限制❸，使之不超过指定的最大速度。如果不做这样的限制，速度将不断增大，导致模拟失控。

接下来，使用距离阈值 50（而不是 25）像素生成了另一个布尔矩阵❹。应用"保持一致"和"聚集"规则时，将使用这个更宽松的附近同伴确定标准。通过实现"保持一致"规则，可让每个个体都受附近同伴的影响，从而使其速度与附近同伴的平均速度一致。为确定平均速度，计算了布尔矩阵 *D* 与速度数组的点积❺。同样，对计算得到的速度进行了限制，使其不超过指定的最大速度，以防速度不断增大（通过使用紧凑的 NumPy 语法，让所有计算都简单而快速）。

然后应用了"聚集"规则：将所有附近同伴的位置相加，再减去当前个体的位置❼。这将为每个个体生成一个速度向量，它指向附近同伴的形心（几何中心）。同样，对速度进行了限制以防失控。

这 3 条规则都各自为每个个体生成了一个速度向量。在❻和❽处将这些向量相加，为每个个体生成一个总体速度向量，它们反映了 3 条规则的总体影响。最后，将最终的速度向量存储到数组 vel 中。

5. 限制速度

前文的代码在应用每条规则后，都调用了方法 limit()来避免个体的速度失控。这个方法的代码如下：

```
def limit(self, X, maxVal):
    """对数组 X 中二维向量的长度进行限制，使其不超过 maxValue"""
❶   for vec in X:
        self.limitVec(vec, maxVal)
```

这个方法将一个速度向量数组作为参数，从中提取每个向量❶并将其传递给方法 limitVec()。方法 limitVec()的代码如下：

```
def limitVec(self, vec, maxVal):
    """限制二维向量的长度"""
  ❶ mag = norm(vec)
    if mag > maxVal:
      ❷ vec[0], vec[1] = vec[0]*maxVal/mag, vec[1]*maxVal/mag
```

使用 NumPy 库中的函数 norm()来计算向量的长度❶，如果超过了最大长度，就根据向量长度成比例地缩小向量的 x 和 y 分量❷。最大长度是在 Boids 类的初始化部分使用 self.maxRuleVel = 0.03 指定的。

5.3.5 影响模拟

群体行为模拟中的核心规则会使群体自动展现出群体行为。为让模拟更有趣，可允许用户在模拟运行期间对其施加影响。具体地说，让用户能够添加个体以及通过单击驱散群体。

要让模拟在运行期间能够响应事件，需要给 Matplotlib 画布添加事件处理程序，即指定每当特定事件发生（如鼠标单击）时都调用指定的函数，如下所示：

```
cid = fig.canvas.mpl_connect('button_press_event', boids.buttonPress)
```

这里使用方法 mpl_connect()给 Matplotlib 画布添加了一个鼠标按钮按下事件处理程序，每当用户在模拟窗口中按下鼠标按钮时，这个处理程序都将调用 Boids 类的方法 buttonPress()。接下来，需要定义方法 buttonPress()。

1. 添加个体

在方法 buttonPress()的第一部分检查单击的是否为鼠标左键，如果是，就在单击的位置添加一个个体，并随机地设置其速度。

```
def buttonPress(self, event):
    """鼠标单击事件处理程序"""
    # 如果单击的是鼠标左键，就添加一个个体
  ❶ if event.button is 1:
      ❷ self.pos = np.concatenate((self.pos,
                                    np.array([[event.xdata, event.ydata]])),
                                    axis=0)
        # 生成随机速度
        angles = 2*math.pi*np.random.rand(1)
        v = np.array(list(zip(np.sin(angles), np.cos(angles))))
      ❸ self.vel = np.concatenate((self.vel, v), axis=0)
      ❹ self.N += 1
```

首先，确定单击的是鼠标左键❶。其次，将(event.xdata, event.ydata)提供的鼠标指针位置添加到位置数组末尾❷。接着，生成一个随机速度向量，并将其添加到速度数组中❸。最后将个体数量加 1❹。

2. 驱散群体

3 条模拟规则确保群体作为一个整体移动，但如果受到干扰，将出现什么情况呢？为模拟干扰，可引入驱散效果：用户在模拟窗口单击时，群体将从鼠标单击的位置散开。可将此视为突然出现捕食者或巨大的驱鸟噪声，观察鸟群将做何反应。可在方法 buttonPress()中实现这种效果：

```
     # 如果单击的是鼠标右键，就驱散鸟群
❶ elif event.button is 3:
        # 改变速度以营造散开效果
        self.vel += 0.1*(self.pos - np.array([[event.xdata, event.ydata]]))
```

检查单击的是否为鼠标右键❶，如果是，就修改每个个体的速度，即加上一个从干扰位置（即鼠标单击位置）出发的向量。这个向量的计算方式与实现"分离"规则时计算偏离向量的方式很像。如果 P_i 为个体的位置，P_m 为单击的位置，那么 $P_i - P_m$ 就是一个从鼠标单击位置出发的向量。将这个向量乘以 0.1，以免干扰程度太大。一开始，个体会从干扰位置散开，但由于 3 条规则的约束，这些个体会重新集结为群体。

5.3.6　分步模拟

在模拟的每个时间步中，都需通过应用规则来计算各个个体的新速度，根据这些速度更新个体的位置，应用边界条件，并重绘模拟窗口。可在函数 tick()中执行这些操作，并在 Matplotlib 动画的每帧中调用这个函数。

```
def tick(frameNum, pts, head, boids):
    """动画更新函数"""
    boids.tick(frameNum, pts, head)
    return pts, head
```

独立函数 tick()调用了 Boids 的方法 tick()来执行上述操作，而方法 tick()的定义如下：

```
def tick(self, frameNum, pts, head):
    """在每个时间步中更新模拟"""
    # 应用规则
❶ self.vel += self.applyRules()
❷ self.limit(self.vel, self.maxVel)
❸ self.pos += self.vel
❹ self.applyBC()
    # 更新数据
❺ pts.set_data(self.pos.reshape(2*self.N)[::2],
                self.pos.reshape(2*self.N)[1::2])
❻ vec = self.pos + 10*self.vel/self.maxVel
❼ head.set_data(vec.reshape(2*self.N)[::2],
                 vec.reshape(2*self.N)[1::2])
```

这个方法将各个部分组合起来了。首先，调用了前面讨论过的方法 applyRules()来应用群体行为模拟规则❶。然后，使用阈值 self.maxVel 对计算得到的个体速度进行限制❷（虽然对每条规则生成的速度向量进行了限制，但总体速度依然可能太高）。接下来，将旧的位置数组加上新的速度向量，以计算个体的新位置❸。例如，对于某个个体，如果其原来的位置为[0, 0]，速度向量为[1, 1]，则经过一个时间步后，其新位置将为[1, 1]。在❹处，通过调用 applyBC()应用了模拟的边界条件。

在❺处，通过调用 pts.set_data()更新个体位置的 Matplotlib 坐标数据。[::2]表示选择 pos 数组中索引为偶数的元素（即 x 坐标数据），而[1::2]表示选择索引为奇数的元素（即 y 坐标数据），这将重绘表示个体身体的大圆。接下来，需要绘制表示个体头部的小圆。使用前面讨论的公式 $H = P + kV$ 计算每个个体的头部位置，使其朝向个体的移动方向❻。P 为从坐标原点指向个体身体中心的向量，k 为表示身体中心和头部中心之间距离的常量（这里为 10 个单位），而 V 是个体的速度。有了新的头部位置后，像绘制身体那样绘制头部❼。

5.3.7 分析参数及实例化 Boids 类

在程序的 main()函数中，首先做的是处理命令行参数及实例化 Boids 类：

```
def main():
    # 必要时使用 sys.argv
    print('starting boids...')

    parser = argparse.ArgumentParser(description="Implementing Craig
                                     Reynolds's Boids...")
    # 添加参数
❶   parser.add_argument('--num-boids', dest='N', required=False)
    args = parser.parse_args()

    # 设置初始个体数量
❷   N = 100
    if args.N:
        N = int(args.N)

    # 创建 Boids 对象
❸   boids = Boids(N)
```

这里使用了 argparse 模块创建了一个命令行参数，用于设置初始个体数量❶。如果没有提供命令行参数，个体数量将默认为 100❷。在❸处，创建了一个 Boids 对象，以开始模拟。

在函数 main()中，接下来的代码用于生成 Matplotlib 动画，这在 5.3.3 小节"绘制个体"中讨论过。

5.4 运行群体行为模拟程序

下面来看看这个模拟程序的运行情况，为此执行如下命令：

```
$ python boids.py
```

一开始，所有个体都集结在窗口中心附近。模拟程序运行一段时间后，群体将形成类似于图 5.4 所示的状态。

在模拟窗口中单击鼠标左键，单击位置将出现一个新个体，加入群体后其速度将发生变化。单击鼠标右键，一开始群体将从单击位置散开，但随后会重新集结。

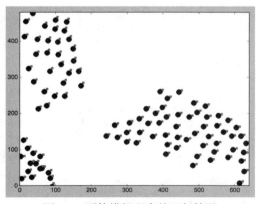

图 5.4 群体模拟程序的运行情况

5.5 小结

本章介绍了如何使用克雷格·雷诺兹提出的 3 条规则模拟群体行为，涉及如下内容：相比于使用循环来操作 NumPy 数组中的各个元素，同时操作整个 NumPy 数组的速度要快得多；可使用 scipy.spatial 模块来快捷而方便地计算距离；一个 Matplotlib 技巧——使用两个标记来表示点的位置和方向；可以添加一个事件处理程序，对用户在 Matplotlib 图表中的单击行为做出响应，从而给群体行为模拟程序添加交互性。

5.6   实验

通过采取下面几种方式，可进一步探索群体行为模拟。

1. 编写方法 avoidObstacle()，并在应用 3 条核心规则后调用它，让鸟群能够避开障碍，如下所示：

```
self.vel += self.applyRules()
self.vel += self.avoidObstacle()
```

在方法 avoidObstacle()中，应使用预定义元组(x, y, R)给个体再加上一个速度分量，让它避开位置(x, y)处的障碍，但仅当个体与障碍的距离小于 R 时才这样做。可将 R 视为个体看到障碍（进而确定必须避开）时与障碍的距离。可使用命令行参数来指定元组(x, y, R)。

2. 鸟群遇到强烈的阵风时，将出现什么情况呢？为模拟这种情况，请在随机的时间步中，给每个个体都加上一个全局速度分量。结果应表明，群体受阵风的影响是暂时的，等阵风停止后，群体将重新集结。

5.7   完整代码

下面是群体行为模拟程序的完整代码：

```
"""
boids.py

Boids 模型的一种实现

编写者：Mahesh Venkitachalam
"""

import argparse
import math
import numpy as np
import matplotlib.pyplot as plt
import matplotlib.animation as animation
from scipy.spatial.distance import squareform, pdist
from numpy.linalg import norm

width, height = 640, 480

class Boids:
    """表示全体行为模拟的类"""
    def __init__(self, N):
        """初始化群体行为模拟"""
        # 初始化位置和速度
        self.pos = [width/2.0, height/2.0] + \
                    10*np.random.rand(2*N).reshape(N, 2)
        # 归一化随机速度
        angles = 2*math.pi*np.random.rand(N)
        self.vel = np.array(list(zip(np.cos(angles), np.sin(angles))))
        self.N = N
        # 个体间的最小距离
        self.minDist = 25.0
        # 应用规则导致的最大速度变化量
```

```
        self.maxRuleVel = 0.03
        # 最大速度
        self.maxVel = 2.0

    def tick(self, frameNum, pts, head):
        """在每个时间步中更新模拟"""
        # 应用规则
        self.vel += self.applyRules()
        self.limit(self.vel, self.maxVel)
        self.pos += self.vel
        self.applyBC()
        # 更新数据
        pts.set_data(self.pos.reshape(2*self.N)[::2],
                    self.pos.reshape(2*self.N)[1::2])
        vec = self.pos + 10*self.vel/self.maxVel
        head.set_data(vec.reshape(2*self.N)[::2],
                    vec.reshape(2*self.N)[1::2])

    def limitVec(self, vec, maxVal):
        """限制二维向量的长度"""
        mag = norm(vec)
        if mag > maxVal:
            vec[0], vec[1] = vec[0]*maxVal/mag, vec[1]*maxVal/mag

    def limit(self, X, maxVal):
        """对数组 X 中二维向量的长度进行限制，使其不超过 maxValue """
        for vec in X:
            self.limitVec(vec, maxVal)

    def applyBC(self):
        """应用边界条件"""
        deltaR = 2.0
        for coord in self.pos:
            if coord[0] > width + deltaR:
                coord[0] = - deltaR
            if coord[0] < - deltaR:
                coord[0] = width + deltaR
            if coord[1] > height + deltaR:
                coord[1] = - deltaR
            if coord[1] < - deltaR:
                coord[1] = height + deltaR

    def applyRules(self):
        # 获取每个点到其他每个点的距离
        self.distMatrix = squareform(pdist(self.pos))
        # 应用第一条规则（分离）
        D = self.distMatrix < self.minDist
        vel = self.pos*D.sum(axis=1).reshape(self.N, 1) - D.dot(self.pos)
        self.limit(vel, self.maxRuleVel)

        # "保持一致"规则使用的距离阈值
        D = self.distMatrix < 50.0

        # 应用第二条规则（保持一致）
        vel2 = D.dot(self.vel)
        self.limit(vel2, self.maxRuleVel)
        vel += vel2;

        # 应用第三条规则（聚集）
        vel3 = D.dot(self.pos) - self.pos
        self.limit(vel3, self.maxRuleVel)
        vel += vel3
```

```python
            return vel

        def buttonPress(self, event):
            """鼠标单击事件处理程序"""
            # 1 鼠标单击事件处理程序
            if event.button == 1:
                self.pos = np.concatenate((self.pos,
                                           np.array([[event.xdata, event.ydata]])),
                                          axis=0)
                # 生成随机速度
                angles = 2*math.pi*np.random.rand(1)
                v = np.array(list(zip(np.sin(angles), np.cos(angles))))
                self.vel = np.concatenate((self.vel, v), axis=0)
                self.N += 1
            # 如果单击的是鼠标右键，就驱散鸟群
            elif event.button == 3:
                # 改变速度以营造散开效果
                self.vel += 0.1*(self.pos - np.array([[event.xdata, event.ydata]]))

def tick(frameNum, pts, head, boids):
    """动画更新函数"""
    boids.tick(frameNum, pts, head)
    return pts, head

# main()函数
def main():
    # 必要时使用 sys.argv
    print('starting boids...')

    parser = argparse.ArgumentParser(description=
                                     "Implementing Craig Reynolds's Boids...")
    # 添加参数
    parser.add_argument('--num-boids', dest='N', required=False)
    args = parser.parse_args()

    # 设置初始个体数量
    N = 100
    if args.N:
        N = int(args.N)

    # 创建 Boids 对象
    boids = Boids(N)

    # 设置图表
    fig = plt.figure()
    ax = plt.axes(xlim=(0, width), ylim=(0, height))

    pts = ax.plot([], [], markersize=10,
                  c='k', marker='o', ls='None')

    head, = ax.plot([], [], markersize=4,
                    c='r', marker='o', ls='None')
    anim = animation.FuncAnimation(fig, tick, fargs=(pts[0], head, boids),
                                   interval=50)

    # 添加一个鼠标单击事件处理程序
    cid = fig.canvas.mpl_connect('button_press_event', boids.buttonPress)

    plt.show()

# 调用函数 main()
if __name__ == '__main__':
    main()
```

Part 3

好玩的图形

只要留心，便能观察到很多东西。

——约吉·贝拉（Yogi Berra）

本篇内容

第6章

文本图形

20世纪90年代，电子邮件占据着统治地位，但其图形处理能力有限，因此人们常在电子邮件中添加一个签名，它是由文本构成的图形，俗称文本图形（ASCII art，其中的 ASCII 是一种字符编码方案）。图 6.1 展示了两个文本图形示例。虽然互联网使得共享图像比以前容易得多，但文本图形还未完全退出历史的舞台。

文本图形始于 19 世纪末出现的打字机艺术（typewriter art）。在 20 世纪 60 年代，计算机的图形处理硬件较差，只得使用文本来表示图像。如今，文本图形依然是互联网上的一种表达形式，网上有各种各样的颇具创意的作品。

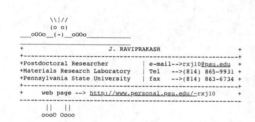

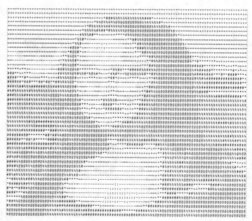

图 6.1　文本图形示例

在本章项目中，你将使用 Python 创建一个根据图像生成文本图形的程序。这个程序能用来指定输出的宽度（文本列数），并设置宽高比；它还支持两种将灰度值映射到 ASCII 字符的方式——稀疏的 10 级映射和更细致的 70 级映射。

要根据图像生成文本图形，需要学习如何完成如下任务。

❑　使用 PIL 的分支 Pillow 将彩色图像转换为灰度图像。

❑　使用 NumPy 计算灰度图像的平均亮度。

❑　将字符串用作灰度值快速查找表。

6.1 工作原理

本章项目利用了这样一个事实：从远处看灰度图像时，观察到的是图像的平均亮度。例如，在图 6.2 中，图 6.2（a）是一幅建筑物的灰度图像，图 6.2（b）是用该建筑物图像的平均亮度值填充的图像。如果在较远的距离观察，可能会发现这两幅图像相似。

文本图形的生成方法是将图像分割成分片，并根据平均亮度值将每个分片替换为相应的 ASCII 字符。对于较亮的分片，将其替换为较为稀疏的 ASCII 字符（即空白区域较多的字符），如句点（.）或冒号（:）；对于较暗的分片，将其替换为较为密集的 ASCII 字符，如艾特字符（@）或美元符号（$）。人眼的识别能力有限，从远处观看时，看到的大致是文本图形中的"平均"值，这是因为看不清细节（要不是这样，文本图形将不那么逼真）。

（a）   （b）

图 6.2　灰度图像的平均值

编写程序时，先接收一幅图像，再将其转换为 8 位的灰度图像，让每个像素都有一个位于范围[0, 255]（8 位整型的取值范围）的灰度值。可将这种灰度值视为像素的亮度，其中 0 表示黑色，255 表示白色，位于这两者之间的值表示不同深度的灰色。

接下来，将图像分割为 $M \times N$ 个分片，其中 M 为文本图形的行数，N 为文本图形的列数。然后，计算每个分片的平均亮度，并将亮度映射到相应的 ASCII 字符，这是根据一组预定义的 ASCII 字符（它们表示范围[0, 255]的灰度值）实现的。

生成的文本图形其实就是多行文本。显示这些文本时，需要使用诸如 Courier 之类的等宽字体，因为除非每个字符的宽度都相同，否则文本图形中的文本将不会与网格对齐，导致文本图形不均匀、不规则。

另外，所用字体的宽高比也会影响最终的文本图形。如果字符所占空间的宽高比与字符替换的图像分片的宽高比不同，最终的文本图形将失真。实际上，由于要用 ASCII 字符替换图像分片，因此它们的形状必须匹配。例如，如果将图像分割为正方形分片，并将每个分片替换为高度大于宽度的字符，最终的文本图形将出现垂直拉伸。为解决这个问题，需要根据 Courier 字体的宽高比调整网格的行数（可向程序发送命令行参数，以修改分片的宽高比，使其与所用字体的宽高比一致）。

总之，将采取如下步骤来生成文本图形。

1. 将输入图像转换为灰度图像。
2. 将图像分割为 $M \times N$ 个分片。
3. 校正行数 M，确保图像的宽高比和字体的宽高比相同。
4. 计算每个图像分片的平均亮度，再为每个图像分片查找合适的 ASCII 字符。
5. 将 ASCII 字符组合成行，并将它们写入文件以生成最终的文本图形。

6.2　需求

在本章项目中，将使用 Python 图像库的分支 Pillow 来读入图像、访问图像的底层数据以及创建和修改图像，还将使用 NumPy 库来计算平均亮度。

6.3　代码

先定义用于生成文本图形的灰度标尺，再研究如何将图像分割为分片及如何计算分片的平均亮度。接下来，用 ASCII 字符替换分片，以生成最终输出。最后，设置和分析命令行参数，让用户能够指定输出尺寸、输出文件名等。

要查看这个项目的完整代码，请参阅 6.7 节 "完整代码"，也可见本书配套源代码中的 "/ascii/ascii.py"。

6.3.1　定义灰度标尺和网格

首先需要使用全局变量定义用于将图像亮度值转换为 ASCII 字符的灰度标尺。

```
# 70 级的灰度标尺
gscale1 = "$@B%8&WM#*oahkbdpqwmZO0QLCJUYXzcvunxrjft/\|()1{}[]?-_+~<>i!lI;:,\"^`'. "
# 10 级的灰度标尺
gscale2 = "@%#*+=-:. "
```

变量 gscale1 是一个 70 级的灰度标尺，而 gscale2 更简单，是一个 10 级的灰度标尺。这两个灰度标尺都是字符串，其中最左边的字符用于替换最暗的图像分片，而最右边的字符用于替换最亮的图像分片。默认情况下，程序将使用灰度标尺 gscale2。但后面将添加一个命令行参数，用于指定使用灰度标尺 gscale1。

> **注意**　要更深入地了解如何将字符表示为灰度值，可参阅 Paul Bourke 撰写的文章 "Character Representation of Grey Scale Images"。

有了灰度标尺后，便可处理图像了。下面的代码使用 Pillow 打开图像，并确定要如何将其分割为网格：

```
# 打开图像并将其转换为灰度图像
image = Image.open(fileName).convert("L")
# 存储图像的尺寸
❶ W, H = image.size[0], image.size[1]
# 计算分片的宽度
❷ w = W/cols
# 根据字体的宽高比计算分片的高度
❸ h = w/scale
# 计算最终网格包含的行数
❹ rows = int(H/h)
```

首先，使用 Image.open() 打开输入的图像文件，使用 Image.convert() 将图像转换为灰度图像。"L" 表示明度（luminance），这是一个衡量图像亮度的指标。存储输入图像的宽度和高度（单位为像素）❶，再根据用户指定的列数 cols 计算分片的宽度❷。如果用户没有在命令行中指定列数，这个程序将使用默认值 80。计算分片的尺寸时，为避免截断误差，使用了浮点数（而非整数）除法。

知道分片的宽度后，使用传入的宽高比 scale 计算分片的高度❸。这样，每个分片的宽高比都将与显示文本时所用字体的宽高比相同，从而避免最终的文本图形发生扭曲。scale 的值可通过参数传入，也可设置为默认值 0.43（使用 Courier 字体显示结果时，这个默认值的效果非常好）。计算分片的高度后，便可计算网格包含的行数了❹。

6.3.2 计算平均亮度

接下来，需要计算灰度图像中分片的平均亮度。这个任务由函数 getAverageL() 来完成。

```
def getAverageL(image):
    # 将图像转换为 NumPy 数组
❶  im = np.array(image)
    # 获取尺寸
    w,h = im.shape
    # 计算平均值
❷  return np.average(im.reshape(w*h))
```

图像分片被作为 PIL Image 对象传递给这个函数。将图像转换为 NumPy 数组❶，得到的 im 是一个二维数组，包含图像中各个像素的亮度值。存储这个数组的尺寸（宽度和高度），再使用 im.reshape() 将前述二维数组转换为一维数组，其长度为二维数组的宽度和高度的乘积（w*h）。将转换后的数组传递给 np.average()❷，以计算数组中元素值的总和，进而计算整个图像分片的平均亮度。

6.3.3 根据图像生成 ASCII 内容

这个程序的主要部分是根据图像生成 ASCII 内容，代码如下：

```
# 文本图形就是一个字符串列表
❶ aimg = []
# 生成字符串列表
❷ for j in range(rows):
    y1 = int(j*h)
    y2 = int((j+1)*h)
    # 校正最后一个分片
```

```
        if j == rows-1:
❸           y2 = H
        # 添加一个空字符串
❹   aimg.append("")
❺   for i in range(cols):
            # 将图像裁剪为分片
            x1 = int(i*w)
            x2 = int((i+1)*w)
            # 校正最后一个分片
            if i == cols-1:
                x2 = W
            # 裁剪图像，将目标分片提取到另一个 Image 对象中
❻       img = image.crop((x1, y1, x2, y2))
            # 获取平均亮度
❼       avg = int(getAverageL(img))
            # 查找平均灰度值 avg 对应的 ASCII 字符
        if moreLevels:
❽           gsval = gscale1[int((avg*69)/255)]
        else:
❾           gsval = gscale2[int((avg*9)/255)]
            # 将 ASCII 字符添加到字符串末尾
❿       aimg[j] += gsval
```

在这部分，首先初始化了一个字符串列表❶，用于存储文本图形。接下来，遍历图像分片的所有行❷，并计算当前行中图像分片上、下边缘的 y 坐标 y1 和 y2。这里执行的是浮点数计算，但将结果转换成了整数，以便作为参数传递给图像裁剪方法。

接下来，由于将图像分割为分片时，仅当图像宽度为列数的整数倍时，位于边缘的分片的尺寸才会与其他分片的尺寸相同，因此对于最后一行的分片，将其下边缘的 y 坐标进行校正，使其等于图像的高度 H❸。通过这样做，可确保图像的下边缘不会被截掉。

将一个空字符串添加到表示文本图形的列表中，这是一种表示当前图像行的简洁方式❹，后面将填充这个字符串。从本质上说，字符串就是字符列表，可在其末尾添加元素。

接下来，遍历给定行中所有的分片❺，并计算每个分片的左、右边缘的 x 坐标 x1 和 x2。对于当前行的最后一个分片，将其右边缘的 x 坐标设置为图像的宽度 W，这样做的原因与前面将最后一行分片的下边缘 y 坐标设置为图像高度相同。

至此，计算出了(x1, y1)和(x2, y2)，它们分别是当前图像分片的左上角和右下角的坐标。将这些坐标传递给 image.crop()，以便从图像中提取相应的分片❻。然后，将这个分片（它是一个 PIL Image 对象）传递给 6.3.2 小节"计算平均亮度"中定义的函数 getAverageL()❼，以获取该分片的平均亮度。将平均亮度值从范围[0, 255]缩小到[0, 9]——默认 10 级灰度标尺中字符的索引范围❾。然后，将 gscale2（其中存储了灰度标尺字符串）作为查找表，以获取与平均亮度对应的 ASCII 字符。❽处的代码行与此类似，但将平均亮度值缩小到范围[0, 69]——70 级灰度标尺中字符的索引范围，仅当设置了命令行参数 moreLevels 时，才会执行这行代码。最后，将查找出来的 ASCII 字符 gsval 添加到当前字符串末尾❿。上述过程将不断重复，直到处理完所有的行。

6.3.4   定义命令行参数

下面为程序定义一些命令行参数，这里的代码使用了内置的 argparse.ArgumentParser 类：

```
parser = argparse.ArgumentParser(description="descStr")
# 添加参数
parser.add_argument('--file', dest='imgFile', required=True)
parser.add_argument('--scale', dest='scale', required=False)
parser.add_argument('--out', dest='outFile', required=False)
parser.add_argument('--cols', dest='cols', required=False)
parser.add_argument('--morelevels', dest='moreLevels', action='store_true')
```

定义了如下命令行参数。

❑ --file：指定要输入的图像文件。只有这个参数是必不可少的。

❑ --scale：设置字体（Courier 除外）的宽高比。

❑ --out：设置用于存储文本图形的文件的名称，默认为 out.txt。

❑ --cols：设置文本图形的字符列数。

❑ --morelevels：使用 70 级灰度标尺，而不是默认的 10 级灰度标尺。

6.3.5　将表示文本图形的字符串写入文本文件

最后，将生成的 ASCII 字符串列表中的字符串写入一个文本文件：

```
  # 打开一个新的文本文件
❶ f = open(outFile, 'w')
  # 将列表中的每个字符串都写入这个新文件
❷ for row in aimg:
      f.write(row + '\n')
  # 执行清理工作
❸ f.close()
```

使用内置函数 open()，以写入模式打开一个新的文本文件❶。然后，遍历列表 aimg 中的每个字符串，并将其写入文件❷。写入完毕后，关闭文件对象以释放系统资源❸。

6.4　运行文本图形生成程序

要运行这个程序，可执行类似于下面的命令（将 data/robot.jpg 替换为要使用的图像文件的相对路径）：

```
$ python ascii.py --file data/robot.jpg --cols 100
```

使用图 6.3（a）所示的图像 robot.jpg 生成的文本图形如图 6.3（b）所示。请尝试指定选项 --morelevels，看看使用 70 级灰度标尺得到的结果与使用 10 级灰度标尺时有何不同。

（a）　　　　　　　　　　　　　　（b）

图 6.3　ascii.py 的运行情况

至此，读者具备了所有必要的知识，能够创建自己的文本图形了。

6.5　小结

本章介绍了如何根据图像生成文本图形。在此过程中，介绍了如何将图像分割成分片网格、如何计算每个分片的平均亮度值，以及如何根据亮度值将分片替换为相应的字符。但愿读者在创建文本图形的过程中玩得开心。

6.6　实验

下面是一些进一步探索文本图形的方式。

1．使用命令行参数--scale 1.0 运行本章的程序，看看生成的文本图形是什么样的。再尝试使用其他 scale 值。将输出复制到文本编辑器中，并尝试将文本设置为其他等宽字体，看看这样做对文本图形的外观有何影响。

2．给程序添加命令行参数--invert 反转生成的文本图形，将黑色区域变成白色，将白色区域变成黑色。（提示：在查找期间，将分片的亮度值设置为 255 减去当前亮度值）

3．在这个项目中，创建了两个硬编码的字符串，将其作为灰度值查找表。请添加一个命令行参数，用于传入用来创建文本图形的灰度标尺，如下所示：

```
$ python ascii.py --map "@$%^`."
```

这样使用指定的 6 个字符来创建文本图形，其中"@"对应亮度值 0，而"."对应亮度值 255。

6.7　完整代码

文本图形生成程序的完整代码如下。

```
"""
ascii.py

一个将图像转换为文本图形的 Python 程序

编写者：Mahesh Venkitachalam
"""

import sys, random, argparse
import numpy as np
import math

from PIL import Image

# 摘自 Paul Bourke 撰写的文章"Character Representation of Grey Scale Images"中的灰度标尺
# 70 级的灰度标尺

gscale1 = "$@B%8&WM#*oahkbdpqwmZO0QLCJUYXzcvunxrjft/\|()1{}[]?-_+~<>i!lI;:,\"^`'. "
# 10 级的灰度标尺
gscale2 = '@%#*+=-:. '

def getAverageL(image):
```

```
    """
    给定一个 PIL Image 对象，返回其平均灰度值
    """
    # 将图像转换为 NumPy 数组
    im = np.array(image)
    # 获取尺寸
    w,h = im.shape
    # 计算平均值
    return np.average(im.reshape(w*h))
def convertImageToAscii(fileName, cols, scale, moreLevels):
    """
    给定一幅图像，返回一个表示文本图形的字符串列表
    """
    # 声明全局变量
    global gscale1, gscale2
    # 打开图像并将其转换为灰度图像
    image = Image.open(fileName).convert('L')
    # 存储图像的尺寸
    W, H = image.size[0], image.size[1]
    print("input image dims: {} x {}".format(W, H))
    # 计算分片的宽度
    w = W/cols
    # 根据字体的宽高比计算分片的高度
    h = w/scale
    # 计算行数
    rows = int(H/h)

    print("cols: {}, rows: {}".format(cols, rows))
    print("tile dims: {} x {}".format(w, h))

    # 检查图像是否太小
    if cols > W or rows > H:
        print("Image too small for specified cols!")
        exit(0)

    # 文本图形就是一个字符串列表
    aimg = []
    # 生成字符串列表
    for j in range(rows):
        y1 = int(j*h)
        y2 = int((j+1)*h)
        # 校正最后一个分片
        if j == rows-1:
            y2 = H
        # 添加一个空字符串
        aimg.append("")
        for i in range(cols):
            # 将图像裁剪为分片
            x1 = int(i*w)
            x2 = int((i+1)*w)
            # 校正最后一个分片
            if i == cols-1:
                x2 = W
            # 裁剪图像以提取分片
            img = image.crop((x1, y1, x2, y2))
            # 获取平均亮度
            avg = int(getAverageL(img))
            # 查找对应的 ASCII 字符
            if moreLevels:
                gsval = gscale1[int((avg*69)/255)]
            else:
                gsval = gscale2[int((avg*9)/255)]
```

```
            # 将 ASCII 字符添加到字符串末尾
            aimg[j] += gsval
    # 返回文本图形
    return aimg


# main() 函数
def main():
    # 创建 ArgumentParser 对象
    descStr = "This program converts an image into ASCII art."
    parser = argparse.ArgumentParser(description=descStr)
    # 添加参数
    parser.add_argument('--file', dest='imgFile', required=True)
    parser.add_argument('--scale', dest='scale', required=False)
    parser.add_argument('--out', dest='outFile', required=False)
    parser.add_argument('--cols', dest='cols', required=False)
    parser.add_argument('--morelevels',dest='moreLevels',action='store_true')

    # 分析参数
    args = parser.parse_args()

    imgFile = args.imgFile
    # 指定输出文件
    outFile = 'out.txt'
    if args.outFile:
        outFile = args.outFile
    # 将宽高比 scale 的默认值设置为 0.43, 这适合 Courier 字体
    scale = 0.43
    if args.scale:
        scale = float(args.scale)
    # 设置列数 cols
    cols = 80
    if args.cols:
        cols = int(args.cols)

    print('generating ASCII art...')
    # 将图像转换为 ASCII 文本
    aimg = convertImageToAscii(imgFile, cols, scale, args.moreLevels)

    # 打开文件
    f = open(outFile, 'w')
    # 写入文件
    for row in aimg:
        f.write(row + '\n')
    # 清理工作
    f.close()
    print("ASCII art written to {}.".format(outFile))


# 调用 main() 函数
if __name__ == '__main__':
    main()
```

## 第 7 章

照片马赛克

我在读六年级的时候，看到一张类似图 7.1 的图片，但搞不清楚它是什么。眯着眼睛看了一会儿后，我终于搞明白了（把书倒过来，再离远点看，你就明白了）。

为何图 7.1 所示的图像令人迷惑呢？这与人眼的工作原理相关。图 7.1 所示为一幅低分辨率的块状图像，靠近看很难看出它是什么，但离远点看就能看出来它是什么，因为在这种情况下，观察到的细节更少，边缘变得更为平滑。

照片马赛克是基于类似的原理创建的：将一幅目标图像分割为矩形网格，并将每个网格都替换为与其匹配的小图像。从远处看照片马赛克时，看到的是整幅图像，但走近后将发现它实际上是由很多小图像构成的。

在本章项目中，将使用 Python 创建照片马赛克：将目标图像分割为网格，再将每个小块都替换为合适的图像，从而创建照片马赛克。运行程序时，用户可指定网格的行数和列数，还可指定是否可在马赛克中复用输入图像。

在完成本章项目的过程中，将介绍如何完成如下任务。

❑　使用 PIL 创建图像。

❑　计算图像的平均 RGB 值。

❑　裁剪图像。

❑　通过粘贴图像替换图像的一部分。

❑　根据三维空间内的平均距离比较 RGB 值。

❑　使用数据结构 k-d 树高效地查找与目标图像的特定部分最匹配的图像。

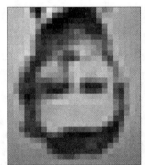

图 7.1　一幅令人迷惑的图像

7.1　工作原理

要创建照片马赛克，首先需要获取一幅低分辨率的块状图像（如果使用高分辨率图像，分割出来的图像分片将太多），并让用户指定照片马赛克的尺寸 $M \times N$（其中 M 为行数，而 N 为列数）。接下来，采用如下方法创建照片马赛克。

1. 读取输入图像，它们将用于替换原始图像中的分片。

2. 读取目标图像，并将其分割为 $M \times N$ 个分片。

3. 对于每个分片，在输入图像中查找与之最匹配的图像。

4. 将选择的输入图像排列成 $M \times N$，以创建最终的照片马赛克。

7.1.1　分割目标图像

下面来看看如何将目标图像分割为 $M \times N$ 的分片网格。为此，可采用如图 7.2 所示的方案。

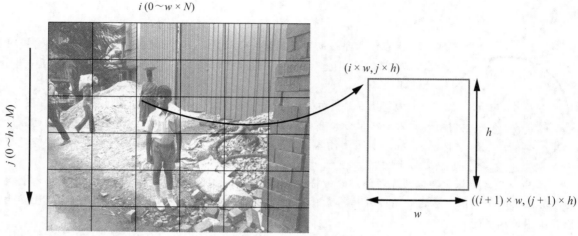

图 7.2　分割目标图像

将原始图像分割为分片网格，该网格包含 N 列（沿 x 轴分割）、M 行（沿 y 轴分割）。每个分片都由索引 (i, j) 表示，且宽度为 w 像素、高度为 h 像素。根据这种方案，原始图像的宽度为 $w \times N$ 像素，高度为 $h \times M$ 像素。

图 7.2 说明了如何计算网格中分片的坐标：对于索引为 (i, j) 的分片，其左上角坐标为 $(i \times w, j \times h)$，右下角坐标为 $((i+1) \times w, (j+1) \times h)$。这些坐标可供 PIL 裁剪原始图像，进而创建出分片。

7.1.2　计算平均 RGB 值

图像中的每个像素都有颜色，可用红色、绿色和蓝色分量表示。本项目使用的是 8 位图像，因此每个颜色分量都是 8 位值，取值范围为 [0, 255]。要确定图像的平均颜色，可计算图像中所有像素的红色分量、绿色分量和蓝色分量的平均值。给定一幅包含 N 个像素的图像，可使用如下公式计算其平均 RGB 值：

$$(r, g, b)_{\text{avg}} = \left(\frac{r_1 + r_2 + \cdots + r_N}{N}, \frac{g_1 + g_2 + \cdots + g_N}{N}, \frac{b_1 + b_2 + \cdots + b_N}{N} \right)$$

与单个像素的 RGB 值一样，整幅图像的平均 RGB 值也是三元组，而不是标量（单个数字），因为平均值是分别针对每个颜色分量计算的。计算平均 RGB 值旨在从输入图像中查找与目标图像分片最匹配的替代品。

7.1.3 匹配图像

对于目标图像中的每个分片，都需要在用户指定的输入文件夹中查找与之匹配的图像。为确定两幅图像是否匹配，可根据平均 RGB 值来判断。平均 RGB 值与目标图像分片最接近的，就是最匹配的输入图像。

要找出最匹配的输入图像，最简单的方式是将平均 RGB 值视为三维空间中的点，并计算它们之间的距离。每个平均 RGB 值都由 3 个数字组成，可将这些数字视为 x、y 和 z 坐标。要计算三维空间中两点之间的距离，可使用下面的公式：

$$D_{1,2} = \sqrt{(r_1 - r_2)^2 + (g_1 - g_2)^2 + (b_1 - b_2)^2}$$

这里计算的是点 (r_1, g_1, b_1) 和 (r_2, g_2, b_2) 之间的距离。给定目标图像的平均 RGB 值 (r_1, g_1, b_1)，将各个输入图像的平均 RGB 值作为 (r_2, g_2, b_2) 代入上述公式，便可找出最匹配的图像。然而，需要检查的输入图像可能成百上千乃至成千上万，因此需要考虑如何高效地在一组输入图像中找出最匹配的图像。

1. 使用线性查找

查找匹配图像的最简单方法是线性查找。遍历所有的 RGB 值，从中找出与目标值距离最近的那个，相应的代码类似于下面这样：

```
min_dist = MAX_VAL
for val in vals:
    dist = distance(query, val)
    if dist < MAX_VAL:
        min_dist = dist
```

遍历列表 vals 中的每个值，并计算这个值与 query 之间的距离。如果结果小于 min_dist（它被初始化为两点之间的最大可能距离），就将 min_dist 设置为计算得到的距离。遍历 vals 中的所有项后，min_dist 将为最小的距离。

虽然线性查找方法理解和实现起来很容易，但效率不是很高。如果列表 vals 包含 N 个值，这种查找所需的时间将与 N 成正比。使用另一种数据结构和查找方法，可获得更高的性能。

2. 使用 k-d 树

k-d 树（也被称为 k-维树）是一种对 k 维空间进行分区的数据结构，它将空间分割为大量不重叠的子空间。使用这种数据结构能够对 k 维数据集进行排序和搜索。整个数据集用一棵二叉树表示，数据集中的每个点都是树中的一个节点，而每个节点都可以有两个子节点。换而言之，树中的每个节点都将空间分成两部分（子树），其中一部分指向节点的左边（左子节点及其后代），另一部分指向节点的右边（右子节点及其后代）。

树中的每个节点都与一个维度相关联，这个维度用于确定点属于该节点的左子树还是右子树。例如，如果节点与 x 轴相关联，则对于 x 坐标比该节点小的点，将其放在该节点的左子树中，对于 x 坐标比该节点大的点，将其放在该节点的右子树中。为选择与每个节点相关联的维度，一种常用的方法是在沿树向下移动的过程中循环地使用各个维度。例如，对于三维 *k-d* 树，可在沿树向下移动的过程中，将相关联的维度依次指定为 *x*、*y*、*z*、*x*、*y*、*z*……对于位于树中同一个层级的节点，与之相关联的维度也相同。

下面来看一个简单的 *k-d* 树示例。假设有如下点集 **P**：

$$\mathbf{P} = \{(5, 3), (2, 4), (1, 2), (6, 6), (7, 2), (4, 6), (2, 8)\}$$

由于 **P** 中每个元素描述的都是二维空间的一个点，因此将构建一个二维 *k-d* 树。首先，将第 1 个节点（根节点）(5, 3)关联到 *x* 维，再将下一个点(2, 4)作为根节点的左子节点，因为这个点的 *x* 坐标（值为 2）小于根节点的 *x* 坐标（值为 5）。节点(2, 4)位于 *k-d* 树的第 2 层，将使用 *y* 坐标来分割空间。集合中的下一个点为(1, 2)，为确定要将它放在什么地方，需要从根节点开始比较。由于 1 < 5，因此进入根节点的左子树。接下来，根据 *y* 坐标对(1, 2)和(2, 4)进行比较；由于 2 < 4，因此将(1, 2)作为(2, 4)的左子节点。

如果以同样的方式处理 **P** 中所有的点，将得到如图 7.3 所示的树和空间分割情况。

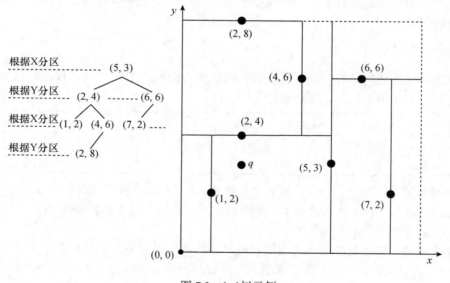

图 7.3　*k-d* 树示例

图 7.3 的右侧显示了刚刚讨论的 *k-d* 树形成的空间分割情况。首先，绘制了一条经过点(5, 3)的垂直线，将空间分成两部分。接下来，绘制了一条经过点(2, 4)的水平线，将前一次分割得到的左边那部分又分成了两部分（这两部分都以前面绘制的垂直线为界）。继续使用余下的点以这种方式进行分割，得到如图 7.3 所示的分割结果。

这里为何要研究 *k-d* 树呢？因为以这种方式排列数据集后，便可以快得多的速度完成查找。具体地说，进行最近邻查找时，使用 *k-d* 树的速度比线性查找快得多。对于包含 *N* 个值的数据集，使用 *k-d* 树查找最近邻所需的时间与 log(*N*)成正比，比线性查找所需的时间（与 *N* 成正比）少得多。

为证明这一点，下面来尝试在 **P** 中查找离图 7.3 所示点 *q*（即(2, 3)）最近的点。从图 7.3

可知，最近的点是(2, 4)。最近邻算法将从(5, 3)出发向下遍历到(2, 4)，进而找到最近的点。它将跳过根节点的右子树，因为 q 的 x 坐标小于根节点的 x 坐标。相比于线性查找，$k\text{-}d$ 树实现的空间分割方案能够跳过大量的比较，这让 $k\text{-}d$ 树对这里要解决的问题来说很有用。

如何在生成照片马赛克的代码中使用 $k\text{-}d$ 树呢？可尝试从空白开始实现 $k\text{-}d$ 树，但有一种更简单的方式：SciPy 库提供了现成的 $k\text{-}d$ 树类。本章后文将介绍如何使用这个类。

7.2 需求

在本章项目中，将使用 Pillow 来读取图像、访问其底层数据以及创建和修改图像；还将使用 NumPy 和 SciPy，前者用于操作图像数据，而后者用于生成 $k\text{-}d$ 树来查找图像。

7.3 代码

首先读入用来创建照片马赛克的输入图像；然后，计算图像的平均 RGB 值，将目标图像分割为网格并找出与网格中每个分片最匹配的图像；最后，组合图像分片以创建照片马赛克。要查看这个项目的完整源代码，可参阅 7.7 节"完整代码"，也可见本书配套源代码中的"/photomosaic"。

7.3.1 读入输入图像

首先，从指定的文件夹读入输入图像，如下所示：

```
def getImages(imageDir):
    """
    给定一个图像文件夹，返回一个 Images 列表
    """
 ❶ files = os.listdir(imageDir)
    images = []
    for file in files:
     ❷ filePath = os.path.abspath(os.path.join(imageDir, file))
        try:
            # 显式载入，以防出现资源不足的情况
         ❸ fp = open(filePath, "rb")
            im = Image.open(fp)
            images.append(im)
            # 强制从文件中载入图像数据
         ❹ im.load()
            # 关闭文件
         ❺ fp.close()
        except:
            # 跳过
            print("Invalid image: %s" % (filePath,))
    return images
```

首先，使用 os.listdir() 将文件夹 imageDir 中文件的文件名收集到列表 files 中❶。接下来，遍历这个列表中的每个文件，并将其载入一个 PIL Image 对象。

使用 os.path.abspath() 和 os.path.join() 来获取图像文件的完整路径❷。在 Python 中，常使用这种方法来确保代码适用于相对路径（如"\foo\bar\"）和绝对路径（如"c:\foo\bar\"），并适用

于使用不同文件夹命名约定的操作系统（使用"\"分隔文件夹的 Windows 和使用"/"分隔文件夹的 Linux 系统）。

　　为将文件载入 PIL Image 对象，可将每个文件名传递给方法 Image.open()，但如果输入图像文件夹包含成百上千乃至成千上万幅图像，这样做将占用大量资源。因此这里没有这样做，而使用 Python 打开每幅图像，再使用 Image.open() 将文件句柄 fp 传递给 PIL。载入图像后，关闭文件句柄以释放占用的系统资源。

　　使用 open() 打开图像文件❸，再将文件句柄传递给 Image.open()，并将生成的图像 im 存储在列表 images 中。通过调用 Image.load()❹，强行载入了 im 中的图像数据，这是因为 open() 属于延迟操作，它先标识图像，等到需要使用图像时才读取所有的图像数据。最后，关闭文件句柄，以释放系统资源❺。

7.3.2　计算图像的平均 RGB 值

　　读取输入图像后，需要计算每幅图像的平均 RGB 值，还需计算目标图像中每个分片的平均 RGB 值。为完成这两项任务，创建了函数 getAverageRGB()。

```
def getAverageRGB(image):
    """
    给定 PIL Image，以(r, g, b)方式返回平均 RGB 值
    """
    # 将图像转换为 NumPy 数组
❶  im = np.array(image)
    # 获取形状
❷  w,h,d = im.shape
    # 计算平均 RGB 值
❸  return tuple(np.average(im.reshape(w*h, d), axis=0))
```

这个函数将一个 Image 对象作为参数（这可以是输入图像，也可以是目标图像的分片），并使用 NumPy 将其转换为数据数组❶。转换得到的 NumPy 数组的形状为(w, h, d)，其中 w 为图像的宽度，h 为图像高度，而 d 为深度（对于 RGB 图像，深度为 3 个单位，R、G 和 B 分量各一个）。存储形状元组❷，将数组转换为(w*h, d)形状，以便能够使用 np.average() 计算平均 RGB 值❸（在第 6 章，为计算灰度图像的平均亮度，执行了类似的操作）。最后，以元组的方式返回结果。

7.3.3　将目标图像分割为网格

　　现在需要将目标图像分割为 $M \times N$ 的分片网格，下面来创建完成这种任务的函数：

```
def splitImage(image, size):
    """
    给定目标图像和网格尺寸（行数和列数），返回一个包含 m*n 个图像分片的列表
    """
❶  W, H = image.size[0], image.size[1]
❷  m, n = size
❸  w, h = int(W/n), int(H/m)
    # 图像分片列表
    imgs = []
    # 生成分片列表
    for j in range(m):
```

```
    for i in range(n):
        # 添加裁剪得到的分片
❹   imgs.append(image.crop((i*w, j*h, (i+1)*w, (j+1)*h)))

    return imgs
```

首先，获取目标图像的尺寸❶和网格尺寸❷。然后，使用简单的除法计算每个分片的尺寸❸。接下来，需要遍历网格，将每个分片裁剪出来，并存储为独立的图像。通过调用 image.crop()，并将分片的左上角坐标和右下角坐标作为参数，裁剪出了分片❹（这在 7.1.1 小节"分割目标图像"中讨论过）。最终得到了一个图像列表，其中排在最前面的是网格第 1 行中的分片（这些分片按从左到右的顺序排列），然后是网格第 2 行的分片，以此类推。

7.3.4 查找与分片最匹配的图像

下面在输入图像文件夹中查找与分片最匹配的图像。这里将介绍两种完成这个任务的方式：使用线性查找和使用 *k-d* 树。为实现线性查找方式，创建了辅助函数 getBestMatchIndex()，其代码如下所示：

```
def getBestMatchIndex(input_avg, avgs):
    """
    使用线性查找找出最匹配图像的索引
    """

    # 分片的平均 RGB 值
    avg = input_avg

    # 根据距离找出最匹配的 RGB 值
    index = 0
❶   min_index = 0
❷   min_dist = float("inf")
❸   for val in avgs:
❹       dist = ((val[0] - avg[0])*(val[0] - avg[0]) +
                (val[1] - avg[1])*(val[1] - avg[1]) +
                (val[2] - avg[2])*(val[2] - avg[2]))
❺       if dist < min_dist:
            min_dist = dist
            min_index = index
        index += 1

    return min_index
```

avgs 是一个列表，其中包含所有输入图像的平均 RGB 值；input_avg 是一个目标图像分片的平均 RGB 值。遍历列表 avgs，以找出与 input_avg 最接近的值。首先，将最匹配值的索引初始化为 0❶，并将最小距离初始化为无穷大❷。然后，遍历平均值列表中的值❸，并使用 7.1.3 小节"匹配图像"中的标准公式计算距离❹（为缩短计算时间，这里没有计算平方根）。如果计算得到的距离小于存储的最小距离 min_dist，就将其作为新的最小距离存储到 min_dist 中❺。第一次执行时，这个测试肯定通过，因为任何距离都小于无穷大。循环结束后，min_index 将为列表 avgs 中与 input_avg 最接近的平均 RGB 值的索引，可用来从输入图像列表中选择最匹配的图像。

下面使用 *k-d* 树来找出最匹配的图像，相应的函数如下：

```
def getBestMatchIndicesKDT(qavgs, kdtree):
    """
    使用 k-d 树找出最匹配图像的索引
    """
❶ res = list(kdtree.query(qavgs, k=1))
❷ min_indices = res[1]
    return min_indices
```

函数 getBestMatchIndicesKDT()接收两个参数，其中的 qavgs 是一个列表，包含目标图像中所有分片的平均 RGB 值；而 kdtree 是一个 SciPy KDTree 对象，它是根据包含所有输入图像平均 RGB 值的列表创建的（这项工作将在 7.3.6 小节"创建照片马赛克"中完成）。使用 KDTree 对象的方法 query()从树中获取与 qavgs 中每个平均值最接近的点❶，这里的参数 k 指定要返回多少个与目标值接近的点，由于只需要最匹配的，因此将参数 k 设置成了 1。方法 query()的返回值是一个元组，其中包含两个 NumPy 数组，而这两个数组分别包含匹配点的距离和索引。由于只需要索引，因此从结果中获取了第二个数组❷。

可用方法 query()传入一个查询点列表，而不仅仅是单个点。因此相比于逐个查询结果，这种查询方法的速度更快，这也意味着只需调用函数 getBestMatchIndicesKDT()一次。而对于线性查找函数 getBestMatchIndex()，需要调用很多次——每个分片一次。

最终程序支持一个相关的命令行参数，用于指定要使用线性查找函数还是 *k-d* 树的函数。还有一个计时器，用于测试哪种查找方法的速度更快。

7.3.5 创建图像网格

创建照片马赛克图像前，还需编写一个辅助函数——createImageGrid()，创建 $M \times N$ 的图像网格。这个图像网格就是最终的照片马赛克图像网格，是使用选定的输入图像列表创建的。

```
def createImageGrid(images, dims):
    """
    给定一个图像列表和网格尺寸（m 和 n），创建一个图像网格
    """
❶ m, n = dims

    # 合理性检查
    assert m*n == len(images)

    # 获取最大的图像宽度和高度
    # 即不假定所有图像的高度（宽度）都相同
❷ width = max([img.size[0] for img in images])
    height = max([img.size[1] for img in images])

    # 创建图像网格
❸ grid_img = Image.new('RGB', (n*width, m*height))

    # 将分片图像粘贴到图像网格中
    for index in range(len(images)):
    ❹ row = int(index/n)
    ❺ col = index - n*row
    ❻ grid_img.paste(images[index], (col*width, row*height))

    return grid_img
```

这个函数接收两个参数：一个是图像列表（根据 RGB 值为各个目标图像分片选择的最匹

配输入图像）；另一个是包含照片马赛克尺寸（想要的行数和列数）的元组。获取网格尺寸❶，并使用 assert 检查向 createImageGrid() 提供的图像数量是否与网格尺寸匹配（可用 assert 检查使用代码定义的假设，在开发和测试期间很有用）。然后，从选定图像中找出最大的宽度和高度❷，因为这些图像的尺寸可能不同，所以使用最大尺寸来设置照片马赛克分片的标准尺寸，如果输入图像不能填满整个分片，余下的区域将默认为黑色。

接下来，创建一个空的 Image，其尺寸刚好能够容纳所有的对象❸。然后遍历选定的图像，并使用方法 Image.paste() 将其粘贴到这个图像网格（Image 对象）中，以填充这个网格❻。Image.paste() 的第一个参数是要粘贴的 Image 对象，而第二个参数是 Image 对象的左上角的坐标。因此，需要确定要将输入图像粘贴到图像网格的哪一行、哪一列。为此，根据图像的索引确定行号和列号。在图像网格中，分片的索引为 $N \times row + col$，其中 N 为每行的分片数，(row, col) 为在网格中的坐标，因此在❹处根据这个公式确定了行号，在❺处根据这个公式确定了列号。

7.3.6　创建照片马赛克

所有必要的辅助函数都编写好后，现在来编写创建照片马赛克的函数。这个函数的开头部分如下：

```
def createPhotomosaic(target_image, input_images, grid_size,
                      reuse_images, use_kdt):
    """
    根据目标图像和输出图像创建照片马赛克
    """

    print('splitting input image...')
    # 分割目标图像
❶  target_images = splitImage(target_image, grid_size)

    print('finding image matches...')
    # 为每个目标图像分片选择输入图像
    output_images = []
    # 用于向用户提供反馈
    count = 0
❷  batch_size = int(len(target_images)/10)

    # 计算输入图像的平均 RGB 值
    avgs = []
❸  for img in input_images:
        avgs.append(getAverageRGB(img))

    # 计算目标图像各个分片的平均 RGB 值
    avgs_target = []
❹  for img in target_images:
        # 计算分片的平均 RGB 值
        avgs_target.append(getAverageRGB(img))
```

函数 createPhotomosaic() 接收如下输入：目标图像、输入图像列表、要生成的照片马赛克的尺寸（行数和列数）以及两个标志（分别指出输入图像是否可复用，以及是否使用 *k-d* 树来查找最匹配的图像）。这个函数首先调用 splitImage() 将目标图像分割为分片网格❶。分割目标图像后，便可为每个分片查找与之最匹配的输入图像了。然而，这个过程可能很长，因此最好向用户提供反馈，让其知道程序正在运行。为此，将 batch_size 设置为分片数的十分之一❷，这里选择十分之一是随意的，只是要让程序能够指出自己并未崩溃。每处理完十分之一的分片后，程序都将输出一条消息，表明它正在运行。

要找出最匹配的图像，需要知道平均 RGB 值。因此遍历输入图像❸，并使用函数 getAverageRGB() 计算每幅图像的平均 RGB 值，再将结果存储在列表 avgs 中。然后对目标图像的每个分片做同样的处理❹，并将计算得到的平均 RGB 值存储在列表 avgs_target 中。

在函数 createPhotomosaic() 中，接下来是一条 if...else 语句，它确定使用 k-d 树还是线性查找来查找最匹配的图像。下面来看看这条语句的 if 分支，该分支在标志 use_kdt 为 True 时执行：

```
        # 使用 k-d 树来查找最匹配的图像？
    if use_kdt:
            # 创建 k-d 树
❶      kdtree = KDTree(avgs)
            # 查询 k-d 树
❷      match_indices = getBestMatchIndicesKDT(avgs_target, kdtree)
            # 处理找出的最匹配图像
❸      for match_index in match_indices:
❹          output_images.append(input_images[match_index])
```

根据包含输入图像的平均 RGB 值的列表创建了一个 KDTree 对象 kdtree❶，然后将 avgs_target 和 kdtree 作为参数传递给辅助函数 getBestMatchIndicesKDT()，以获得最匹配图像的索引❷。遍历所有最匹配图像的索引❸，找到相应的输入图像，并将其添加到列表 output_images 的末尾❹。

下面来看看 else 分支，它使用线性查找方式查找最匹配图像的索引：

```
    else:
            # 使用线性查找
❶      for avg in avgs_target:
                # 查找最匹配图像的索引
❷          match_index = getBestMatchIndex(avg, avgs)
❸          output_images.append(input_images[match_index])
                # 向用户提供反馈
❹          if count > 0 and batch_size > 10 and count % batch_size == 0:
                print('processed %d of %d...' %(count, len(target_images)))
            count += 1
                # 如果没有设置 reuse_images，就将选定的图像删除
❺          if not reuse_images:
                input_images.remove(match)
```

在线性查找方式中，遍历目标图像分片的平均 RGB 值❶。对于每个分片，使用 getBestMatchIndex() 在输入图像的平均 RGB 值列表中查找最匹配的一项❷。返回的结果是一个索引，使用它来检索 Image 对象，并将其存储到列表 output_images 中❸。每处理 batch_size 个分片后❹，都向用户输出一条消息。如果标志 reuse_images 为 False❺，就将选定输入图像从相应的列表中删除，以免它再被用于替换分片（在可供选择的输入图像很多时，这样做最合适）。

最后，函数 createPhotomosaic() 还需将选择的输入图像组合成最终的照片马赛克：

```
    print('creating mosaic...')
        # 创建照片马赛克
❶  mosaic_image = createImageGrid(output_images, grid_size)

    # 返回照片马赛克
    return mosaic_image
```

调用函数 createImageGrid()来创建照片马赛克❶，通过 mosaic_image 返回创建的照片马赛克。

7.3.7 编写函数 main()

这个程序的函数 main()接收并分析命令行参数、载入所有图像并做一些其他的设置工作。然后，它调用函数 createPhotomosaic()并保存生成的照片马赛克。在创建照片马赛克时，这个程序通过计时确定整个过程花费了多长时间，从而对 *k-d* 树和线性查找的性能进行比较。

1. 添加命令行参数

函数 main()支持如下命令行参数：

```
# 分析参数
parser = argparse.ArgumentParser(description='Creates a photomosaic from
                                  input images')
# 添加参数
parser.add_argument('--target-image', dest='target_image', required=True)
parser.add_argument('--input-folder', dest='input_folder', required=True)
parser.add_argument('--grid-size', nargs=2, dest='grid_size',
                    required=True)
parser.add_argument('--output-file', dest='outfile', required=False)
parser.add_argument('--kdt', action='store_true', required=False)
```

这些代码定义了 3 个必不可少的命令行参数：目标图像的名称、输入图像文件夹的名称和网格尺寸。第四个参数是可选的，用于指定输出文件的名称，如果没有指定，照片马赛克将被写入文件 mosaic.png。第五个参数是一个布尔标志，用于指定使用 *k-d* 树（而不是线性查找）来查找最匹配的平均 RGB 值。

2. 控制照片马赛克的尺寸

载入所有图像后，还需要解决的一个问题是确定生成的照片马赛克的尺寸（单位为像素）。如果直接将与目标图像分片匹配的输入图像组合起来，生成的照片马赛克可能比目标图像大得多。为避免出现这样的情况，需要调整输入图像的尺寸，使其与每个网格分片的尺寸相同，这样做还可使计算平均 RGB 值的速度提高，因为使用的图像更小。下面是函数 main()中完成这项任务的代码：

```
     print('resizing images...')
     # 根据给定的网格尺寸，计算分片的最大高度和宽度
❶ dims = (int(target_image.size[0]/grid_size[1]),
             int(target_image.size[1]/grid_size[0]))
     print("max tile dims: %s" % (dims,))
     # 调整输入图像的尺寸
     for img in input_images:
       ❷ img.thumbnail(dims)
```

根据指定的网格行数和列数计算分片的尺寸❶，再使用 PIL 方法 Image.thumbnail()将输入图像调整为计算得到的尺寸❷。

3. 通过计时测试性能

若想知道程序将花费了多长时间才执行完毕，可使用相应 Python 模块。下面概述了获悉执

行时间的方法：

```
import timeit
# 开始计时
❶ start = timeit.default_timer()
#运行代码
--省略--
# 停止计时
❷ stop = timeit.default_timer()
print('Execution time: %f seconds' % (stop - start, ))
```

使用模块 timeit 的默认计时器记录开始时间❶，执行一些代码后，记录结束时间❷。通过计算这两个时间的差，可得到执行时间（单位为秒）。

7.4　运行照片马赛克生成程序

下面来运行这个程序。首先，使用默认的线性查找方式，并将网格尺寸指定为 128 × 128：

```
$ python photomosaic.py --target-image test-data/cherai.jpg --input-folder
  test-data/set6/ --grid-size 128 128
reading input folder...
starting photomosaic creation...
resizing images...
max tile dims: (23, 15)
splitting input image...
finding image matches...
processed 1638 of 16384...
processed 3276 of 16384...
processed 4914 of 16384...
processed 6552 of 16384...
processed 8190 of 16384...
processed 9828 of 16384...
processed 11466 of 16384...
processed 13104 of 16384...
processed 14742 of 16384...
processed 16380 of 16384...
creating mosaic...
saved output to mosaic.png
done.
   Execution time:    setup: 0.402047 seconds
❶ Execution time: creation: 2.123931 seconds
   Execution time:    total: 2.525978 seconds
```

图 7.4（a）为目标图像，图 7.4（b）为生成的照片马赛克，而图 7.4（c）为照片马赛克的局部放大。从输出可知，使用线性查找时，为给 16384 个分片查找最匹配的图像，花费的时间约为 2.1s❶。这已经很不错了，但还能做得更好。

  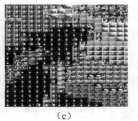

（a）　　　　　　　　　　（b）　　　　　　　　　　（c）

图 7.4　照片马赛克生成程序的运行情况

现在再次运行这个程序，但使用选项--kdt 指定使用 *k-d* 树来查找最匹配的图像，结果如下：

```
$ python photomosaic.py --target-image test-data/cherai.jpg --input-folder
  test-data/set6/ --grid-size 128 128 --kdt
reading input folder...
starting photomosaic creation...
resizing images...
max tile dims: (23, 15)
splitting input image...
finding image matches...
creating mosaic...
saved output to mosaic.png
done.
Execution time:     setup: 0.410334 seconds
❶ Execution time: creation: 1.089237 seconds
Execution time:     total: 1.499571 seconds
```

使用 *k-d* 树时，创建照片马赛克花费的时间从大约 2.1s 缩短到了不到 1.1s❶，速度几乎是原来的两倍。

7.5 小结

本章介绍了如何根据一幅目标图像和一系列输入图像创建照片马赛克。从远处看时，照片马赛克与原始图像很像，但从近处看时，将看到组成照片马赛克的各幅图像。本章还介绍了一种有趣的数据结构——*k-d* 树，查找与分片最匹配的图像时，使用 *k-d* 树可极大地提高速度。

7.6 实验

下面是一些进一步探索照片马赛克的方式。

1．编写一个程序，创建图像的块状版本，就像图 7.1 那样。

2．在本章的程序中，通过粘贴最匹配的图像来创建照片马赛克时，在图像之间没有留下任何空隙。一种"更具艺术品位"的表现形式是，在每个图像分片周围都留下几像素的空隙。请问如何创建这样的空隙呢？（提示：计算最终图像的尺寸以及在 createImageGrid()中粘贴图像时，都将空隙考虑进来）

7.7 完整代码

下面列出了本章项目的完整代码：

```
"""

photomosaic.py

根据目标图像和输入图像文件夹创建照片马赛克

编写者：Mahesh Venkitachalam
"""

import os, random, argparse
from PIL import Image
import numpy as np
```

```
from scipy.spatial import KDTree
import timeit

def getAverageRGB(image):
    """
    给定 PIL Image，以(r, g, b)方式返回平均 RGB 值
    """
    # 将图像转换为 NumPy 数组
    im = np.array(image)
    # 获取形状
    w,h,d = im.shape
    # 计算平均值
    return tuple(np.average(im.reshape(w*h, d), axis=0))

def splitImage(image, size):
    """
    给定目标图像和网格尺寸（行数和列数），返回一个包含 m*n 个图像分片的列表
    """
    W, H = image.size[0], image.size[1]
    m, n = size
    w, h = int(W/n), int(H/m)
    # 图像分片列表
    imgs = []
    # 生成分片列表
    for j in range(m):
        for i in range(n):
            # 添加裁剪得到的分片
            imgs.append(image.crop((i*w, j*h, (i+1)*w, (j+1)*h)))
    return imgs

def getImages(imageDir):
    """
    给定一个图像文件夹，返回一个 Images 列表
    """
    files = os.listdir(imageDir)
    images = []
    for file in files:
        filePath = os.path.abspath(os.path.join(imageDir, file))
        try:
            # 显式载入，以防出现资源不足的情况
            fp = open(filePath, "rb")
            im = Image.open(fp)
            images.append(im)
            # 强制从文件中载入图像数据
            im.load()
            # 关闭文件
            fp.close()
        except:
            # 跳过
            print("Invalid image: %s" % (filePath,))
    return images

def getBestMatchIndex(input_avg, avgs):
    """
    使用线性查找找出最匹配图像的索引
    """

    # 分片的平均 RGB 值
    avg = input_avg

    # 根据距离找出最匹配的 RGB 值
    index = 0
```

```
        min_index = 0
        min_dist = float("inf")
        for val in avgs:
            dist = ((val[0] - avg[0])*(val[0] - avg[0]) +
                    (val[1] - avg[1])*(val[1] - avg[1]) +
                    (val[2] - avg[2])*(val[2] - avg[2]))
            if dist < min_dist:
                min_dist = dist
                min_index = index
            index += 1

        return min_index

def getBestMatchIndicesKDT(qavgs, kdtree):
    """
    使用 k-d 树找出最匹配图像的索引
    """
    res = list(kdtree.query(qavgs, k=1))
    min_indices = res[1]
    return min_indices

def createImageGrid(images, dims):
    """
    给定一个图像列表和网格尺寸（m 和 n），创建一个图像网格
    """
    m, n = dims

    # 合理性检查
    assert m*n == len(images)

    # 获取最大的图像宽度和高度
    # 即不假定所有图像的高度（宽度）都相同
    width = max([img.size[0] for img in images])
    height = max([img.size[1] for img in images])

    # 创建图像网格
    grid_img = Image.new('RGB', (n*width, m*height))

    # 将分片图像粘贴到图像网格中
    for index in range(len(images)):
        row = int(index/n)
        col = index - n*row
        grid_img.paste(images[index], (col*width, row*height))
    return grid_img

def createPhotomosaic(target_image, input_images, grid_size,
                      reuse_images, use_kdt):
    """
    根据目标图像和输出图像创建照片马赛克
    """

    print('splitting input image...')
    # 分割目标图像
    target_images = splitImage(target_image, grid_size)

    print('finding image matches...')
    # 为每个目标图像分片选择输入图像
    output_images = []
    # 用于向用户提供反馈
    count = 0
    batch_size = int(len(target_images)/10)

    # 计算输入图像的平均 RGB 值
```

```
        avgs = []
        for img in input_images:
            avgs.append(getAverageRGB(img))

        # 计算目标图像各个分片的平均 RGB 值
        avgs_target = []
        for img in target_images:
            #计算分片的平均 RGB 值
            avgs_target.append(getAverageRGB(img))

        # 使用 k-d 树来查找最匹配的图像？
        if use_kdt:
            # 创建 k-d 树
            kdtree = KDTree(avgs)
            # 查询 k-d 树
            match_indices = getBestMatchIndicesKDT(avgs_target, kdtree)

            # 处理找出的最匹配图像
            for match_index in match_indices:
                output_images.append(input_images[match_index])
        else:
            # 使用线性查找
            for avg in avgs_target:
                # 查找最匹配图像的索引
                match_index = getBestMatchIndex(avg, avgs)
                output_images.append(input_images[match_index])
                # 向用户提供反馈
                if count > 0 and batch_size > 10 and count % batch_size == 0:
                    print('processed {} of {}...'.format(count,
                                                        len(target_images)))
                count += 1
                # 如果没有设置 reuse_images, 就将选定的图像删除
                if not reuse_images:
                    input_images.remove(match)
    print('creating mosaic...')
    # 创建照片马赛克
    mosaic_image = createImageGrid(output_images, grid_size)

    # 返回照片马赛克
    return mosaic_image

# 编写函数 main()
def main():
    # 命令行参数位于 sys.argv[1]、sys.argv[2]等中
    # sys.argv[0]为脚本名, 可以忽略

    # 分析参数
    parser = argparse.ArgumentParser(description='Creates a photomosaic
                                                from input images')
    # 添加参数
    parser.add_argument('--target-image', dest='target_image', required=True)
    parser.add_argument('--input-folder', dest='input_folder', required=True)
    parser.add_argument('--grid-size', nargs=2, dest='grid_size',
                        required=True)
    parser.add_argument('--output-file', dest='outfile', required=False)
    parser.add_argument('--kdt', action='store_true', required=False)

    args = parser.parse_args()

    # 开始计时
    start = timeit.default_timer()
```

```
###### 输入 ######

# 目标图像
target_image = Image.open(args.target_image)

# 输入图像
print('reading input folder...')
input_images = getImages(args.input_folder)

# 检查是否有输入图像
if input_images == []:
    print('No input images found in %s. Exiting.' % (args.input_folder, ))
    exit()

# 打乱列表，让输出更多样化
random.shuffle(input_images)

# 网格尺寸
grid_size = (int(args.grid_size[0]), int(args.grid_size[1]))

# 输出
output_filename = 'mosaic.png'
if args.outfile:
    output_filename = args.outfile

# 是否复用输入图像
reuse_images = True

# 调整输入图像的尺寸，以适合原始图像尺寸
resize_input = True

# 是否使用 k-d 树来查找最匹配的输入图像
use_kdt = False
if args.kdt:
    use_kdt = True

##### 输入到此结束 #####

print('starting photomosaic creation...')

# 如果输入图像不可复用，请确保 m*n <= 输入图像数
if not reuse_images:
    if grid_size[0]*grid_size[1] > len(input_images):
        print('grid size less than number of images')
        exit()

# 是否调整输入图像的尺寸
if resize_input:
    print('resizing images...')
    # 根据给定的网格尺寸，计算分片的最大宽度和高度
    dims = (int(target_image.size[0]/grid_size[1]),
            int(target_image.size[1]/grid_size[0]))
    print("max tile dims: %s" % (dims,))
    # 调整输入图像的尺寸
    for img in input_images:
        img.thumbnail(dims)

# 记录开始时间
t1 = timeit.default_timer()

# 创建照片马赛克
mosaic_image = createPhotomosaic(target_image, input_images, grid_size,
```

```
                                reuse_images, use_kdt)

    # 将照片马赛克写入文件
    mosaic_image.save(output_filename, 'PNG')

    print("saved output to %s" % (output_filename,))
    print('done.')

    # 记录结束时间
    t2 = timeit.default_timer()

    print('Execution time:    setup: %f seconds' % (t1 - start, ))
    print('Execution time: creation: %f seconds' % (t2 - t1, ))
    print('Execution time:    total: %f seconds' % (t2 - start, ))

# 通过调用函数 main()启动程序的标准方式
if __name__ == '__main__':
    main()
```

第8章   裸眼立体画

请盯着图 8.1 看一分钟,除随机点外你还看出了什么吗?图 8.1 是一幅裸眼立体画——可营造出立体假象的二维图像。

裸眼立体画通常由重复图案组成,仔细观察时会被大脑解析为立体的图像。如果你什么都没有看出来,也不用灰心,我尝试了很长一段时间才看出来(如果在本书的印刷版上看不出什么,可尝试彩色版——见本书配套源代码中的"/images"。我给图 8.1 的图注添加了脚注,该脚注指出了能够看出什么)。

图 8.1   一幅可能让你困扰的图像[①]

在本章项目中,将使用 Python 来创建裸眼立体画。下面是这个项目涵盖的一些主题。

❑ 线性间距和深度感知。

❑ 深度图。

❑ 使用 Pillow 创建和编辑图像。

❑ 使用 Pillow 在图像中绘画。

在本章项目中,将生成适合以"壁眼"(wall-eyed)方式观看的裸眼立体画,即观看它们的最佳的方式是让眼睛聚焦于图像后面的一点(如墙壁)。令人感到神奇的是,一旦从图案中看出点什么,你的眼睛就将聚焦于此——将立体图像锁定后,你将难以摆脱这样的假象(如果你依然什么都没有看出来,可参阅 Gene Levin 撰写的文章 "How to View Stereograms and Viewing Practice")。

---

① 隐藏的图像是一条鲨鱼。

8.1　工作原理

要创建裸眼立体画，首先需要创建一幅由平铺图案组成的图像，再通过调整重复图案之间的线性间距来营造深度假象，进而在图像中嵌入隐藏的立体画。

观看裸眼立体画中的重复图案时，人脑能够将间距解读为深度信息，尤其是有多个间距不同的图案时。

8.1.1　感知裸眼立体画中的深度

视线汇聚于图像后面的假想点时，大脑将左眼看到的点和右眼看到的点搭配起来，让人以为这些点落在图像后面的一个平面上，该平面的感知距离取决于重复图案的间距大小。例如，在图 8.2 中，有 3 行 A；在每行中，相邻的 A 之间的距离是相等的，但不同行中相邻的 A 之间的距离按从上到下的顺序依次增大。

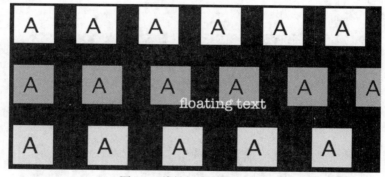

图 8.2　线性间距和深度感知

以"壁眼"方式观看图 8.2 所示的图像时，第一行 A 像是在纸张后面，第二行 A 像是在第一行后面一点，第三行 A 像是离眼睛最远，而文本"foating text"像是"浮在"这 3 行 A 上面。

为何人脑会将图案之间的间距解读为深度呢？通常情况下，观看远处的物体时，双眼会协同工作，视线聚焦并汇聚于同一点：双眼向内转，直接看向物体。但观看"壁眼"式裸眼立体画时，聚焦点和汇聚点不是同一个点：视线聚焦于裸眼立体画，而大脑以为重复图案来自同一个虚拟（假想）物体，导致视线汇聚于图像后面的一个点，如图 8.3 所示。聚焦和汇聚之间的脱钩让人能够在裸眼立体画中看到深度。

感知的裸眼立体画深度取决于重复图案之间的水平间距。在图 8.2 中，第一行相邻的 A 之间距离较小，因此看起来像是在其他两行前面。然而，如果图像中重复图案之间的距离各不相同，大脑感知到的每个图案的深度也将不同，因此看到的像是立体画。

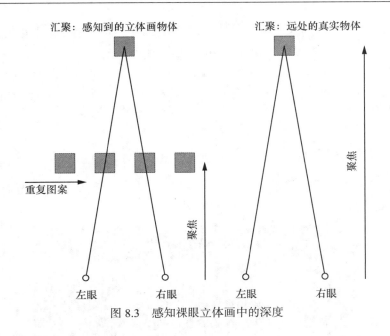

图 8.3 感知裸眼立体画中的深度

8.1.2 使用深度图

裸眼立体画中隐藏的图像是应用深度图的结果。深度图中每个像素都表示该像素中心的深度，即该像素表示的物体部分离眼睛的距离。深度图通常为灰度图像，其中较亮的区域表示相应像素和眼睛的距离较近，而较暗的区域表示相应像素和眼睛的距离较远，如图 8.4 所示。

图 8.4 深度图

在图 8.4 所示的图像中，鲨鱼的鼻子是最亮的，看起来最近。鲨鱼的外部较暗，看起来较远（顺便说一句，创建图 8.1 所示的裸眼立体画时，使用的就是图 8.4 所示的深度图）。

由于深度图中每个像素都表示该像素中心的深度，即该像素与眼睛的距离，因此可使用它来获取图像中像素的深度值。因为水平偏移量被感知为深度，所以对于由重复图案构成的图像，如果根据深度图中的深度值平移相应的像素，便可营造出与深度图一致的深度假象。如果对所有的像素都这样做，就可将深度图编码到图像中，从而创建出裸眼立体画。

深度图存储了每个像素的深度值，而深度值的分辨率取决于表示它时用了多少位。在本章中，将使用常见的 8 位图像，因此深度值的取值范围为[0, 255]。

为方便你完成本章的项目，我将多个深度图上传到了本书配套源代码中的"/autos/data"，你可下载这些深度图，并将它们作为输入来生成裸眼立体画。然而，你可能还想尝试创建自己的深度图，以便使用它们来创建更漂亮的裸眼立体画。为此可采取两种方法，一是使用在三维建模软件中创建的合成图像，二是使用智能手机拍摄的照片。

1. 使用三维模型创建深度图

可使用 Blender 等三维计算机图形程序来创建三维模型，然后生成模型的深度图。图 8.5 展示了一个这样的例子。

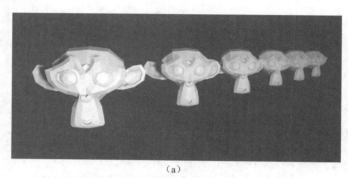

（a）

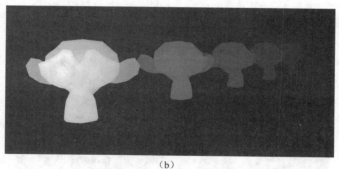

（b）

图 8.5　三维模型及其深度图

图 8.5（a）是一个使用 Blender 渲染的三维模型，而图 8.5（b）是使用这个模型创建的深度图。Jonty Schmidt 发布的教程"Blender depth map in 5 minutes!"介绍了如何完成这个任务，其中的关键是根据来自相机的 z 方向距离给图像着色。

2. 使用智能手机拍摄的照片创建深度图

当前很多智能手机都支持人像模式。在这种模式下，将随照片记录深度信息，以选择性地模糊背景。如果能获取这些深度信息，便可生成照片的深度图，从而创建裸眼立体画。图 8.6 是一个这样的示例。

（a）   （b）

图 8.6　使用 iPhone 在人像模式下拍摄的照片及其深度图

图 8.6（a）是使用 iPhone 11 在人像模式下拍摄的一张照片，而图 8.6（b）是相应的深度图。这个深度图是使用下面的命令用开源软件 ExifTool 创建的：

```
exiftool – b - MPImage2 photo.jpg > depth.jpg
```

这个命令从文件 photo.jpg 的元数据中提取深度信息，并将其保存到文件 depth.jpg 中。要尝试自己完成这项任务，可从 ExifTool 官网下载 ExifTool。这个命令只适用于使用 iPhone 拍摄的照片，要从其他手机拍摄的照片中提取深度信息，可使用类似的方法。在 Android 应用商店和 iOS 应用商店，也有各种可帮助完成这个任务的应用。Ruchira Hasaranga 网站中的 Depth Map Extractor 是一个在线深度信息提取程序，适用于众多手机在人像模式下拍摄的照片。

8.1.3　平移像素

前文介绍过，人脑会将图像中重复图案之间的距离感知为深度信息，还介绍过如何创建深度图来提供深度信息。下面来看看如何根据深度图中的值相应地平移平铺图像中的像素，这是创建裸眼立体画的关键一步。

平铺图像是通过沿 x 和 y 轴方向重复小型图像（分片）生成的，但就实现深度感知而言，只需关注 x 轴方向。如果分片的宽度为 w 像素，那么在任何给定行，沿 x 轴每隔 w 像素，像素的颜色值就将重复一次。换而言之，在特定行内，x 轴方向上点 i 处像素的颜色值可这样表示：

$$C_i = C_{i-w}(i \geqslant w)$$

下面来看一个示例。给定分片的宽度为 100 像素，对于 x 轴方向上坐标为 140 处的像素，由上面的公式可知 $C_{140} = C_{140-100} = C_{40}$。这意味着 x 坐标为 140 处，像素的颜色值与 x 坐标为 40 处的像素相同，这是因为图像是平铺而成的。在位置 i 小于宽度 w 的情况下，像素的颜色值就是 C_i，因为在这里还没有平铺分片。

我们的目标是，根据深度图中的值相应地平移平铺图像中的像素。假设 δ_i 为深度图中 x 坐标为 i 处的值，可使用如下公式调整平铺图像中相应像素的颜色值：

$$C_i = C_{i-w+\delta_i}$$

回到分片宽度为 100 像素的示例。假设像素位于 x 坐标为 140 处，且相应的深度值为 10，则根据上述公式可知 $C_{140} = C_{140-100+10} = C_{50}$，坐标为 140 处像素的颜色被调整为与坐标为 50 处的像素一致。由于 C_{50} 与 C_{150} 相等，这相当于将 x 坐标为 150 处的像素向左平移了 10 像素。因此，这将原本位于 x 坐标为 50 和 150 处的像素之间的距离缩小了 10 像素，而人脑将这种变化感知为深度信息。

为创建完整的裸眼立体画，将对所有行中的所有像素做这样的处理。后文在讨论代码时，将说明平移是如何实现的。

8.2　需求

在本章项目中，将使用 Pillow 来读入图像、访问其底层数据以及创建和修改图像。

8.3　代码

本章项目的代码采取如下步骤来创建裸眼立体画。

1. 读入一个深度图。
2. 读入一个分片图像或创建一个"随机点"分片，作为裸眼立体画的重复图案。
3. 通过重复分片创建一幅新图像，其尺寸与深度图相同。
4. 对于新图像中的每个像素，按照与深度图中所对应的像素相关联的深度值成比例地移动像素。
5. 将生成的裸眼立体画写入文件。

要查看完整的项目代码，可参阅 8.7 节"完整代码"，也可见本书配套源代码中的"/autos"。

8.3.1　创建由随机圆组成的分片

运行本章的程序时，可输入一个分片图像（我将一幅基于 M.C. Escher 画作的图像上传到了本书配套源代码中的"/autos/data"，供你使用）。如果没有输入，可使用函数 createRandomTile() 创建一个由随机圆组成的分片图像。

```
def createRandomTile(dims):
    # 创建图像
❶   img = Image.new('RGB', dims)
❷   draw = ImageDraw.Draw(img)
    # 找出宽度和高度中较小的那个值，并将随机圆的半径设置为结果的 1%
❸   r = int(min(*dims)/100)
    # 要绘制的圆的数量
❹   n = 1000
    # 绘制随机圆
    for i in range(n):
        # 通过减去 r，确保所有的圆都在分片内，不会被分片边缘切掉
        # 这样平铺分片得到的结果将更好
❺       x, y = random.randint(r, dims[0]-r), random.randint(r, dims[1]-r)
❻       fill = (random.randint(0, 255), random.randint(0, 255),
                random.randint(0, 255))
❼       draw.ellipse((x-r, y-r, x+r, y+r), fill)
    return img
```

首先，创建了一个新的 PIL Image 对象，其尺寸由 dims 指定❶。然后，使用 ImageDraw.Draw()❷在这个图像中绘制圆，这些圆的半径为图像宽度和高度中较小者的 1%❸。Python 运算符*用于提取元素 dims 中的宽度和高度，以便能够将它们传递给方法 min()。

将要绘制的圆的数量设置为 100❹，再调用 random.randint()生成位于范围[r, width-r]和[r, height-r]的随机整数，以计算每个圆的圆心坐标❺。通过将范围的上限和下限都内缩 r，可确保整个圆都落在分片的边界内。如果不这样做，可能在分片边缘绘制圆，导致一部分被切除。平铺这样的分片以创建裸眼立体画时，结果将看起来不佳，因为两个分片边缘的圆之间没有间隙。

接下来，从范围[0, 255]内随机地选择颜色值，给每个圆设置随机的填充色❻。最后，使用方法 ellipse()绘制每个圆❼。这个方法的第一个参数是一个元组，定义了圆的定界框：将定界框的左上角和右下角分别设置为(x − r, y − r)和(x + r, y + r)，其中(x, y)为圆心坐标，而 r 为半径。第二个参数是随机选择的填充色。

可在 Python 解释器中像下面这样测试这个方法：

```
>>> import autos
>>> img = autos.createRandomTile((256, 256))
>>> img.save('out.png')
>>> exit()
```

图 8.7 所示为该测试的输出。

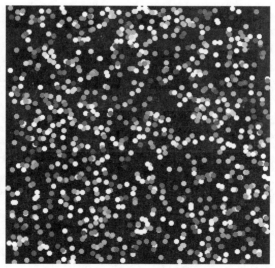

图 8.7 运行 createRandomTile()的结果

从图 8.7 可知，创建了一个由随机点构成的图像，可将其作为创建裸眼立体画的分片。

8.3.2 重复分片

有了可供使用的分片后，便可通过平铺它来创建图像，为创建裸眼立体画打好基础。为此，定义一个名为 createTiledImage()的函数：

```
def createTiledImage(tile, dims):
    # 创建新图像
❶   img = Image.new('RGB', dims)
    W, H = dims
    w, h = tile.size
    # 计算需要多少个分片
❷   cols = int(W/w) + 1
❸   rows = int(H/h) + 1
    # 将分片粘贴到图像中
    for i in range(rows):
        for j in range(cols):
❹           img.paste(tile, (j*w, i*h))
    # 返回图像
    return img
```

这个函数接收用作分片的图像 tile 和输出图像的尺寸 dims，其中尺寸是以元组形式(width, height)提供的。创建一个指定尺寸的 Image 对象❶，再存储分片和图像的宽度和高度。通过将图像尺寸除以分片的尺寸，获悉需要在图像中粘贴多少列❷和多少行❸分片。将计算得到的结果都加 1，以确保即便图像尺寸不是分片尺寸的整数倍，图像底部或右边也不会留下未填充的空白区域。如果不这样做，图像的右边和底端可能被切掉。最后，遍历各行各列，并使用分片填充它们❹。通过将索引乘以宽度或高度来确定分片左上角的位置(j*w, i*h)，使分片与行和列对齐，就像创建文本图像的项目中那样。最后，这个函数返回一个 Image 对象，该对象由指定分片平铺而成，且为指定尺寸。

8.3.3　创建裸眼立体画

下面来创建裸眼立体画，这项工作主要由函数 createAutostereogram()完成，其代码如下：

```
def createAutostereogram(dmap, tile):
    # 如果有必要，将深度图转换为单通道灰度图像
❶   if dmap.mode != 'L':
        dmap = dmap.convert('L')
    # 如果没有指定分片图像，就创建一个由随机圆构成的分片
❷   if not tile:
        tile = createRandomTile((100, 100))
    # 通过平铺分片创建一个图像
❸   img = createTiledImage(tile, dmap.size)
    # 根据深度图中的值平移像素
❹   sImg = img.copy()
    # 为访问图像像素，首先载入 Image 对象
❺   pixD = dmap.load()
    pixS = sImg.load()
    # 根据深度图平移像素
❻   cols, rows = sImg.size
    for j in range(rows):
        for i in range(cols):
❼           xshift = pixD[i, j]/10
❽           xpos = i - tile.size[0] + xshift
❾           if xpos > 0 and xpos < cols:
❿               pixS[i, j] = pixS[xpos, j]
    # 返回平移后的图像
    return sImg
```

首先，在必要时将提供的深度图 dmap 转换为单通道灰度图像❶。如果用户没有提供分片图像，就使用前面定义的函数 createRandomTile()创建一个由随机圆构成的分片❷。接下来，使

用函数 **createTiledImage()** 创建一个平铺图像，其尺寸与提供的深度图相同❸，再复制该平铺图像❹，以创建最终的裸眼立体画。

接下来，这个函数对深度图和输出图像调用方法 load()❺。这个方法将图像数据载入内存，以便能够以[i, j]的方式将图像像素作为二维数组进行访问。将图像尺寸作为行数和列数存储起来❻，从而将图像视为由像素组成的网格。

裸眼立体画创建算法的核心在于，根据深度图中的信息平移平铺图像中的像素。为此，遍历平铺图像的每个像素，并对其进行处理。为此，首先获取深度图中相应像素的值，并将其除以 10 以确定平移量❼。为何要除以 10 呢？因为这里使用的是 8 位的深度图，这意味着深度值的取值范围为 0～255，将深度值除以 10 后，结果的取值范围大约为 0～25。由于深度图图像的尺寸通常为几百像素，所以这样的平移量更合适（请尝试调整除数，看看将如何影响最终的裸眼立体画）。

接下来，使用 8.1.3 小节"平移像素"中讨论的公式计算 *x* 坐标，以确定像素的新颜色值❽。如果像素对应的深度图值为 0（黑色），将不会被平移，且将被视为背景。通过检查，避免出现要访问的像素不在图像内的情况（在图像边缘平移时可能出现这样的情况）后❾，将像素的颜色值设置为平移后对应像素的值❿。

8.3.4 提供命令行参数

这个程序的函数 main() 提供了一些命令行参数，用于定制裸眼立体画。

```
def main():
    # 创建一个 ArgumentParser 对象
    parser = argparse.ArgumentParser(description="Autostereograms...")
    # 添加参数
❶  parser.add_argument('--depth', dest='dmFile', required=True)
    parser.add_argument('--tile', dest='tileFile', required=False)
    parser.add_argument('--out', dest='outFile', required=False)
    # 分析参数
    args = parser.parse_args()
    # 设置输出文件
    outFile = 'as.png'
    if args.outFile:
        outFile = args.outFile
    # 设置分片
    tileFile = False
    if args.tileFile:
        tileFile = Image.open(args.tileFile)
```

此处与本书前文的项目一样，使用了 argparse 给程序定义命令行参数。唯一必不可少的参数是深度图文件的名称❶；还有两个可选参数，一个提供作为分片的图像文件，另一个设置输出文件的名称。如果没有指定分片图像，程序将生成一个由随机圆组成的分片；如果没有指定输出文件名，生成的裸眼立体画将被写入文件 as.png。

8.4 运行裸眼立体画生成程序

下面运行这个程序，并传入一张板凳照片的深度图（stool-depth.png）。这个深度图可在本书配套源代码中的"/autos/data"中找到。

```
$ python autos.py --depth data/stool-depth.png
```

图 8.8（a）是深度图图像，图 8.8（b）是生成的裸眼立体画。由于这里没有提供分片图像，因此这个裸眼立体画是使用随机分片创建的。

（a）　　　　　　　　　　　　　（b）

图 8.8　autos.py 的运行情况

下面再次运行这个程序，但提供一个分片图像。这里也将 stool-depth.png 用作深度图，但将分片图像指定为 escher-tile.jpg。

```
$ python autos.py --depth data/stool-depth.png --tile data/escher-tile.jpg
```

图 8.9 所示为输出。

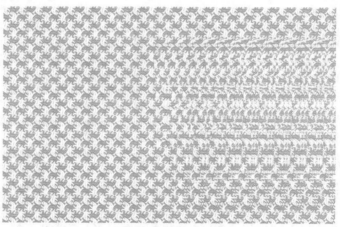

图 8.9　提供分片图像时程序 autos.py 的运行情况

请尝试使用本书配套资源中提供的图像或自定义深度图来创建裸眼立体画。

8.5　小结

本章介绍了如何创建裸眼立体画。现在，给定一个深度图图像，读者应能够创建由随机点构成的裸眼立体画，也可创建由自定义图像平铺而成的裸眼立体画。

8.6　实验

下面是一些进一步探索裸眼立体画的方式。

1．编写一些代码，创建一幅类似于图 8.2 所示的图像，证明图像中线性间距的变化可营造出深度假象。（提示：结合使用图像分片和方法 Image.paste()）

2．给本章的程序添加一个命令行参数，用于指定要将深度值缩小多少倍（在这个程序中，当前将深度值除以 10）。观察修改这个倍数对裸眼立体画有何影响。

8.7　完整代码

下面是本章项目的完整代码：

```python
"""
autos.py

一个创建裸眼立体画的程序

编写者: Mahesh Venkitachalam
"""

import sys, random, argparse
from PIL import Image, ImageDraw

# 创建间距/深度示例
def createSpacingDepthExample():
    tiles = [Image.open('test/a.png'), Image.open('test/b.png'),
             Image.open('test/c.png')]
    img = Image.new('RGB', (600, 400), (0, 0, 0))
    spacing = [10, 20, 40]
    for j, tile in enumerate(tiles):
        for i in range(8):
            img.paste(tile, (10 + i*(100 + j*10), 10 + j*100))
    img.save('sdepth.png')

# 创建由随机点组成的图像
def createRandomTile(dims):
    # 创建图像
    img = Image.new('RGB', dims)
    draw = ImageDraw.Draw(img)
    # 计算半径: 找出宽度和高度中较小的那个值，并乘以 1%
    r = int(min(*dims)/100)
    # 要绘制的圆的数量
    n = 1000
    # 绘制随机圆
    for i in range(n):
        # 通过减去 r, 确保所有圆都在分片内, 从而得到更佳的平铺结果
        x, y = random.randint(r, dims[0]-r), random.randint(r, dims[1]-r)
        fill = (random.randint(0, 255), random.randint(0, 255),
                random.randint(0, 255))
        draw.ellipse((x-r, y-r, x+r, y+r), fill)
    # 返回图像
    return img

# 通过平铺分片创建尺寸为 dims 的图像
```

```python
def createTiledImage(tile, dims):
    # 创建新图像
    img = Image.new('RGB', dims)
    W, H = dims
    w, h = tile.size
    # 计算需要多少个分片
    cols = int(W/w) + 1
    rows = int(H/h) + 1
    # 粘贴分片
    for i in range(rows):
        for j in range(cols):
            img.paste(tile, (j*w, i*h))
    # 返回图像
    return img

# 创建用于测试的深度图
def createDepthMap(dims):
    dmap = Image.new('L', dims)
    dmap.paste(10, (200, 25, 300, 125))
    dmap.paste(30, (200, 150, 300, 250))
    dmap.paste(20, (200, 275, 300, 375))
    return dmap

# 给定深度图和输入图像，根据深度值平移像素以创建裸眼立体画
def createAutostereogram(dmap, tile):
    # 如果有必要，将深度图转换为单通道灰度图像
    if dmap.mode != 'L':
        dmap = dmap.convert('L')
    # 如果没有指定分片图像，就创建一个由随机圆构成的分片
    if not tile:
        tile = createRandomTile((100, 100))
    # 通过平铺分片创建一个图像
    img = createTiledImage(tile, dmap.size)
    # 根据深度图中的值平移像素
    sImg = img.copy()
    # 为访问像素，载入图像
    pixD = dmap.load()
    pixS = sImg.load()
    # 根据深度图平移像素
    cols, rows = sImg.size
    for j in range(rows):
        for i in range(cols):
            xshift = pixD[i, j]/10
            xpos = i - tile.size[0] + xshift
            if xpos > 0 and xpos < cols:
                pixS[i, j] = pixS[xpos, j]
    # 返回平移后的图像
    return sImg

# 函数 main()
def main():
    # 必要时使用 sys.argv
    print('creating autostereogram...')
    # 创建 ArgumentParser 对象
    parser = argparse.ArgumentParser(description="Autostereograms...")
    # 添加参数
    parser.add_argument('--depth', dest='dmFile', required=True)
    parser.add_argument('--tile', dest='tileFile', required=False)
    parser.add_argument('--out', dest='outFile', required=False)
    # 分析参数
    args = parser.parse_args()
```

```
    # 设置输出文件
    outFile = 'as.png'
    if args.outFile:
        outFile = args.outFile
    # 设置分片
    tileFile = False
    if args.tileFile:
        tileFile = Image.open(args.tileFile)
    # 打开深度图
    dmImg = Image.open(args.dmFile)
    # 创建裸眼立体画
    asImg = createAutostereogram(dmImg, tileFile)
    # 将立体画写入输出文件
    asImg.save(outFile)

# 调用函数 main()
if __name__ == '__main__':
    main()
```

8

Part 4

走进三维

在一维空间中，移动一个点，不就能产生一条有两个端点的线段吗？

在二维空间中，移动一条线段，不就能产生一个有 4 个顶点的正方形吗？

在三维空间中，移动一个正方形，不就能产生一个有 8 个顶点的神圣物体——立方体吗？这可是我亲眼看到的呀！

——埃德温·A. 艾勃特（Edwin A.Abbott）《平面国：多维空间传奇往事》

本篇内容

## 第 9 章

理解OpenGL

在本章项目中，将创建一个简单程序，使用 OpenGL 和 GLFW 来显示带纹理的正方形。OpenGL 是一个图形处理单元（GPU）软件接口，而 GLFW 是一个窗口工具包。本章还将介绍如何使用类似于 C 语言的 OpenGL 着色语言（OpenGL Shading Language，GLSL）来编写着色器——在 GPU 中执行的代码。通过着色器能够使用 OpenGL 以极其灵活的方式执行计算，本章将演示如何使用 GLSL 着色器来变换几何形状并给它上色，以创建一个带纹理的旋转多边形，如图 9.1 所示。

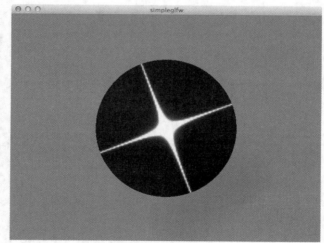

图 9.1　本章项目生成的最终图像：一个内含星形图像的正方形

GPU 经过了优化，能够以并行方式对大量数据反复执行相同的操作，这让它们在渲染计算机图形时的速度比中央处理器（CPU）快得多。另外，GPU 还被用于执行通用计算，通过当前的一些专用语言能够使用 GPU 硬件来完成各种任务。在本章项目中，将结合使用 GPU、OpenGL 和着色器。

Python 是一种出色的"胶水"语言，通过很多 Python 绑定（binding）能够在 Python 中使用 C 语言等其他语言编写的库。在本章以及第 10 和 11 章中，将使用 OpenGL Python 绑定——PyOpenGL 来创建计算机图形。

下面是本章涵盖的一些主题。

❑ 使用与 OpenGL 配套的 GLFW 窗口库。

❑ 使用 GLSL 编写顶点着色器和片元（fragment）着色器。
❑ 执行纹理映射（texture mapping）。
❑ 使用三维变换。

下面先来看看 OpenGL 的工作原理。

注意　几年前，OpenGL 经历了重大转变，从使用滚动功能图形流水线（fixed function graphics pipeline）转向结合使用可编程流水线和着色语言，一般将后一种方式称为现代 OpenGL。本书使用的就是现代 OpenGL，具体地说是 OpenGL 4.1。

9.1 OpenGL 的工作原理

现代 OpenGL 通过一系列操作在屏幕上显示图形，这一系列操作俗称三维图形流水线。图 9.2 展示了经过简化的 OpenGL 三维图形流水线。

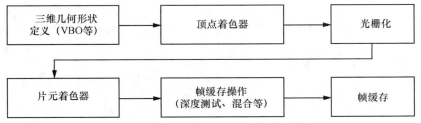

图 9.2　简化的 OpenGL 三维图形流水线

归根到底，计算机图形学就是计算屏幕上显示的像素的颜色。假设要显示一个三角形，流水线的第一步是定义三维几何图形，即在三维空间中定义三角形的顶点，并指定每个顶点的颜色。这些顶点和颜色存储在被称为顶点缓存对象（VBO）的数据结构中。接下来，对顶点进行变换：第一次变换是将顶点放在三维空间中；第二次是将三维坐标投影到二维空间，以便在二维屏幕上显示。在这一步中，还将根据光照等因素计算顶点的颜色值，这通常是在被称为顶点着色器的代码中进行的。

接下来，几何形状被光栅化（从三维表示转换为二维像素），同时对每个像素（更准确地说是片元）都执行另一个代码块——片元着色器。顶点着色器操作的是三维顶点，而片元着色器操作的是光栅化后生成的二维片元。为何更准确地说是片元而不是像素呢？因为像素是显示在屏幕上的，而片元是片元着色器的输出，根据流水线中下一步的情况，片元可能被丢弃而无法变成屏幕上的像素。

最后，对每个片元都进行一系列帧缓存操作，包括深度缓存测试（检查片元是否被其他片元遮住）、混合（根据不透明度混合两个片元）以及将当前颜色与帧缓存中相应位置的既有颜色合并的其他操作。这些操作的结果为最终的帧缓存，通常显示在屏幕上。

9.1.1　图元

OpenGL 属于低级（low-level）图形库，不能直接让它绘制立方体或球形，虽然使用基于它构建的其他库能够完成这样的任务。OpenGL 只能理解低级的几何图元，如点、线和三角形。

现代 OpenGL 只支持如下类型的图元：GL_POINTS、GL_LINES、GL_LINE_LOOP、GL_LINE_STRIP、GL_TRIANGLES、GL_TRIANGLE_STRIP 和 GL_TRIANGLE_FAN。

图 9.3 说明了图元的顶点是如何组织的。每个顶点都有一个三维坐标，形如 (x, y, z)。

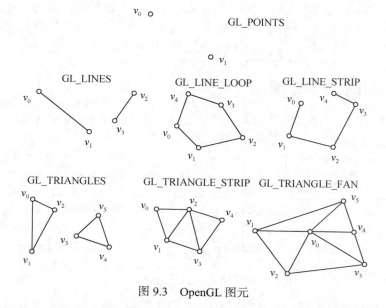

图 9.3   OpenGL 图元

要在 OpenGL 中绘制球形，首先需要使用数学方式定义球形，并计算其三维顶点，再将顶点组合为基本几何图元。例如，可将每 3 个顶点组合成一个三角形，然后使用 OpenGL 渲染顶点。

9.1.2   三维变换

不学习三维变换，就无法学习计算机图形学。三维变换的概念理解起来很容易。假设有一个物体，能对它做什么呢？可以让它移动、拉伸（挤压）或旋转，还可做其他的，但这 3 种（平移、缩放和旋转）是可对物体做的最常见的操作或变换。除这些常用的变换外，还将使用透视投影将三维对象映射到屏幕所在的二维平面上。这些变换操作都应用于目标对象的坐标。

形如 (x, y, z) 的三维坐标可能很常见，但在三维计算机图形学中，使用的是形如 (x, y, z, w) 的坐标。这种坐标被称为齐次坐标，源自数学分支投影几何学，但这不在本书的讨论范围之内。

通过齐次坐标能够使用 4×4 矩阵表示平移、缩放和旋转等常见的三维变换，但就开发 OpenGL 项目而言，只需知道齐次坐标 (x, y, z, w) 等价于 $(x/w, y/w, z/w, 1.0)$。例如对于三维点 $(1.0, 2.0, 3.0)$，可用齐次坐标表示为 $(1.0, 2.0, 3.0, 1.0)$。

下面是一个使用 4×4 矩阵的三维变换示例，其中的矩阵乘法将点 $(x, y, z, 1.0)$ 平移到 $(x + t_x, y + t_y, z + t_z, 1.0)$：

$$\begin{pmatrix} 1 & 0 & 0 & t_x \\ 0 & 1 & 0 & t_y \\ 0 & 0 & 1 & t_z \\ 0 & 0 & 0 & 1 \end{pmatrix} \times \begin{pmatrix} x \\ y \\ z \\ 1 \end{pmatrix} = \begin{pmatrix} x + t_x \\ y + t_y \\ z + t_z \\ 1 \end{pmatrix}$$

上述运算在空间中平移点，因此其中的 4×4 矩阵被称为平移矩阵。

下面来看看另一个很有用的三维变换矩阵：旋转矩阵。下面的矩阵表示将点$(x, y, z, 1.0)$绕 x 轴逆时针旋转 θ 弧度：

$$\boldsymbol{R}_{\theta,x} = \begin{pmatrix} 1 & 0 & 0 & 0 \\ 0 & \cos(\theta) & -\sin(\theta) & 0 \\ 0 & \sin(\theta) & \cos(\theta) & 0 \\ 0 & 0 & 0 & 1 \end{pmatrix}$$

但有一点需要牢记在心：在着色器代码中执行这种旋转操作时，矩阵将以列主序（column-major）格式存储，这意味着需要像下面这样声明它。

```
// 旋转变换
mat4 rot =  mat4(
    vec4(1.0,  0.0,        0.0,       0.0),
    vec4(0.0,  cos(uTheta),  sin(uTheta), 0.0),
    vec4(0.0, -sin(uTheta),  cos(uTheta), 0.0),
    vec4(0.0,  0.0,        0.0,       1.0)
);
```

在上述代码中，注意到其中的矩阵是将 $\boldsymbol{R}_{\theta,x}$ 沿对角线翻转得到的。

在 OpenGL 中，经常会见到的两个术语是模型视图（modelview）变换和投影变换。现代 OpenGL 推出可定制的着色器后，模型视图变换和投影变换成了通用变换，但在较旧的 OpenGL 版本中，模型视图变换应用于三维模型，以便将其放置在三维空间中，而投影变换用于将三维坐标映射到二维表面以便显示。模型视图变换是用户定义的变换，能够放置三维对象，而投影变换属于将三维对象映射到二维平面的投射变换。

两种最常用的三维图像投影变换是正交投影和透视投影，但本章只使用透视投影，它是由视野（眼睛能看到的范围）、近平面（离视点最近的平面）、远平面（离视点最远的平面）和纵横比（近平面的宽度和高度之比）定义的。这些参数一起为透视投影定义了相机模型，决定了三维形状将被如何映射到二维屏幕，如图 9.4 所示。在该图中，棱台为视景体，视点指出了相机的三维位置。在正交投影中，视点位于无穷远处，棱锥将变成长方体。

透视投影完成后，将在光栅化之前用近平面

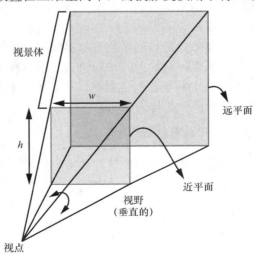

图 9.4　透视投影相机模型

和远平面裁切图元，如图 9.4 所示。选择远平面和近平面时，需要确保要在屏幕上显示的三维对象位于视景体内，否则三维对象将被裁剪掉。

9.1.3   着色器

前面说明了着色器在现代 OpenGL 三维图形流水线中的用途，下面来看看简单的顶点着色器和片元着色器，以对 GLSL 的工作原理有所认识。

1. 顶点着色器

下面是一个简单的顶点着色器，它计算顶点的位置和颜色：

```
❶ # version 410 core

❷ in vec3 aVert;
❸ uniform mat4 uMVMatrix;
❹ uniform mat4 uPMatrix;

❺ out vec4 vCol;

  void main() {
      // 执行变换
    ❻ gl_Position = uPMatrix * uMVMatrix * vec4(aVert, 1.0);
      // 设置颜色
    ❼ vCol = vec4(1.0, 0.0, 0.0, 1.0);
  }
```

首先，将着色器使用的 GLSL 版本设置为 4.1❶，再使用关键字 in 给这个顶点着色器定义了类型为 vec3（三维向量）的输入变量 aVert❷。接下来，定义了两个类型为 mat4（4×4 矩阵）的变量，它们分别是模型视图矩阵❸和投影矩阵❹。定义这些变量时，关键字 uniform 指出，它们在这个顶点着色器执行期间（渲染一组顶点时）保持不变。使用关键字 out 给这个顶点着色器定义了输出，这是一个类型为 vec4（存储红色、绿色、蓝色和 alpha 通道的四维向量）的颜色变量❺。

接下来，是启动顶点着色器程序的函数 main()。为计算 gl_Position 的值，使用模型视图矩阵和投影矩阵对输入的 aVert 进行变换❻，GLSL 变量 gl_Position 用于存储变换后的顶点。使用值(1, 0, 0, 1)将顶点着色器输出的颜色设置为不透明的红色❼，在流水线中的下一个着色器中，将把这个颜色值作为输入。

2. 片元着色器

下面来看一个简单的片元着色器，它根据传入的顶点颜色计算片元颜色：

```
❶ # version 410 core

❷ in vec4 vCol;

❸ out vec4 fragColor;

  void main() {
      // 使用顶点颜色
```

```
❹ fragColor = vCol;
}
```

设置在该着色器中使用的 GLSL 版本❶后，将 vCol 指定为该着色器的输入❷。在前面，已将变量 vCol 设置为顶点着色器的输出（别忘了，顶点着色器是对三维场景中的每个顶点执行的，而片元着色器是对屏幕上的每个片元执行的），还将这个片元着色器的输出颜色变量设置成了 fragColor❸。

在光栅化阶段（发生在顶点着色器执行完毕后、片元着色器执行前），OpenGL 将变换后的顶点转换为片元，而对于位于顶点之间的片元，其颜色是通过在顶点颜色值之间进行内插值计算得到的。在前面的代码中，vCol 就是通过内插值计算得到的颜色，将片元着色器的输出设置为这个传入片元着色器的内插值颜色❹。默认情况下，片元着色器的输出目的地为屏幕，即指定的颜色将出现在屏幕上，除非受到 OpenGL 三维图形流水线最终阶段的某种操作（如深度测试）的影响。

要让 GPU 执行着色器代码，需要将其编译为 GPU 能够理解的指令并进行链接。OpenGL 提供了完成这种任务的方式，并报告详细的编译器和链接器错误，这有助于开发着色器代码。在编译过程中，还会生成一个表，其中包含着色器中声明的变量的位置或索引，可用它将着色器中的变量与 Python 代码中的变量关联起来。

9.1.4 顶点缓存

顶点缓存是 OpenGL 着色器使用的一种重要机制。现代图形硬件和 OpenGL 都是为处理大量三维几何形状而设计的，因此 OpenGL 内置了多种机制，旨在帮助将输出从程序传输给 GPU。在程序中绘制三维几何形状的典型流程如下。

1．为三维几何形状的每个顶点定义坐标数组、颜色数组和其他属性数组。
2．创建一个顶点数组对象（VAO）并绑定。
3．为每个顶点的每个属性创建顶点缓存对象（VBO）。
4．绑定 VBO 并使用预定义的数组设置缓存数据。
5．指定要在着色器中使用的顶点属性的数据和位置。
6．启用顶点属性。
7．渲染数据。

使用顶点定义三维几何形状后，创建并绑定一个顶点数组对象。VAO 提供了一种方便的途径，能够以坐标数组、颜色数组和其他属性数组的方式表示几何形状。然后，为每个顶点的每个属性创建一个顶点缓存对象，并使用三维数据来设置它。VBO 将顶点数据保存在 GPU 内存中。至此，余下的唯一任务是关联缓存数据，以便能够在着色器中访问它。为此，可调用一些函数，它们使用着色器中使用的变量的位置来完成这项任务。

9.1.5 纹理映射

下面来看看纹理映射——本章将使用的一种重要的计算机图形学技术。纹理映射借助三维对象的二维图片（类似于演出的舞台背景）来赋予场景真实感。通常从图像文件中读取纹理，并通过将（位于范围[0, 1]内的）二维坐标映射到多边形的三维坐标，使纹理覆盖几何区域。例如，在图 9.5 中，将一幅图像覆盖在了立方体的一个面上（这个立方体的各面是使用 GL_TRIANGLE_STRIP 图元绘制的，图中的虚线指出了顶点的对应关系）。

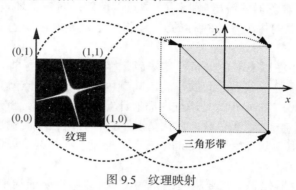

图 9.5   纹理映射

在图 9.5 中，纹理的左下角(0, 0)被映射到立方体正面的左下角顶点，纹理的其他角也被映射到相应的顶点。这样做的效果是，纹理被粘贴到立方体的正面。立方体正面本身是使用三角形带定义的，其中的顶点排列顺序为左下角、左上角、右下角、右上角。正如将在第 11 章介绍的，纹理是一个强大而用途广泛的计算机图形学工具。

9.1.6   OpenGL 上下文

下面来说说如何让 OpenGL 在屏幕上绘画。OpenGL 上下文是存储所有 OpenGL 状态信息的实体，它有一个可见的、类似于窗口的区域，供 OpenGL 在其中绘画。在每个进程或应用程序运行期间，可以有多个 OpenGL 上下文，但每个线程在特定时间点只能有一个当前 OpenGL 上下文（所幸，大部分 OpenGL 上下文处理工作都将由窗口工具包负责）。

要让 OpenGL 输出出现在屏幕窗口中，需要操作系统的帮助。在本书的 OpenGL 项目中，将使用 GLFW。这是一个轻量级的跨平台 C 语言库，能用来创建和管理 OpenGL 上下文、在窗口中显示三维图形以及处理诸如单击鼠标和按键等用户输入（附录 A 详细介绍了如何安装这个库）。

由于要使用 Python 而不是 C 语言编写代码，因此还要使用一个 Python 绑定——GLFW（对应的文件 glfw.py 可在本书配套源代码中的"/common"文件夹中找到）。有了它，就能够使用 Python 实现所有的 GLFW 功能。

9.2   需求

在本章项目中，将使用 PyOpenGL 来渲染图形，并使用 NumPy 数组来表示三维坐标和变换矩阵。

9.3   代码

在本章项目中，将创建一个简单的 Python 程序，它使用 OpenGL 显示一个旋转的、带纹理的多边形。要查看这个项目的完整代码，可参阅 9.7 节 "完整代码"。这个 OpenGL 应用程序的代码放在两个文件中，其中本章讨论的主项目代码可见本书配套源代码中的 "/simplegl/simpleglfw.py"，辅助函数可见本书配套源代码中的 "/common/glutils.py"。

9.3.1 RenderWindow 类

RenderWindow 类负责创建用于显示 OpenGL 图形的窗口，它初始化 GLFW、设置 OpenGL、管理渲染以及设置回调函数以接收用户输入。

1. 创建 OpenGL 窗口

RenderWindow 类的首要任务是设置 GLFW，以提供用于渲染的 OpenGL 窗口。这项任务是由初始化代码完成的。

```
class RenderWindow:
    """GLFW 渲染窗口类"""
    def __init__(self):

        # 保存当前工作目录
        cwd = os.getcwd()

        # 初始化 GLFW
    ❶ glfw.glfwInit()

        # 恢复到保存的当前工作目录
        os.chdir(cwd)

        # 版本提示
    ❷ glfw.glfwWindowHint(glfw.GLFW_CONTEXT_VERSION_MAJOR, 4)
        glfw.glfwWindowHint(glfw.GLFW_CONTEXT_VERSION_MINOR, 1)
        glfw.glfwWindowHint(glfw.GLFW_OPENGL_FORWARD_COMPAT, GL_TRUE)
        glfw.glfwWindowHint(glfw.GLFW_OPENGL_PROFILE,
                            glfw.GLFW_OPENGL_CORE_PROFILE)

        # 创建一个窗口
        self.width, self.height = 800, 600
        self.aspect = self.width/float(self.height)
    ❸ self.win = glfw.glfwCreateWindow(self.width, self.height,
                                        b'simpleglfw')

        # 设置当前 OpenGL 上下文
    ❹ glfw.glfwMakeContextCurrent(self.win)
```

在❶处初始化了 GLFW 库，从❷处开始将 OpenGL 版本设置为 OpenGL 4.1 core profile。接下来，创建了一个支持 OpenGL 的窗口，其尺寸为 800 像素 × 600 像素❸。最后，设置了当前 OpenGL 上下文❹，为调用 OpenGL 函数做好了准备。

在方法 __init__()中，接下来调用一些初始化函数：

```
        # 初始化 GL
    ❶ glViewport(0, 0, self.width, self.height)
    ❷ glEnable(GL_DEPTH_TEST)
    ❸ glClearColor(0.5, 0.5, 0.5, 1.0)
```

在❶处，设置了用于渲染三维场景的视口（屏幕）尺寸。然后，使用 GL_DEPTH_TEST 启用了深度测试❷，并指定了在渲染期间调用 glClear()时把背景设置为什么颜色❸。这里指定的颜色是 alpha 设置为 1.0 的 50%灰，其中 alpha 是一个用于指定分片不透明度的指标——1.0 意味着完全不透明。

2. 设置回调函数

在方法__init__()的最后，注册对 GLFW 窗口中发生的用户界面事件进行处理的回调函数，以便能够对按键做出响应。

```
# 设置窗口回调函数
glfw.glfwSetKeyCallback(self.win, self.onKeyboard)
```

这些代码设置了处理按键的回调函数。每当发生按键事件时，都将执行注册的回调函数 onKeyboard()。下面来看看这个按键回调函数的定义：

```
def onKeyboard(self, win, key, scancode, action, mods):
    # print 'keyboard: ', win, key, scancode, action, mods
  ❶ if action == glfw.GLFW_PRESS:
        # 按 Esc 键退出
        if key == glfw.GLFW_KEY_ESCAPE:
          ❷ self.exitNow = True
        else:
            # 在裁剪和不裁剪之间切换
          ❸ self.scene.showCircle = not self.scene.showCircle
```

每当发生按键事件时，都将调用回调函数 onKeyboard()。传递给这个函数的参数包含很多有用的信息，如发生的是哪种类型的事件（松开键还是按下键）以及按下的是哪个键。glfw.GLFW_PRESS 表示发生按键事件❶，如果按的是 Esc 键，就设置一个退出标志❷；如果按的是其他键，就切换布尔变量 showCircle 的值❸，在片元着色器中将根据这个变量的值决定保留或丢弃位于圆形外面的片元。

3. 定义主循环

RenderWindow 类还通过方法 run()定义了程序主循环（GLFW 没有提供默认的程序循环）。方法 run()每隔指定的时间更新一次 OpenGL 窗口。调用渲染器方法绘制场景后，它还向系统询问是否有未处理的窗口事件或键盘事件。下面来看看这个方法的定义：

```
def run(self):
    # 初始化定时器
  ❶ glfw.glfwSetTime(0)
    t = 0.0
  ❷ while not glfw.glfwWindowShouldClose(self.win) and not self.exitNow:
        # 每隔 0.1s 更新一次
      ❸ currT = glfw.glfwGetTime()
        if currT - t > 0.1:
            # 更新时间
            t = currT
            # 清屏
          ❹ glClear(GL_COLOR_BUFFER_BIT | GL_DEPTH_BUFFER_BIT)
            # 设置视口
          ❺ self.width, self.height = glfw.glfwGetFramebufferSize(self.win)
          ❻ self.aspect = self.width/float(self.height)
          ❼ glViewport(0, 0, self.width, self.height)
```

在这个主循环中，glfw.glfwSetTime()将 GLFW 定时器初始化为 0❶，将使用这个定时器定期地重绘图形。从❷处开始，是一个 while 循环，它将不断运行，直到窗口关闭或 exitNow 为 True 才结束。这个循环结束后，将调用 glfw.glfwTerminate()优雅地关闭 GLFW。

在这个循环中，glfw.glfwGetTime()获取当前时间值❸，用于计算最后一次绘画后过去了多长时间。通过设置所需的时间间隔（这里是 0.1s，即 100ms），可调整渲染的速度。接下来，glClear()清除深度和颜色缓存，并将它们替换为指定的背景色，为绘制下一帧做好准备❹。

在❺处，使用函数 glfwGet FramebufferSize()获取并存储窗口的宽度和高度，以防用户调整窗口大小。请注意，在有些系统（如使用 Retina 显示器的 macOS）中，窗口尺寸和帧缓存尺寸可能不同，因此这里为安全起见，获取的是帧缓存尺寸。接下来，计算窗口的纵横比❻，供后面设置投影矩阵。最后，使用刚获取的帧缓存尺寸设置视口❼。

下面来看看方法 run()的代码：

```
            # 创建投影矩阵
❶ pMatrix = glutils.perspective(45.0, self.aspect, 0.1, 100.0)
❷ mvMatrix = glutils.lookAt([0.0, 0.0, -2.0], [0.0, 0.0, 0.0],
                            [0.0, 1.0, 0.0])
            # 渲染器
❸ self.scene.render(pMatrix, mvMatrix)
            # 进入下一个时间步
❹ self.scene.step()

❺ glfw.glfwSwapBuffers(self.win)
            # 询问并处理事件
❻ glfw.glfwPollEvents()
# 主循环到此结束
glfw.glfwTerminate()
```

在❶处（还在主循环中），使用 glutils.py 中定义的方法 perspective()计算投影矩阵。投影矩阵用于将三维场景映射到二维屏幕，这里指定的视野为 45°，近/远平面的距离为 0.1/100.0。

然后，使用方法 lookAt()设置模型视图矩阵❷，同样定义在 glutils.py 中。在默认的 OpenGL 视图中，视点位于原点，并看向 z 轴负方向。使用方法 lookAt()创建的模型视图矩阵对顶点进行变换，让视图中视点的位置和观察方向与指定的一致。将视点位置设置为(0, 0, −2)，并使用"向上"的向量(0, 1, 0)来设置观察方向，从而让视点看向原点(0, 0, 0)。接下来，对对象 scene 调用方法 render()❸，并传入上述矩阵，再调用 scene.step()为时间步更新必要的变量❹（Scene 类将稍后介绍，它封装了设置和渲染多边形的代码）。在❺处，调用 glfwSwapBuffers()交换前缓存和后缓存，从而显示更新后的三维图形。在❻处，调用 glfwPollEvents()检查发生的 UI 事件，并将控制权交还 while 循环。

9.3.2　Scene 类

现在来看看 Scene 类，它负责初始化和绘制三维几何形状。下面是类声明的开头部分：

```
class Scene:
    """ OpenGL 三维场景类"""
    # 初始化
    def __init__(self):
        # 创建着色器
```

❶ `self.program = glutils.loadShaders(strVS, strFS)`

❷ `glUseProgram(self.program)`

在 Scene 类的构造函数中，首先编译并加载了着色器。为此使用了 glutils.py 中定义的辅助方法 loadShaders()❶，这是一个方便的包装器，封装了完成如下任务的 OpenGL 调用：从字符串中载入着色器代码、编译着色器，以及将着色器链接到 OpenGL 程序对象。OpenGL 是一个状态机，因此需要指定要使用的程序对象（一个项目可能包含多个程序），这是通过调用 glUseProgram()实现的❷。

接下来，用方法__init__()将 Python 代码中的变量同着色器中的变量关联起来：

```
self.pMatrixUniform = glGetUniformLocation(self.program, b'uPMatrix')
self.mvMatrixUniform = glGetUniformLocation(self.program, b'uMVMatrix')
# 纹理
self.tex2D = glGetUniformLocation(self.program, b'tex2D')
```

在上述代码中，使用了方法 glGetUniformLocation()来获取顶点着色器和片元着色器中定义的变量 uPMatrix、uMVMatrix 和 tex2D 的位置，这样就可使用这些位置来设置着色器变量的值。

1. 定义三维几何形状

在 Scene 类的方法__init__()中，接下来为场景定义三维几何形状。首先定义了多边形的几何参数，让多边形成为正方形：

```
   # 定义三角形带的顶点
❶ vertexData = numpy.array(
       [-0.5, -0.5, 0.0,
         0.5, -0.5, 0.0,
        -0.5, 0.5, 0.0,
         0.5, 0.5, 0.0], numpy.float32)

   # 设置顶点数组对象（VAO）
❷ self.vao = glGenVertexArrays(1)
   glBindVertexArray(self.vao)
   # 顶点缓存对象
❸ self.vertexBuffer = glGenBuffers(1)
   glBindBuffer(GL_ARRAY_BUFFER, self.vertexBuffer)
   # 设置缓存数据
❹ glBufferData(GL_ARRAY_BUFFER, 4*len(vertexData), vertexData,
                GL_STATIC_DRAW)
   # 启用顶点数组
❺ glEnableVertexAttribArray(0)
   # 设置缓存数据指针
❻ glVertexAttribPointer(0, 3, GL_FLOAT, GL_FALSE, 0, None)
   # 解除 VAO 绑定
❼ glBindVertexArray(0)
```

首先，定义了用于绘制正方形的三角形带的顶点数组❶。可设想一个边长为 1.0、中心位于原点的正方形，这个正方形的左下角顶点坐标为(−0.5, −0.5, 0.0)，下一个顶点（右下角顶点）的坐标为(0.5, −0.5, 0.0)，以此类推。坐标的指定顺序就是 GL_TRIANGLE_STRIP 的顶点排列顺序。从本质上说，这个正方形是用两个共享斜边的直角三角形定义的。

接下来，创建了一个 VAO❷。绑定这个 VAO 后，随后的调用都将是针对它的。然后，创建了一个 VBO，以管理顶点数据渲染❸。绑定该缓存对象后，使用前面定义的顶点设置缓存数据❹。

　　现在需要让着色器能够访问这些数据，为此调用了 glEnableVertexAttribArray()❺。这里指定的索引为 0，因为这是在顶点着色器中给顶点数据变量指定的位置。在❻处，调用了 glVertexAttribPointer()来设置顶点属性数组的位置和格式：属性的索引为 0，分量数为 3（因为使用的是三维顶点），顶点坐标的数据类型为 GL_FLOAT。然后，解除对 VAO 的绑定❼，以防它受到其他相关调用的干扰。在 OpenGL 中，一种最佳实践是每次完成任务后都重置状态。OpenGL 是一个状态机，因此不用整理，原来是什么样还是什么样。

　　下面的代码加载一个用作 OpenGL 纹理的星形图像：

```
# 纹理
self.texId = glutils.loadTexture('star.png')
```

后面渲染时将用到这里返回的纹理 ID。

2. 旋转正方形

　　接下来，需要更新 Scene 对象中的变量，让正方形在屏幕上旋转。为此，给 Scene 类定义了方法 step()：

```
# 时间步
def step(self):
    # 将角度加 1
 ❶ self.t = (self.t + 1) % 360
```

　　在❶处，将角度变量加 1，并使用求模运算符（%）确保角度在范围[0, 360]内。在顶点着色器中，将使用这个变量来更新旋转角度。

3. 渲染场景

　　下面来看看 Scene 类中主要的渲染代码：

```
def render(self, pMatrix, mvMatrix):
    # 使用着色器
 ❶ glUseProgram(self.program)

    # 设置投影矩阵
 ❷ glUniformMatrix4fv(self.pMatrixUniform, 1, GL_FALSE, pMatrix)

    # 设置模型视图矩阵
    glUniformMatrix4fv(self.mvMatrixUniform, 1, GL_FALSE, mvMatrix)
    # 设置着色器中的角度，单位为弧度
 ❸ glUniform1f(glGetUniformLocation(self.program, 'uTheta'),
                math.radians(self.t))
    # 是否显示圆？
 ❹ glUniform1i(glGetUniformLocation(self.program, b'showCircle'),
                self.showCircle)

    # 启用纹理
 ❺ glActiveTexture(GL_TEXTURE0)
 ❻ glBindTexture(GL_TEXTURE_2D, self.texId)
 ❼ glUniform1i(self.tex2D, 0)

    # 绑定 VAO
 ❽ glBindVertexArray(self.vao)
    # 绘画
 ❾ glDrawArrays(GL_TRIANGLE_STRIP, 0, 4)
```

```
   # 解除 VAO 绑定
❿ glBindVertexArray(0)
```

首先，指定了要使用的着色器程序❶。从❷开始，使用 glUniformMatrix4fv()设置着色器中投影矩阵和模型视图矩阵。然后，使用方法 glUniform1f()设置着色器程序中的 uTheta❸。像前面一样，使用 glGetUniformLocation()获取着色器中角度变量 uTheta 的位置，并使用 Python 方法 math.radians()将角度单位从度转换为弧度。接下来，使用 glUniform1i()设置片元着色器中变量 showCircle 的值❹。OpenGL 支持多个纹理单元，而 glActiveTexture()默认激活纹理单元 0❺。绑定前面使用图像 star.png 生成的纹理 ID，以便使用它来渲染❻。在❼处，将片元着色器中的变量 sampler2D 设置成了纹理单元 0。

接下来，绑定前面创建的 VAO❽。使用 VAO 的好处就是，实际绘画前，不需要再调用一大堆与顶点缓存相关的函数。然后，调用 glDrawArrays()来渲染绑定的顶点缓存❾。图元是一个三角形带，因此需要渲染的顶点有 4 个。最后，对 VAO 解除绑定❿，这是一个很好的编程习惯。

4. 定义 GLSL 着色器

下面来看看这个项目中最激动人心的部分——GLSL 着色器。先来看顶点着色器，它计算顶点的位置和纹理坐标：

```
   # version 410 core

❶ layout(location = 0) in vec3 aVert;

❷ uniform mat4 uMVMatrix;
   uniform mat4 uPMatrix;
   uniform float uTheta;

❸ out vec2 vTexCoord;

   void main() {
       // 旋转变换
    ❹ mat4 rot = mat4(
                   vec4(1.0, 0.0,          0.0,         0.0),
                   vec4(0.0, cos(uTheta), -sin(uTheta), 0.0),
                   vec4(0.0, sin(uTheta),  cos(uTheta), 0.0),
                   vec4(0.0, 0.0,          0.0,         1.0)
                   );
       // 变换顶点
    ❺ gl_Position = uPMatrix * uMVMatrix * rot * vec4(aVert, 1.0);
       // 设置纹理坐标
    ❻ vTexCoord = aVert.xy + vec2(0.5, 0.5);
   }
```

使用关键字 layout❶显式地设置顶点属性的位置（这里为 0）。这个属性让顶点着色器能够访问定义的多边形顶点。从❷处开始，声明了 3 个 uniform 变量，它们分别表示投影矩阵、模型视图矩阵和旋转角度，这些变量将在 Python 代码中设置。还将二维向量变量 vTexCoord 指定为这个着色器的输出❸，它将作为片元着色器的输入。

在这个着色器的 main()方法中，定义了一个旋转矩阵❹，用于绕 x 轴旋转给定的角度 uTheta。结合使用投影矩阵、模型视图矩阵和旋转矩阵计算 gl_Position❺，它提供了这个着色器输出的顶点的位置。然后，计算了以二维向量表示的纹理坐标❻。前面使用三角形带定义了一个中心位于原点、边长为 1 的正方形，由于纹理坐标的取值范围为[0, 1]，因此可将顶点坐标加上(0.5, 0.5)来生成纹理坐标。这也展示了着色器在执行计算方面的强大威力和极高的灵活性，纹理坐标和其他变量一样并非神圣不可侵犯的，可根据需要任意设置它们。

下面来看看片元着色器，它计算 OpenGL 程序的输出像素：

```
# version 410 core

❶ in vec2 vTexCoord;

❷ uniform sampler2D tex2D;
❸ uniform bool showCircle;

❹ out vec4 fragColor;

  void main() {
      if (showCircle) {
          // 丢弃位于圆外的片元
        ❺ if (distance(vTexCoord, vec2(0.5, 0.5)) > 0.5) {
              discard;
          }
          else {
            ❻ fragColor = texture(tex2D, vTexCoord);
          }
      }
      else {
        ❼ fragColor = texture(tex2D, vTexCoord);
      }
  }
```

首先定义了这个片元着色器的输入，就是在顶点着色器中设置为输出的纹理坐标❶。本章前文介绍过，片元着色器操作每个像素，因此给这些变量设置的值就是当前像素的值，这是在多边形中通过内插值得到的。声明了一个 sampler2D 变量❷，它被关联到特定的纹理单元，用于查找纹理值。声明了布尔型 uniform 标志 showCircle❸，它是在 Python 代码中设置的。还将 fragColor 声明为这个片元着色器的输出❹。默认情况下，这个输出将显示到屏幕上（但在此之前，要经过最终的帧缓存操作，如深度测试和混合）。

在 main()方法中，检查是否设置了标志 showCircle，如果没有，就使用 GLSL 方法 texture() 根据纹理坐标和纹理单元确定纹理颜色值❼，这相当于使用星形图像给三角形带添加纹理；如果设置了标志 showCircle，就使用 GLSL 内置方法 distance()检查当前像素与多边形中心的距离❺，这是使用顶点着色器输出的纹理坐标来实现的。如果距离大于特定阈值（这里为 0.5），就调用 GLSL 方法 discard()将当前像素丢弃；如果距离小于阈值，就设置纹理中相应的颜色❻。大致而言，这些代码在设置了 showCircle 的情况下，忽略位于一个圆（其圆心为正方形中心，半径为 0.5）外面的像素，这相当于使用这个圆裁剪多边形。

9.3.3　辅助函数

前文提及了多个辅助函数，它们是在 glutils.py 中定义的，有助于更轻松地使用 OpenGL。下面来看其中之一——loadTexture()，它使用图像创建并载入 OpenGL 纹理：

```
def loadTexture(filename):
    """使用指定图像创建并载入 OpenGL 纹理"""
 ❶ img = Image.open(filename)
 ❷ imgData = numpy.array(list(img.getdata()), np.int8)
 ❸ texture = glGenTextures(1)
 ❹ glBindTexture(GL_TEXTURE_2D, texture)
 ❺ glPixelStorei(GL_UNPACK_ALIGNMENT, 1)
 ❻ glTexParameterf(GL_TEXTURE_2D, GL_TEXTURE_WRAP_S, GL_CLAMP_TO_EDGE)
    glTexParameterf(GL_TEXTURE_2D, GL_TEXTURE_WRAP_T, GL_CLAMP_TO_EDGE)
 ❼ glTexParameterf(GL_TEXTURE_2D, GL_TEXTURE_MAG_FILTER, GL_LINEAR)
    glTexParameterf(GL_TEXTURE_2D, GL_TEXTURE_MIN_FILTER, GL_LINEAR)
 ❽ glTexImage2D(GL_TEXTURE_2D, O, GL_RGBA, img.size[0], img.size[1],
                 O, GL_RGBA, GL_UNSIGNED_BYTE, imgData)
    return texture
```

函数 loadTexture()使用 PIL 中的模块 Image 读取图像文件❶，再将 Image 对象中的数据转换为 8 位的 NumPy 数组❷，并创建一个 OpenGL 纹理对象❸（要在 OpenGL 中使用纹理，必须先创建纹理对象）。接下来，执行绑定操作——绑定纹理对象❹，让后续所有与纹理相关的设置都应用于该对象。将数据解析对齐度（unpacking alignment of data）设置为 1❺，这意味着硬件将把图像数据视为 1 字节（8 位）数据。从❻处开始，指定 OpenGL 如何处理位于边缘的纹理，在这里，让它在几何形状边缘重复纹理颜色（指定纹理坐标时，约定使用字母 S 和 T 而不是 x 和 y 来表示坐标轴）。在❼处及其下一行，指定映射到多边形时如果纹理被拉伸或压缩应使用哪种插值方法，这里指定的是线性过滤。最后，设置绑定的纹理的图像数据❽。至此，图像数据已传输到显卡内存，纹理已准备好，可供使用了。

9.4　运行 OpenGL 应用程序

现在来运行这个项目：

```
$ python simpleglfw.py
```

输出如图 9.1 所示。请务必尝试通过按键切换圆的显示和隐藏。

9.5　小结

至此，完成了第一个使用 Python 和 OpenGL 编写的程序。在完成这个项目的过程中，介绍了如何实现三维变换、如何使用 OpenGL 三维图形流水线以及如何使用 GLSL 着色器创建有趣的三维图形。神奇的三维图形编程世界的旅程已开启。

9.6　实验

下面是一些修改这个项目的想法。

1. 这个项目中的顶点着色器绕 x 轴（即(1, 0, 0)）旋转正方形。你能让正方形绕 y 轴（即(0, 0, 1)）旋转吗？可采取两种方式，一种是在顶点着色器中修改旋转矩阵；另一种是在 Python 代码中计算出这个旋转矩阵，并以 uniform 变量的方式将其传入顶点着色器。这两种方法都请试一试。

2．在这个项目中，纹理坐标是在顶点着色器中生成并传入片元着色器的。这种做法之所以可行，是因为三角形带的顶点坐标比较特殊。请将纹理坐标作为独立属性传入顶点着色器，就像传入顶点坐标那样。现在，你能在三角形带上平铺星形纹理吗？为此，可在正方形上面生成 4×4 的星形图像网格，而不是只显示一个这样的图像。（提示：使用大于 1.0 的纹理坐标，并使用 glTexParameterf() 将参数 GL_TEXTURE_WRAP_S/T 设置为 GL_REPEAT）

3．在仅修改片元着色器的情况下，能否让正方形上的图案如图 9.6 所示？（提示：使用 GLSL 函数 sin()）

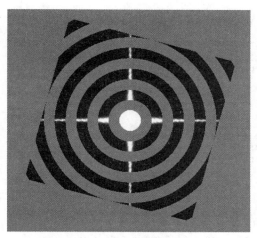

图 9.6　使用片元着色器绘制同心圆

9.7　完整代码

下面是 simpleglfw.py 的完整代码：

```
"""
simpleglfw.py

一个简单的 Python OpenGL 程序, 使用 PyOpenGL 和 GLFW 来获取 OpenGL 4.1 上下文

编写者: Mahesh Venkitachalam
"""

import OpenGL
from OpenGL.GL import *

import numpy, math, sys, os
import glutils

import glfw

strVS = """
# version 410 core

layout(location = 0) in vec3 aVert;
uniform mat4 uMVMatrix;
uniform mat4 uPMatrix;
```

```
uniform float uTheta;

out vec2 vTexCoord;

void main() {
  // 旋转变换
  mat4 rot =  mat4(
        vec4(1.0,  0.0,           0.0,           0.0),
        vec4(0.0,  cos(uTheta),  sin(uTheta), 0.0),
        vec4(0.0, -sin(uTheta),  cos(uTheta), 0.0),
        vec4(0.0,  0.0,           0.0,           1.0)
        );
  // 变换顶点
  gl_Position = uPMatrix * uMVMatrix * rot * vec4(aVert, 1.0);
  //设置纹理坐标
  vTexCoord = aVert.xy + vec2(0.5, 0.5);
}
"""

strFS = """
# version 410 core

in vec2 vTexCoord;

uniform sampler2D tex2D;
uniform bool showCircle;

out vec4 fragColor;

void main() {
  if (showCircle) {
    // 丢弃位于圆外的片元
    if (distance(vTexCoord, vec2(0.5, 0.5)) > 0.5) {
      discard;
    }
    else {
      fragColor = texture(tex2D, vTexCoord);
    }

  }
  else {
    fragColor = texture(tex2D, vTexCoord);
  }
}
"""

class Scene:
    """ OpenGL 三维场景类"""
    # 初始化
    def __init__(self):
        # 创建着色器
        self.program = glutils.loadShaders(strVS, strFS)
        glUseProgram(self.program)

        self.pMatrixUniform = glGetUniformLocation(self.program, b'uPMatrix')
        self.mvMatrixUniform = glGetUniformLocation(self.program, b'uMVMatrix')
        # 纹理
        self.tex2D = glGetUniformLocation(self.program, b'tex2D')

        # 定义三角形带的顶点
        vertexData = numpy.array(
            [-0.5, -0.5, 0.0,
```

```
                           0.5, -0.5, 0.0,
                           -0.5, 0.5, 0.0,
                           0.5, 0.5, 0.0], numpy.float32)

        # 设置顶点数组对象（VAO）
        self.vao = glGenVertexArrays(1)
        glBindVertexArray(self.vao)
        # 顶点缓存对象
        self.vertexBuffer = glGenBuffers(1)
        glBindBuffer(GL_ARRAY_BUFFER, self.vertexBuffer)
        # 设置缓存数据
        glBufferData(GL_ARRAY_BUFFER, 4*len(vertexData), vertexData,
                     GL_STATIC_DRAW)
        # 启用顶点数组
        glEnableVertexAttribArray(0)
        # 设置缓存数据指针
        glVertexAttribPointer(0, 3, GL_FLOAT, GL_FALSE, 0, None)
        # 解除 VAO 绑定
        glBindVertexArray(0)

        # 时间
        self.t = 0

        # 纹理
        self.texId = glutils.loadTexture('star.png')

        # 是否显示圆？
        self.showCircle = False

# 时间步
def step(self):
    # 将角度加 1
    self.t = (self.t + 1) % 360

# 渲染器
def render(self, pMatrix, mvMatrix):
    # 使用着色器
    glUseProgram(self.program)

    # 设置投影矩阵
    glUniformMatrix4fv(self.pMatrixUniform, 1, GL_FALSE, pMatrix)

    # 设置模型视图矩阵
    glUniformMatrix4fv(self.mvMatrixUniform, 1, GL_FALSE, mvMatrix)

    # 设置着色器中的角度，单位为弧度
    glUniform1f(glGetUniformLocation(self.program, 'uTheta'),
                math.radians(self.t))

    # 是否显示圆？
    glUniform1i(glGetUniformLocation(self.program, b'showCircle'),
                self.showCircle)

    # 启用纹理
    glActiveTexture(GL_TEXTURE0)
    glBindTexture(GL_TEXTURE_2D, self.texId)
    glUniform1i(self.tex2D, 0)

    # 绑定 VAO
    glBindVertexArray(self.vao)
    # 绘画
    glDrawArrays(GL_TRIANGLE_STRIP, 0, 4)
```

9

```python
            # 解除 VAO 绑定
            glBindVertexArray(0)

class RenderWindow:
    """ GLFW 渲染窗口类"""
    def __init__(self):

        # 保存当前工作目录
        cwd = os.getcwd()

        # 初始化 GLFW（这会修改工作目录）
        glfw.glfwInit()

        # 恢复到保存的当前工作目录
        os.chdir(cwd)

        # 版本提示
        glfw.glfwWindowHint(glfw.GLFW_CONTEXT_VERSION_MAJOR, 4)
        glfw.glfwWindowHint(glfw.GLFW_CONTEXT_VERSION_MINOR, 1)
        glfw.glfwWindowHint(glfw.GLFW_OPENGL_FORWARD_COMPAT, GL_TRUE)
        glfw.glfwWindowHint(glfw.GLFW_OPENGL_PROFILE,
                            glfw.GLFW_OPENGL_CORE_PROFILE)

        # 创建一个窗口
        self.width, self.height = 800, 600
        self.aspect = self.width/float(self.height)
        self.win = glfw.glfwCreateWindow(self.width, self.height,
                                         b'simpleglfw')
        # 设置当前 OpenGL 上下文
        glfw.glfwMakeContextCurrent(self.win)

        # 初始化 GL
        glViewport(0, 0, self.width, self.height)
        glEnable(GL_DEPTH_TEST)
        glClearColor(0.5, 0.5, 0.5, 1.0)

        # 设置窗口回调函数
        glfw.glfwSetKeyCallback(self.win, self.onKeyboard)

        # 创建三维场景
        self.scene = Scene()

        # 退出标志
        self.exitNow = False

    def onKeyboard(self, win, key, scancode, action, mods):
        # print 'keyboard: ', win, key, scancode, action, mods
        if action == glfw.GLFW_PRESS:
            # 按 Esc 键退出
            if key == glfw.GLFW_KEY_ESCAPE:
                self.exitNow = True
            else:
                # 在裁剪和不裁剪之间切换
                self.scene.showCircle = not self.scene.showCircle

    def run(self):
        # 初始化定时器
        glfw.glfwSetTime(0)
        t = 0.0
        while not glfw.glfwWindowShouldClose(self.win) and not self.exitNow:
            # 每隔 0.1s 更新一次
            currT = glfw.glfwGetTime()
```

```
            if currT - t > 0.1:
                # 更新时间
                t = currT
                # 清屏
                glClear(GL_COLOR_BUFFER_BIT | GL_DEPTH_BUFFER_BIT)

                # 设置视口
                self.width, self.height = glfw.glfwGetFramebufferSize(self.win)
                self.aspect = self.width/float(self.height)
                glViewport(0, 0, self.width, self.height)

                # 创建投影矩阵
                pMatrix = glutils.perspective(45.0, self.aspect, 0.1, 100.0)

                mvMatrix = glutils.lookAt([0.0, 0.0, -2.0], [0.0, 0.0, 0.0],
                                          [0.0, 1.0, 0.0])
                # 渲染器
                self.scene.render(pMatrix, mvMatrix)

                # 进入下一个时间步
                self.scene.step()

                glfw.glfwSwapBuffers(self.win)
                # 询问并处理事件
                glfw.glfwPollEvents()
        # 主循环到此结束
        glfw.glfwTerminate()

    def step(self):
        # 进入下一个时间步
        self.scene.step()

# 函数 main()
def main():
    print("Starting simpleglfw. "
          "Press any key to toggle cut. Press Esc to quit.")
    rw = RenderWindow()
    rw.run()

# 调用函数 main()
if __name__ == '__main__':
    main()
```

## 第 10 章

圆环面上的康威生命游戏

第 3 章使用 Python 和 Matplotlib 实现了康威生命游戏，这个项目有一个很有趣的地方，那就是使用了环形边界条件。通过使用这种边界条件，将边缘缝合起来，从而将二维网格视为三维圆环面，如图 3.2 所示。第 9 章介绍了 OpenGL 及如何渲染三维对象，本章将介绍如何结合康威生命游戏和 OpenGL 的知识，创建三维版康威生命游戏，即在真正的圆环面上模拟生命游戏。

在本章项目中，将首先计算圆环面的三维几何参数，再以独特的方式排列圆环面的顶点，以便能够使用 OpenGL 轻松地绘画和着色。在模拟时，把相机设置为可旋转的，以便从不同的角度观察圆环面，同时在着色器中实现简单的光照效果。最后，修改第 3 章的康威生命游戏代码，给圆环面上的网格着色。随着模拟的进行，将康威生命游戏逐渐在圆环面上展开。

下面是本章项目主要涵盖的一些主题。

☐ 使用矩阵创建表示圆环面的三维几何形状。
☐ 给圆环面上的康威生命游戏网格着色。
☐ 使用 OpenGL 创建可旋转的相机。
☐ 使用 OpenGL 实现简单的光照效果。

10.1　工作原理

编写代码前，先看看如何使用 OpenGL 渲染、照射和观察圆环面。为此，首先需要计算构成圆环面的顶点。

10.1.1　计算顶点

从本质上说，圆环面就是一系列圆，而这些圆的圆心都位于另一个圆上。然而，OpenGL 不能直接绘制圆，因此需要将这些圆离散化，即通过一系列由线段连接起来的顶点表示。图 10.1 是一个简化的模型，演示了如何用一系列顶点定义圆环面。

图 10.1（a）所示为一个主半径为 R 的圆环面的模型，在 $N = 6$ 个位置放置了半径为 r 的离散圆（标号为 0～5），这些离散圆的圆心都位于以圆环面的中心为圆心、半径为 R 的圆上；图 10.1（b）所示为构成圆环面的半径为 r 的"圆"，被离散化为 $M = 5$ 个点。在图 10.1 中，使用了多边形来表示圆，因此圆环面并不是平滑的，但不用担心，随着 M 和 N 的值不断增大，圆环面将越来越平滑。

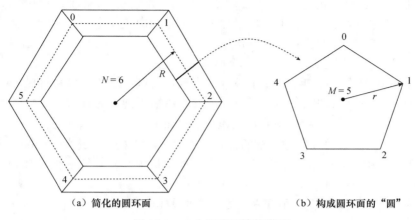

（a）简化的圆环面　　　　　　（b）构成圆环面的"圆"

图 10.1　一个圆环面旋绕模型

为填充圆环面，将在相邻的离散圆之间绘制条带（band）。这些条带是使用图元 GL_TRIANGLE_STRIP 绘制的，因此在康威生命游戏模拟中，每个元胞由两个相邻的三角形表示，这两个三角形构成了一个四边形。如果元胞是活的，就用黑色给相应的四边形着色；如果元胞是死的，就用白色着色。

为计算圆环面的顶点，首先需要给圆环面定义坐标系。假设定义圆环面的大圆在 xOy 平面上，其圆心为原点，如图 10.2 所示。

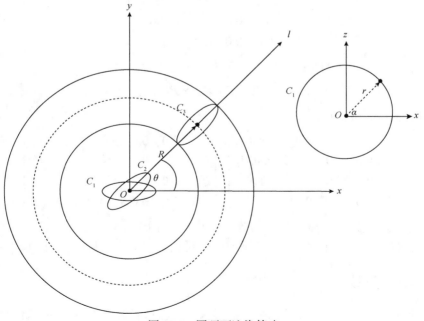

图 10.2　圆环面渲染策略

在图 10.2 中，构成圆环面的小圆 C_3 与 x 轴正方向的夹角为 θ，可采取如下步骤来计算其顶点。

1. 计算小圆 C_1 的顶点；C_1 位于 xOz 平面上，圆心为原点，半径为 r。
2. 将圆 C_1 绕 z 轴旋转角度 θ，得到圆 C_2。
3. 将圆 C_2 沿角度 θ 的方向平移 R，得到圆 C_3。

在第 2 章的繁花曲线项目中，使用了参数方程来定义圆，这里也将这样做。对于位于 xOz 平面上圆心为原点、半径为 r 的圆 C_1，其圆周上的点可用下面的坐标表示：

$$\boldsymbol{P} = (r\cos(\alpha),\ 0,\ r\sin(\alpha))$$

其中，α 为点 P 到圆心的线段与 x 轴的夹角。通过将 α 从 0° 逐渐增加到 360°（即 2π 弧度），得到的所有 P 点便构成了一个圆。请注意，在上面的坐标中，各点的 y 坐标都为 0，这是意料之中的，因为圆位于 xOz 平面上。

现在必须将这些点绕 z 轴旋转角度 θ，表示这种操作的旋转矩阵如下：

$$\boldsymbol{R}_{\theta,z} = \begin{pmatrix} \cos(\theta) & -\sin(\theta) & 0.0 & 0.0 \\ \sin(\theta) & \cos(\theta) & 0.0 & 0.0 \\ 0.0 & \cos(\theta) & 1.0 & 0.0 \\ 0.0 & 0.0 & 0.0 & 1.0 \end{pmatrix}$$

将这些点旋转后，需要将它们平移到正确的位置，可使用下面的平移矩阵来完成（这种矩阵在第 9 章讨论过）。

$$\boldsymbol{T} = \begin{pmatrix} 1.0 & 0.0 & 0.0 & R\cos(\theta) \\ 0.0 & 1.0 & 0.0 & R\sin(\theta) \\ 0.0 & 0.0 & 1.0 & 0.0 \\ 0.0 & 0.0 & 0.0 & 1.0 \end{pmatrix}$$

因此，对于构成圆环面的小圆上的点，可表示为下面这样：

$$\boldsymbol{P}' = \boldsymbol{T} \times \boldsymbol{R}_{\theta,z} \times \boldsymbol{P}$$

这与下面的表示等价：

$$\boldsymbol{P}' = \begin{pmatrix} 1.0 & 0.0 & 0.0 & R\cos(\theta) \\ 0.0 & 1.0 & 0.0 & R\sin(\theta) \\ 0.0 & 0.0 & 1.0 & 0.0 \\ 0.0 & 0.0 & 0.0 & 1.0 \end{pmatrix} \times \begin{pmatrix} 1.0 & 0.0 & 0.0 & R\cos(\theta) \\ 0.0 & 1.0 & 0.0 & R\sin(\theta) \\ 0.0 & 0.0 & 1.0 & 0.0 \\ 0.0 & 0.0 & 0.0 & 1.0 \end{pmatrix} \times \begin{pmatrix} P_x \\ P_y \\ P_z \\ 1.0 \end{pmatrix}$$

在这个方程中，首先将 P 乘以旋转矩阵，使其方向正确无误；再乘以平移矩阵，将其平移到圆环面上正确的位置。请注意，P 是使用前一章讨论过的齐次坐标 $(x, y, z, 1.0)$ 表示的。

10.1.2　计算光照法线

为让圆环面看起来更漂亮，需要添加光照效果，这意味着对于 10.1.1 小节计算得到的点 P，需要计算其法向量。光照对表面的影响取决于表面相对于入射光的方向，而此方向可用法向量表示。所谓法向量,指的是在表面特定位置处与表面垂直的向量,如图 10.3 所示。

由圆环面的几何特征可知,在构成圆环面的小圆上点 s 处,法向量的方向与连接小圆圆心和点 s 的线条的方向相同。这意味着计算法向量的矩阵与旋转矩阵相同。平移矩阵无关紧要,因为法向量的方向不受平移影响。因此,可使用下面的公式计算法向量:

$$N = R_{\theta,z} \times P$$

请注意,执行光照效果计算前,需要将法向量归一化。为此,只需将法向量除以其长度。

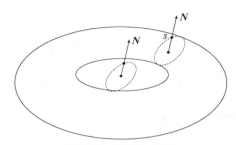

图 10.3 计算法向量

在这个项目中,光照效果来自位于固定位置的单个光源,这将在顶点着色器中定义。

10.1.3 渲染

有了圆环面的顶点和法向量后,下面来说说如何使用 OpenGL 渲染圆环面。首先,需要将圆环面分割成条带,如图 10.4 所示。条带是指圆环面上位于两个相邻小圆之间的区域。

每个条带都是使用 OpenGL 以图元 **GL_TRIANGLE_STRIP** 的方式渲染的。这些三角形带不仅组成了圆环面,还提供了创建康威生命游戏模拟网格的便利途径:网格中的每个元胞都由一个四边形表示,而每个四边形是由三角形带中两个相邻三角形构成的。图 10.5 更详细地说明了圆环面上的条带。

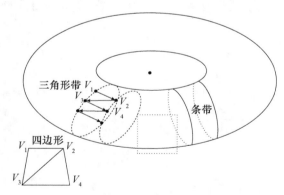

图 10.4 使用三角形带渲染圆环面

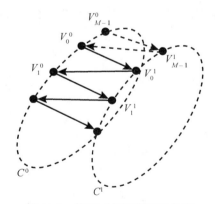

图 10.5 使用三角形带渲染条带

这个条带位于两个相邻小圆 C^0 和 C^1 之间,其中每个小圆都有 M 个顶点。定义条带的三角形带包含 M 对顶点,并以折线方式将这些顶点连接起来:

$$V_0^0 \to V_0^1 \to V_1^0 \to V_1^1 \to \cdots \to V_{M-1}^0 \to V_{M-1}^1$$

但还需再添加一对顶点:$V_0^0 \to V_0^1$。为何要重复使用前两个顶点呢?这样做旨在闭合条带末尾的缝隙。因此,构成条带的三角形带的顶点总数为 $2M + 2$。

图 10.5 所示的条带位于小圆 C^0 和 C^1 之间，而整个圆环面被分割成 N 个条带，其中 N 为小圆数量：

$$C^0 \rightarrow C^1 \rightarrow C^2 \rightarrow \cdots \rightarrow C^{N-1} \rightarrow C^0$$

请注意，最后一个条带回绕到了第 1 个小圆（C^0），这意味着为渲染圆环面，需要的总顶点数为 $N \times (2M+2)$。后文在介绍代码时，将说明更多的细节。

下面来看看圆环面的着色方案。

10.1.4　给三角形带着色

需要给康威生命游戏模拟中的元胞分别着色。已知每个元胞都是一个四边形，该四边形由三角形带中两个相邻的三角形构成。例如，顶点 $V_0^0 \rightarrow V_0^1 \rightarrow V_1^0 \rightarrow V_1^1$ 定义的四边形由如下两个三角形构成：$V_0^0 \rightarrow V_0^1 \rightarrow V_1^0$ 和 $V_0^1 \rightarrow V_1^0 \rightarrow V_1^1$。每个顶点都有相关联的颜色——形如 (r, g, b) 的表示红色、绿色和蓝色分量的三元组。默认情况下，第一个顶点（这里为 V_0^0）的颜色决定了四边形中第一个三角形的颜色，而第二个顶点（V_0^1）的颜色决定了第二个三角形的颜色。因此，只要将这两个顶点的颜色设置为相同，整个四边形的颜色就是相同的。后文介绍代码时，将更详细地讨论 OpenGL 的顶点颜色约定。

注意　要修改有关颜色值和顶点间映射关系的约定，可使用 OpenGL 函数 glProvokingVertex()。

10.1.5　控制相机

为观察圆环面，将创建绕三维场景原点旋转并向下观察的相机。图 10.6 显示了这种相机的设置。

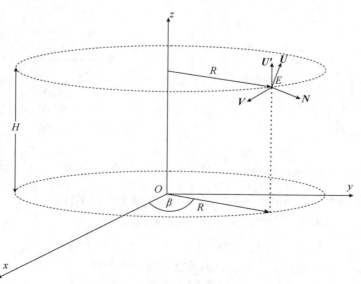

图 10.6　实现旋转的相机

对于这里的相机（由点 E 表示），可将其视为位于一个与 xOy 平面的垂直距离为 H、圆心在 z 轴、半径为 R 的圆上，并且相机朝向原点 O。这个相机由相互垂直的向量 V、U 和 N 定义，其中 V 为从 E 指向 O 的观察向量（view vector），U 为相对于相机向上的上向量（up vector），而 N 为与 V 和 U 都垂直的向量。在每个时间步中，都让相机沿前述圆周移动固定的距离。这种移动可使用角度 β 来参数化，如图 10.6 所示。第 9 章介绍过，可使用方法 lookAt() 来设置视图，这个方法接收 3 个参数：视点位置、中心位置和上向量。在这里，中心位置为原点 $(0, 0, 0)$，而视点的三维坐标由下面的公式给出：

$$E = (R\cos(\beta), R\sin(\beta), H)$$

相机沿前述圆周移动时，将始终朝向原点 O，因此上向量将不断变化。要计算上向量 U，可利用与 z 轴平行的初始向量 U'，先计算向量 N——垂直于由 U' 和 V 确定的平面。这可采用如下方式进行计算：

$$N = V \times U'$$

N 为 U' 和 V 的叉积。现在如果计算 N 和 V 的叉积，将得到一个与向量 N 和 V 所在平面垂直的向量，这就是要找出的上向量 U。

$$U = N \times V = (V \times U') \times V$$

计算出 U 后，务必先归一化再使用它。归一化向量 U 后，便具备了使用 lookAt() 设置相机所需的一切：E（视点位置）、O（中心位置）和 U（上向量）。

10.1.6　将网格映射到圆环面

最后，来看看如何将二维的康威生命游戏网格映射到圆环面（以遵循环形边界条件），如图 10.7 所示。

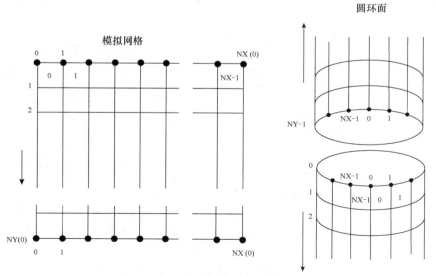

图 10.7　将模拟网格映射到圆环面

二维的生命游戏网格有 NX 列、NY 行。由图 10.7 可知，每一行由 NX 个点进行分割，这些点的索引为 0～NX－1。由于环绕，索引为 NX 的点与索引为 0 的点是同一个点。在 y 轴方向，有 NY 个元胞，并进行了类似的环绕，索引为 NY 的点与索引为 0 的点是同一个点。

前面说过，圆环面中的每个小圆都被离散化为 M 个点。为将二维网格映射到圆环面，需要将 NX 设置为 M，并将 NY 设置为 N，其中 N 为圆环面上的条带数。

10.2　需求

在本章项目中，将像第 9 章那样使用 PyOpenGL 和 GLFW 来执行 OpenGL 渲染任务，还将使用 NumPy 来执行矩阵/向量计算。

10.3　代码

本章项目的代码分成了多个文件，如下所示。

❑ torus.py：包含圆环面的几何参数计算和渲染代码。
❑ gol.py：实现康威生命游戏模拟，在第 3 章的基础上做了修改。
❑ camera.py：包含旋转相机以观察圆环面的代码。
❑ gol_torus.py：设置 OpenGL 和 GLFW 并调用其他模块中渲染代码的主文件。

本章项目的完整代码可见本书配套源代码中的"/gol_torus"。

10.3.1　渲染圆环面

下面先来看看渲染圆环面的代码，这些代码封装在文件 torus.py 中定义的 Torus 类中。要查看这个类的完整代码，请参阅 10.7 节"完整的圆环面渲染代码"。

1. 定义着色器

首先定义 GLSL 着色器。下面是顶点着色器，它将顶点的位置、颜色和法线等属性作为输入，并通过变换计算出作为片元着色器的输入。

```
strVS = """
# version 410 core
layout(location = 0) in vec3 aVert;
layout(location = 1) in vec3 aColor;
layout(location = 2) in vec3 aNormal;
uniform mat4 uMVMatrix;
uniform mat4 uPMatrix;
❶ flat out vec3 vColor;
❷ out vec3 vNormal;
❸ out vec3 fragPos;
  void main() {
    // 变换顶点
    gl_Position = uPMatrix * uMVMatrix * vec4(aVert, 1.0);
❹ fragPos = aVert;
    vColor = aColor;
    vNormal = aNormal;
  }
"""
```

将定义该顶点着色器的代码作为字符串存储在变量 strVS 中。这个顶点着色器的属性变量为 aVert、aColor 和 aNormal，它们分别表示顶点的坐标、颜色和法向量。请注意，声明这个顶点着色器的输出 vColor 时，使用了限定符 flat❶，这表明在片元着色器中，不会对这个变量做插值计算，即这个变量在整个图元（三角形带中的一个三角形）中将保持不变。这会确保每个康威生命游戏元胞都只有一种颜色，这种贯穿整个图元的着色称为平面着色（flat shading）。这个顶点着色器的下一个输出是 vNormal❷，将在片元着色器中默认对其进行插值计算。这个输出能用来计算图元的光照效果，后文将介绍如何修改这些着色器代码以支持平面着色。另一个输出是 fragPos❸，在主着色器代码中将这个输出设置成了 aVert❹，以便将其传递给片元着色器用于计算光照效果。这个着色器还计算了 gl_Position，并将收到的颜色和法向量数据按原样传递给片元着色器。

下面是片元着色器，它应用光照效果，并计算片元的最终颜色。这个片元着色器也被定义为一个字符串，但存储在变量 strFS 中。

```
strFS = """
# version 410 core
flat in vec3 vColor;
in vec3 vNormal;
in vec3 fragPos;
out vec4 fragColor;
void main() {
❶ vec3 lightPos = vec3(10.0, 10.0, 10.0);
❷ vec3 lightColor = vec3(1.0, 1.0, 1.0);
❸ vec3 lightDir = normalize(lightPos - fragPos);
   float diff = max(dot(vNormal, lightDir), 0.0);
   vec3 diffuse = diff * lightColor;
   float ambient = 0.1;
❹ vec3 result = (ambient + diffuse) * vColor.xyz;
   fragColor = vec4(result, 1.0);
}
"""
```

请注意，在这个片元着色器中，将在顶点着色器中定义为输出的颜色、法向量、片元位置等变量定义成了输入。在主着色器代码中，定义了一个光源的位置❶和颜色❷，然后计算光照方向❸。最终的颜色❹受环境光照效果和漫射光照效果的影响，并被设置为这个片元着色器的输出。

别忘了，fragPos 和 vNormal 随片元而变化，这些值是通过插值计算得到的，但 vColor 在整个图元中都相同。最终结果是，图元（这里是三角形带）的固有颜色不变，但实际看到的颜色随图元相对于光源的朝向而异。这正是模拟所需的，即将每个元胞都设置为某种不透明色，通过颜色变化来反映光照效果。

2. 初始化 Torus 类

下面来看看 Torus 类的构造函数中的初始化代码：

```
class Torus:
    """ OpenGL 三维场景类"""
    # 初始化
❶ def __init__(self, R, r, NX, NY):
        global strVS, strFS
```

```
              # 修改着色器以实现平面着色
              # 创建着色器
❷ self.program = glutils.loadShaders(strVS, strFS)
   glProvokingVertex(GL_FIRST_VERTEX_CONVENTION)
   self.pMatrixUniform = glGetUniformLocation(self.program,
                                              b'uPMatrix')
   self.mvMatrixUniform = glGetUniformLocation(self.program,
                                                b'uMVMatrix')
   # 圆环面的几何参数
   self.R = R
   self.r = r
   # 网格尺寸
   self.NX = NX
   self.NY = NY
   # 顶点数
❸ self.N = self.NX
   self.M = self.NY
   # 时间
   self.t = 0
   # 计算调用 glMultiDrawArrays 时要传递的参数
   M1 = 2*self.M + 2
❹ self.first_indices = [2*M1*i for i in range(self.N)]
   self.counts = [2*M1 for i in range(self.N)]
   # 颜色: {(i, j) : (r, g, b)}
   # 包含 NX × NY 个元素
❺ self.colors_dict = self.init_colors(self.NX, self.NY)
   # 创建一个用于存储颜色的空数组
❻ self.colors = np.zeros((3*self.N*(2*self.M + 2), ), np.float32)
   # 获取顶点、法向量和索引
❼ vertices, normals = self.compute_vertices()
❽ self.compute_colors()
   # 设置顶点缓存对象
❾ self.setup_vao(vertices, normals, self.colors)
```

　　Torus 类的构造函数❶接收如下参数：R（定义圆环面位置的大圆半径）、r（构成圆环面的小圆的半径）以及 NX 和 NY（分别为生命游戏模拟网格在 x 和 y 轴方向上的元胞数量）。这个构造函数首先载入了着色器，这是使用文件 glutils.py 中定义的方法 loadShaders()❷实现的。在接下来的几行代码中，将传递给 Torus 类构造函数的参数存储到了 self.R 等实例变量中，以便能够在其他方法中访问它们。然后，将 N（定义圆环面位置的大圆上的顶点数）设置为 NX（x 轴方向上的元胞数量）❸，并将 M（构成圆环面的小圆上的顶点数）设置为 NY。这种分割方案在 10.1.6 小节"将网格映射到圆环面"中讨论过。

　　接下来，为渲染三角形带（它们构成了圆环面上的条带）做了其他一些准备工作。将使用 OpenGL 方法 glMultiDrawArrays()同时渲染所有的三角形带，这是一种高效的绘图方式，只需一个函数调用就可绘制多个三角形带。10.1.3 小节"渲染"中说过，每个三角形带都有 2M + 2 个顶点，而总共有 N 个这样的三角形带。因此，这些三角形带的起始索引为[0, (2M + 2), (2M + 2)×2, …, (2M + 2)×N]，相应地设置 first_indices 和 counts❹，它们是调用 glMultiDrawArrays()时必须提供的参数。

　　使用方法 init_colors()初始化 color_dict❺，这个字典将每个元胞映射到一种颜色——黑色或白色；init_colors()稍后将详细介绍。还将 NumPy 数组 colors 初始化为全 0❻，后面将使用正确的值填充这个数组。在这个构造函数的最后，计算了圆环面的顶点和法向量❼以及颜色❽，还设置了用于渲染圆环面的顶点数组对象（VAO）❾。

下面来看看刚提到的 Torus 类的方法 init_colors()：

```python
def init_colors(self, NX, NY):
    """初始化颜色字典"""
    colors = {}
    c1 = [1.0, 1.0, 1.0]
    for i in range(NX):
        for j in range(NY):
    ❶      colors[(i, j)] = c1
    return colors
```

方法 init_colors()创建了一个名为 colors 的字典，这个字典将元胞索引(i, j)映射到要给元胞指定的颜色。模拟刚开始时，所有元胞的颜色值都为 c1——白色❶。随着生命游戏模拟的展开，这个字典中的值将被更新，以指出元胞是死的还是活的。

3. 计算顶点

接下来要介绍的几个方法将协同工作，以计算圆环面上所有的顶点。先来看看方法 compute_vertices()：

```python
def compute_vertices(self):
    R, r, N, M = self.R, self.r, self.N, self.M
    # 创建空数组，用于存储顶点/法向量
    vertices = []
    normals = []
    for i in range(N):
        # 对于小圆上的 M 个点
        for j in range(M+1):
            # 计算当前点的角度
    ❶      theta = (j % M) *2*math.pi/M
            #---第一个小圆------
            # 计算角度
    ❷      alpha1 = i*2*math.pi/N
            # 计算变换
    ❸      RM1, TM1 = self.compute_rt(R, alpha1)
            # 计算点
    ❹      Pt1, NV1 = self.compute_pt(r, theta, RM1, TM1)
            #---第二个小圆------
            # 下一个小圆的索引
    ❺      ip1 = (i + 1) % N
            # 计算角度
    ❻      alpha2 = ip1*2*math.pi/N
            # 计算变换
            RM2, TM2 = self.compute_rt(R, alpha2)
            # 计算点
            Pt2, NV2 = self.compute_pt(r, theta, RM2, TM2)
            # 按对 GL_TRIANGLE_STRIP 来说正确的顺序存储顶点/法向量
    ❼      vertices.append(Pt1[0:3])
            vertices.append(Pt2[0:3])
            # 添加法向量
            normals.append(NV1[0:3])
            normals.append(NV2[0:3])
    # 以正确的格式返回顶点和颜色
❽  vertices = np.array(vertices, np.float32).reshape(-1)
    normals = np.array(normals, np.float32).reshape(-1)
    # print(vertices.shape)
    return vertices, normals
```

在方法 compute_vertices()中，首先创建了两个空列表，用于存储顶点和法向量。然后，使用嵌套循环实现 10.1.3 小节"渲染"中讨论的策略,以计算圆环面的顶点和法向量。外循环遍历构成圆环面的 N 个小圆,而内循环遍历每个小圆上的 M 个点。在循环中,首先计算小圆上索引为 j 的点与 x 轴的夹角 theta❶。计算夹角时使用了 j % M,在内循环中遍历范围[0, M + 1),因此当 j 为 M 时(j % M)的结果将为 0,这对应小圆的最后一段。

圆环面被渲染为一系列条带(三角形带),其中每个条带都是由两个相邻小圆上的点定义的。计算 alpha1——索引 i 对应的条带的第一个小圆的角度❷,并使用方法 compute_rt()根据这个角度计算第一个小圆的旋转矩阵和平移矩阵❸。然后,将这些矩阵传递给方法 compute_pt(),以计算该小圆上位于角度 theta 处的顶点和法向量❹。稍后将介绍方法 compute_rt()和 compute_pt()是如何工作的。

接下来,移到索引 i + 1 处的小圆。为确保能够在最后回到索引 0 处,使用了 ip1 =(i +1)% N 来实现这种移动❺。计算索引 ip1 处小圆的角度 alpha2,并像处理第一个小圆那样,计算这个小圆上位于角度 theta 处的顶点和法向量❻。

从❼处开始,将两个相邻小圆上的顶点和法向量添加到这个方法开头创建的列表末尾。对于每个顶点和法向量,只提取了前 3 个坐标(如 Pt1[0:3]),这是因为所有矩阵变换都是使用形如(x, y, z, w)的齐次坐标来完成的,因此只需要(x, y, z)。这将把顶点和法向量存储在一个形如[[x1, y1, z1], [x2, y2, z2], ...]的 Python 列表中,即其中的每个元素都是三元组。但 OpenGL 要求使用长度已知的平面数组提供顶点属性,因此将列表 vertices 和 normals 转换为数据类型为 32 位浮点数的 NumPy 数组❽,并使用 reshape(−1)确保最终的数组为形如[x1, y1, z1, x2, y2, z2, ...]的平面数组(flat arrays)。

下面来看看帮助计算顶点和法向量的方法 compute_rt()和 compute_pt()。先看看方法 compute_rt(),它计算圆环面中给定的小圆的旋转矩阵和平移矩阵。

```
def compute_rt(self, R, alpha):
        # 计算小圆的位置
    ❶ Tx = R*math.cos(alpha)
        Ty = R*math.sin(alpha)
        Tz = 0.0

        # 旋转矩阵
    ❷ RM = np.array([
            [math.cos(alpha), -math.sin(alpha), 0.0, 0.0],
            [math.sin(alpha), math.cos(alpha), 0.0, 0.0],
            [0.0, 0.0, 1.0, 0.0],
            [0.0, 0.0, 0.0, 1.0]
            ], dtype=np.float32)

        # 平移矩阵
    ❸ TM = np.array([
            [1.0, 0.0, 0.0, Tx],
            [0.0, 1.0, 0.0, Ty],
            [0.0, 0.0, 1.0, Tz],
            [0.0, 0.0, 0.0, 1.0]
            ], dtype=np.float32)

        return (RM, TM)
```

首先,使用参数方程计算了平移矩阵的组成部分❶。然后,创建用 NumPy 数组表示的旋转矩阵❷和平移矩阵❸（本节前文介绍过这些矩阵）。最后，返回这些数组。

下面来看看另一个辅助方法——compute_pt()，它使用平移矩阵和旋转矩阵计算圆环面的特定小圆上给定点对应的顶点和法向量。

```
def compute_pt(self, r, theta, RM, TM):
    # 计算点的坐标
  ❶ P = np.array([r*math.cos(theta), 0.0, r*math.sin(theta), 1.0],
                    dtype=np.float32)
    # print(P)
    # 旋转，这也给出了顶点的法向量
  ❷ NV = np.dot(RM, P)
    # 平移
  ❸ Pt = np.dot(TM, NV)
    return (Pt, NV)
```

计算位于 xOz 平面的小圆上角度 theta 处的点 P 的坐标❶，再旋转这个点——乘以旋转矩阵❷，这也提供了该点的法向量。最后，将法向量乘以平移矩阵，得到圆环面上相应的顶点❸。

4. 管理元胞颜色

下面来研究一些设置圆环面上元胞颜色的辅助方法。先来看在 Torus 类的构造函数中调用了的方法 compute_colors()，它根据康威生命游戏模拟确定的值，设置构成圆环面的三角形带中每个三角形的颜色。

```
def compute_colors(self):
    R, r, N, M = self.R, self.r, self.N, self.M

    # 小圆上的点是这样生成的:
    # 先在 xOy 平面上生成，再旋转和平移到圆环面上正确的位置
    # 对于构成圆环面的全部 N 个小圆

    for i in range(N):
        # 对于小圆上全部 M 个点
        for j in range(M+1):
            # j 值
            jj = j % M
            # 存储颜色: 应用于(V_i_j, V_ip1_j)的颜色相同
          ❶ col = self.colors_dict[(i, jj)]
            # 计算用于访问数组的索引
          ❷ index = 3*(2*i*(M+1) + 2*j)
            # 设置颜色
          ❸ self.colors[index:index+3] = col
          ❹ self.colors[index+3:index+6] = col
```

这个方法遵循 10.1.4 小节"给三角形带着色"中介绍的逻辑，更新被初始化为全 0 的数组 colors 中的值。从字典 colors_dict 中获取元胞(i, jj)的颜色❶，这个字典是在前面定义的，它将元胞映射到颜色（这里用 j % M 来计算 jj，旨在确保能够在到达末尾时环绕回 0）。然后计算索引，以确定要更新数组 colors 中哪个元素的值❷。定义每个条带的小圆对有 2(M + 1) 个顶点，这样的小圆对有 N 个；同时，对于每个三角形，都需要在数组 colors 中存储 3 个值（元胞颜色的 RGB 分量）。因此，圆环面上第 i 个条带中第 j 个四边形起始颜色值索引为 3*(2*i*(M + 1) + 2*j)。请注意，计算索引时使用的是 j 而不是 jj，因为这里要存储计算得到的颜色值，不希望索引回绕到 0。有了起始索引后，使用计算得到的颜色值更新数组 colors，即更新索引[index:index + 3]❸

和[index + 3:index + 6]❹处的值，这是因为圆环面上的每个元胞都是一个四边形，由两个相邻的三角形构成。

下面来看看 recalc_colors()，它在康威生命游戏模拟的每个时间步中更新存储在 GPU 中的颜色值。

```
def recalc_colors(self):
    # 计算颜色
    self.compute_colors()
    # 绑定 VAO
    glBindVertexArray(self.vao)
    glBindBuffer(GL_ARRAY_BUFFER, self.colorBuffer)
    # 设置缓存数据
❶   glBufferSubData(GL_ARRAY_BUFFER, 0, 4*len(self.colors), self.colors)
    # 解除 VAO 绑定
    glBindVertexArray(0)
```

在模拟的每个时间步中，元胞的颜色都将更新，这意味着需要更新圆环面上所有三角形带的颜色，且需要高效地完成这项任务，以免降低渲染的速度。方法 recalc_colors()使用 OpenGL 方法 glBufferSubData()来完成这项任务❶。顶点、法向量和颜色都存储在 GPU 中的属性数组中，其中顶点和法向量是不变的，因此只需在模拟开始时，通过在 Torus 类的构造函数中调用 compute_vertices()计算一次。颜色发生变化时，glBufferSubData()更新颜色属性数组，而不是重新创建这些数组。

5. 绘制圆环面

最后，来看看绘制圆环面的方法 render()：

```
def render(self, pMatrix, mvMatrix):
    # 使用着色器
❶   glUseProgram(self.program)
    # 设置投影矩阵
❷   glUniformMatrix4fv(self.pMatrixUniform, 1, GL_FALSE, pMatrix)
    # 设置模型视图矩阵
❸   glUniformMatrix4fv(self.mvMatrixUniform, 1, GL_FALSE, mvMatrix)
    # 绑定 VAO
❹   glBindVertexArray(self.vao)
    # 绘画
❺   glMultiDrawArrays(GL_TRIANGLE_STRIP, self.first_indices,
                      self.counts, self.N)
    # 解除 VAO 绑定
    glBindVertexArray(0)
```

这个方法与第 9 章的渲染方法类似。它通过调用函数来使用着色器程序❶，并设置表示投影矩阵的 uniform 变量❷和表示模型视图矩阵的 uniform 变量❸。然后，绑定顶点数组对象❹，这个对象是在 Torus 类的构造函数通过调用 setup_vao()创建的，其中包含需要的所有属性数组缓存。接下来，使用方法 glMultiDrawArrays()绘制 N 个三角形带❺，其中传入的参数 first_indices 和 counts 是在 Torus 类的构造函数中计算得到的。

10.3.2 实现康威生命游戏模拟

第 3 章实现康威生命游戏模拟时，使用了 Matplotlib 来可视化模拟网格中元胞的值。这里将修改这个方法，使用一个元胞颜色字典来更新圆环面上元胞的颜色。相关代码封装在 GOL 类中，而这个类是在文件 gol.py 中声明的。要查看这个类的完整代码，请参阅 10.8 节"完整的康威生命游戏模拟代码"。

1. 构造函数

下面先来看看 GOL 类的构造函数：

```
class GOL:
❶ def __init__(self, NX, NY, glider):
      """GOL 类的构造函数"""
      # 一个包含随机值的 NX × NY 网格
      self.NX, self.NY = NX, NY
      if glider:
❷       self.addGlider(1, 1, NX, NY)
      else:
❸       self.grid = np.random.choice([1, 0], NX * NY,
                              p=[0.2, 0.8]).reshape(NX, NY)
```

这个构造函数接收如下参数：网格尺寸 NX 和 NY，以及布尔标志 glider❶。如果设置了 glider 标志，就将调用方法 addGlider() 将网格初始化为包含"滑翔机"图案❷。方法 addGlider() 在第 3 章讨论过，这里不赘述。如果没有设置 glider 标志，就将网格初始化为包含随机生成的 0 和 1❸。

在每个时间步，GOL 类都使用方法 update() 更新模拟网格，这个方法与第 3 章相同。

2. 方法 get_colors()

相比于第 3 章的康威生命游戏的实现方法，本章的不同之处在于方法 get_colors()。这个方法将创建一个字典，将每个元胞映射为颜色值，黑色表示活的，白色表示死的。更新场景时，将把这个字典传递给 Torus 对象。

```
def get_colors(self):
    colors = {}
❶ c1 = np.array([1.0, 1.0, 1.0], np.float32)
❷ c2 = np.array([0.0, 0.0, 0.0], np.float32)
   for i in range(self.NX):
       for j in range (self.NY):
           if self.grid[i, j] == 1:
               colors[(i, j)] = c2
           else :
               colors[(i, j)] = c1
   return colors
```

遍历模拟网格中所有的元胞，并根据元胞的值是 0 还是 1 相应地设置颜色，可能的颜色被定义为 c1（白色）❶和 c2（黑色）❷。渲染圆环面时，将使用这里设置的颜色。

10.3.3 创建相机

在 10.1.5 小节"控制相机"中，讨论了如何创建绕圆环面旋转的相机，现在来看看具体的实现。相关代码封装在 OrbitCamera 类中，这个类是在文件 camera.py 中声明的。要查看 OrbitCamera 类的完整代码，可参阅 10.9 节"完整的相机创建代码"。

10

1. 构造函数

下面是 OrbitCamera 类的构造函数：

```
class OrbitCamera:
    """设置观察角度的辅助类"""
    def __init__(self, height, radius, beta_step=1):
      ❶ self.radius = radius
      ❷ self.beta = 0
      ❸ self.beta_step = beta_step
      ❹ self.height = height
        # 初始视点向量为(-R, 0, -H)
        rr = radius/math.sqrt(2.0)
      ❺ self.eye = np.array([rr, rr, height], np.float32)
        # 计算上向量
      ❻ self.up = self.__compute_up_vector(self.eye )
        # 中心为原点
      ❼ self.center = np.array([0, 0, 0], np.float32)
```

首先，使用传递给构造函数的参数设置了相机参数，包括轨道半径❶和观察向量（投影到 xOy 平面后）与 x 轴的夹角 beta❷。还设置了在相机旋转过程中，每个时间步增加的角度❸，以及相机相对于 xOy 平面的高度❹。

接下来，设置视点的初始位置：与 x 轴和 y 轴正方向的夹角相等；与原点的距离为 R；相对于 xOy 平面的高度为 H❺。计算公式如下：

$$E = \left(\frac{R}{\sqrt{2}}, \frac{R}{\sqrt{2}}, H \right)$$

最后，计算相机的上向量❻，并将中心设置为原点(0, 0, 0)❼。本章前文说过，为建立相机模型，OpenGL 需要知道上向量、中心位置和视点位置。

2. 计算上向量

在 OrbitCamera 类的构造函数中，调用了方法__compute_up_vector()来计算上向量，这个方法的代码如下：

```
def __compute_up_vector(self, E):
    # N = (E × k) × E
    Z = np.array([0, 0, 1], np.float32)
  ❶ U = np.cross(np.cross(E, Z), E)
    # 归一化
  ❷ U = U / np.linalg.norm(U)
    return U
```

为计算上向量，方法__compute_up_vector()采用了 10.1.5 小节"控制相机"中讨论的方式。具体地说，使用了叉积和假设初始上向量(0, 0, 1)来计算正确的上向量❶，再归一化该上向量❷并返回结果。

3. 旋转相机

每当需要绕圆环面旋转相机一个步长时，都将调用 OrbitCamera 类的方法 rotate()，这个方法的定义如下：

```
def rotate(self):
    """旋转一个步长，并计算新的相机参数"""
 ❶ self.beta = (self.beta + self.beta_step) % 360
    # 重新计算视点位置
 ❷ self.eye = np.array([self.radius*math.cos(math.radians(self.beta)),
                         self.radius*math.sin(math.radians(self.beta)),
                         self.height], np.float32)
    # 上向量
 ❸ self.up = self.__compute_up_vector(self.eye)
```

将角度 beta 增加 beta_step，并使用运算符%确保角度增加到 360°时回绕到 0° ❶。然后，使用新的 beta 值计算新的视点位置❷，并调用方法__compute_up_vector()根据新的视点位置计算新的上向量❸。

10.3.4 整合代码

编写了渲染圆环面所需的所有类后，需要编写一些代码来完成如下任务：将这些类整合起来、创建并管理 OpenGL 窗口，以及协调渲染得到的对象。为此创建了 RenderWindow 类，这是在文件 gol_torus.py 中定义的。这个类与第 9 章的 RenderWindow 类相似，因此这里只讨论其中不同的部分。要查看这个类的完整代码，请参阅 10.10 节"RenderWindow 类的完整代码"。

1. 函数 main()

探讨 RenderWindow 类之前，先来看看程序中负责启动模拟的 main()函数。这个函数也是在文件 gol_torus.py 中定义的。

```
def main():
    print("Starting GOL. Press Esc to quit.")
    # 分析参数
    parser = argparse.ArgumentParser(description="Runs Conway's Game of Life
                                     simulation on a Torus.")
    # 添加参数
 ❶ parser.add_argument('--glider', action='store_true', required=False)
    args = parser.parse_args()
    glider = False
    if args.glider:
      ❷ glider = True
 ❸ rw = RenderWindow(glider)
 ❹ rw.run()
```

这里添加了参数--glider❶，让圆环面一开始就包含"滑翔机"图案，同时设置了相应的标志❷。然后，创建了一个 RenderWindow 对象❸，以初始化程序所需的其他所有对象，再调用 RenderWindow 对象的方法 run()开始渲染❹。

2. RenderWindow 类的构造函数

在 RenderWindow 类的构造函数中，首先执行标准的 GLFW OpenGL 设置工作（第 9 章介绍过），这包括设置窗口尺寸、调用渲染器方法以及处理窗口事件和按键事件。然后，这个构造函数执行与生命游戏相关的初始化工作。

```
class RenderWindow:
    def __init__(self, glider):
```

```
- -省略- -
    # 创建三维场景
    NX = 64
    NY = 64
    R = 4.0
    r = 1.0
❶ self.torus = Torus(R, r, NX, NY)
❷ self.gol = GOL(NX, NY, glider)
    # 创建相机
❸ self.camera = OrbitCamera(5.0, 10.0)
    # 退出标志
❹ self.exitNow = False
  # 旋转标志
❺ self.rotate = True
   # 跳过（skip）计数器
❻ self.skip = 0
```

首先，设置了一些与模拟相关的参数，这包括网格中的元胞数以及定义圆环面的大圆和小圆的半径。然后，使用这些参数创建了 Torus 对象❶，还有负责管理模拟的 GOL 对象❷。还创建了旋转的相机，其轨道相对于 *xOy* 平面的高度为 10 个单位，半径为 5 个单位❸。

接下来，设置了用于退出程序的退出标志❹，并将旋转标志初始化为 True❺。最后，设置了一个变量 skip❻，用于控制模拟的更新频率。本节后文将介绍这个变量是如何发挥作用的。

3. 方法 run()和 step()

RenderWindow 类的方法 run()负责运行模拟，这是借助方法 step()实现的。下面先来看看方法 run()。

```
def run(self):
    # 初始化定时器
    glfw.glfwSetTime(0)
    t = 0.0
❶ while not glfw.glfwWindowShouldClose(self.win) and not self.exitNow:
        # 每隔 0.05s 更新一次
        currT = glfw.glfwGetTime()
❷     if currT - t > 0.05:
            # 更新时间
            t = currT
            # 设置视口
❸         self.width, self.height = glfw.glfwGetFramebufferSize(self.win)
            self.aspect = self.width/float(self.height)
            glViewport(0, 0, self.width, self.height)

            # 清屏
            glClear(GL_COLOR_BUFFER_BIT | GL_DEPTH_BUFFER_BIT)
            # 创建投影矩阵
            pMatrix = glutils.perspective(60.0, self.aspect, 0.1, 100.0)

            mvMatrix = glutils.lookAt(self.camera.eye, self.camera.center,
                                      self.camera.up)
            # 渲染器
❹         self.torus.render(pMatrix, mvMatrix)

            # 时间步
❺         if self.rotate:
                self.step()
            glfw.glfwSwapBuffers(self.win)
            # 查询并处理事件
```

```
       glfw.glfwPollEvents()
   # 主循环到此结束
   glfw.glfwTerminate()
```

这里采用的渲染方案是在循环中不断地渲染帧，直到用户关闭窗口或按 Esc 键退出❶。首先，检查最后一次渲染后过去的时间是否大于 0.05s❷，这有助于确保最大帧速。从❸处开始，执行了一些标准的 OpenGL 操作，如设置视口、清屏以及计算需要给顶点着色器提供的当前变换矩阵。然后，渲染圆环面❹并调用方法 step()❺，这个方法推进一个时间步：旋转相机并更新康威生命游戏模拟。渲染完毕后，交换 OpenGL 缓存并查询窗口事件。结束循环后，将调用方法 glfwTerminate() 执行清理工作。

下面是方法 step()，它旋转相机并向前推进模拟。

```
def step(self):
  ❶ if self.skip == 9:
        # 更新 GOL
     ❷ self.gol.update()
     ❸ colors = self.gol.get_colors()
     ❹ self.torus.set_colors(colors)
        # 时间步
     ❺ self.torus.step()
        # 重置
     ❻ self.skip = 0
   # 更新 skip
  ❼ self.skip += 1
   # 旋转相机
  ❽ self.camera.rotate()
```

每当这个方法被调用时，它都将相机旋转一个步长❽。可能还要更新康威生命游戏模拟，但如果以相机移动的速度更新，视觉效果并不好。因此，使用了变量 skip 来降低模拟的更新速度，使其为相机移动速度的 1/9。这个变量的初始值为 0，且每次调用方法 step() 时都将其值增加 1❼。当变量 skip 增大为 9 时❶，就更新模拟——推进一个时间步。为此，首先调用了 GOL 类的方法 update()❷，它根据康威生命游戏规则将元胞的状态设置为存活或死亡；然后，获取元胞的颜色❸、设置圆环面上四边形的颜色❹并调用 torus.step()❺——用新颜色更新属性缓存。更新后，将变量 skip 重置为 0 以重复上述过程❻。

10.4 运行三维版康威生命游戏模拟

现在可以运行程序了，为此可在终端中执行如下命令：

```
$ python gol_torus.py
```

这个程序打开一个窗口，其中显示了精心构建的圆环面，且在该圆环面上正进行康威生命游戏模拟，如图 10.8 所示。在模拟过程中，请尝试找到熟悉的康威生命游戏图案，这些图案在第 3 章出现过。请注意，相机绕圆环面旋转时，光照方向始终不变，因此在相机旋转的过程中，圆环面的有些区域较亮、有些区域较暗。

图 10.8   圆环面上的康威生命游戏模拟

现在来尝试设置 glider 选项：

```
$ python gol_torus.py --glider
```

输出如图 10.9 所示。

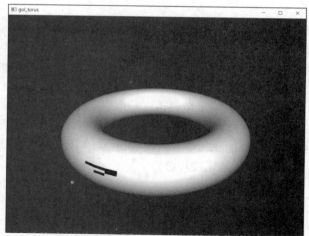

图 10.9   圆环面上康威生命游戏模拟中的"滑翔机"图案

请放松心情，欣赏"滑翔机"在圆环面上不断移动的过程。

10.5   小结

本章介绍了在圆环面上实现康威生命游戏，包括如何使用 OpenGL 计算圆环面的顶点并渲染圆环面，以及如何修改用于一种场景的代码（在平面上模拟康威生命游戏）以使其适用于另一种场景（在圆环面上模拟康威生命游戏）。但愿通过这个学习过程，读者能对第 3 章讨论的环形边界条件的工作原理有更直观的感受。

10.6 实验

对于本章的项目，可做如下进一步的探索。

1. 在本章的实现中，使用了单个光源来照射圆环面。请尝试在着色器代码中再添加一个光源，并在计算顶点颜色时同时考虑这两个光源的影响。尝试修改光源的位置和颜色，看看这对圆环面的光照效果有何影响。

2. 为获得有代表性的模拟视图，本章让相机在与 xOy 平面平行的平面上绕 z 轴旋转。请尝试创建这样的相机：它最初位于圆环面中心正上方，但沿 xOy 平面上的一个圆移动，移动时始终朝向圆环面中心且与该中心的距离保持不变。想想每次移动后，如何计算视点位置、观察方向和上向量。

10.7 完整的圆环面渲染代码

下面是文件 torus.py 的完整代码：

```
"""
torus.py

一个生成圆环面的 Python OpenGL 程序

编写者：Mahesh Venkitachalam
"""

import OpenGL
from OpenGL.GL import *

import numpy as np
import math, sys, os
import glutils

import glfw
strVS = """
# version 330 core

layout(location = 0) in vec3 aVert;
layout(location = 1) in vec3 aColor;
layout(location = 2) in vec3 aNormal;

uniform mat4 uMVMatrix;
uniform mat4 uPMatrix;

flat out vec3 vColor;
out vec3 vNormal;
out vec3 fragPos;

void main() {
    // 变换顶点
    gl_Position = uPMatrix * uMVMatrix * vec4(aVert, 1.0);
    fragPos = aVert;
    vColor = aColor;
    vNormal = aNormal;
```

```
}
"""

strFS = """
# version 330 core
flat in vec3 vColor;

in vec3 vNormal;
in vec3 fragPos;

out vec4 fragColor;

void main() {
  vec3 lightPos = vec3(10.0, 10.0, 10.0);
  vec3 lightColor = vec3(1.0, 1.0, 1.0);
  vec3 lightDir = normalize(lightPos - fragPos);
  float diff = max(dot(vNormal, lightDir), 0.0);
  vec3 diffuse = diff * lightColor;
  float ambient = 0.1;
  vec3 result = (ambient + diffuse) * vColor.xyz;
  fragColor = vec4(result, 1.0);
}
"""

class Torus:
    """ OpenGL 三维场景类"""
    # 初始化
    def __init__(self, R, r, NX, NY):
        global strVS, strFS

        # 创建着色器
        self.program = glutils.loadShaders(strVS, strFS)

        glProvokingVertex(GL_FIRST_VERTEX_CONVENTION)
        self.pMatrixUniform = glGetUniformLocation(self.program,
                                                   b'uPMatrix')
        self.mvMatrixUniform = glGetUniformLocation(self.program,
                                                    b'uMVMatrix')

        # 圆环面的几何参数
        self.R = R
        self.r = r
        # grid size
        self.NX = NX
        self.NY = NY
        # no. of points
        self.N = self.NX
        self.M = self.NY

        # 时间
        self.t = 0

        # 计算调用 glMultiDrawArrays 时要传递的参数
        M1 = 2*self.M + 2
        self.first_indices = [2*M1*i for i in range(self.N)]
        self.counts = [2*M1 for i in range(self.N)]

        # 颜色: {(i, j) : (r, g, b)}
        # 包含 NX × NY 个元素
        self.colors_dict = self.init_colors(self.NX, self.NY)

        # 创建一个用于存储颜色的空数组
```

```python
        self.colors = np.zeros((3*self.N*(2*self.M + 2), ), np.float32)

        # 获取顶点、法向量和索引
        vertices, normals = self.compute_vertices()
        self.compute_colors()
        # 设置顶点缓存对象
        self.setup_vao(vertices, normals, self.colors)

    def init_colors(self, NX, NY):
        """初始化颜色字典"""
        colors = {}
        c1 = [1.0, 1.0, 1.0]
        for i in range(NX):
            for j in range (NY):
                colors[(i, j)] = c1
        return colors

    def compute_rt(self, R, alpha):
        # 计算小圆的位置
        Tx = R*math.cos(alpha)
        Ty = R*math.sin(alpha)
        Tz = 0.0

        # 旋转矩阵
        RM = np.array([
            [math.cos(alpha), -math.sin(alpha), 0.0, 0.0],
            [math.sin(alpha), math.cos(alpha), 0.0, 0.0],
            [0.0, 0.0, 1.0, 0.0],
            [0.0, 0.0, 0.0, 1.0]
            ], dtype=np.float32)

        # 平移矩阵
        TM = np.array([
            [1.0, 0.0, 0.0, Tx],
            [0.0, 1.0, 0.0, Ty],
            [0.0, 0.0, 1.0, Tz],
            [0.0, 0.0, 0.0, 1.0]
            ], dtype=np.float32)

        return (RM, TM)

    def compute_pt(self, r, theta, RM, TM):
        # 计算点的坐标
        P = np.array([r*math.cos(theta), 0.0, r*math.sin(theta), 1.0],
                        dtype=np.float32)
        # print(P)
        # 旋转，这也给出了顶点的法向量
        NV = np.dot(RM, P)
        # 归一化
        # NV = NV / np.linalg.norm(NV)
        # 平移
        Pt = np.dot(TM, NV)

        return (Pt, NV)

    def compute_vertices(self):
        """计算圆环面的顶点
            返回 float32 np 数组，其中包含 n 个形状为 (3*n, ) 的坐标(x, y, z)
        """

        R, r, N, M = self.R, self.r, self.N, self.M
```

```python
        # 创建空数组，用于存储顶点/法向量
        vertices = []
        normals = []

        # 小圆上的点是这样生成的：
        # 先在 xOy 平面上生成，再旋转和平移到圆环面上正确的位置

        # 对于构成圆环面的全部 N 个小圆
        for i in range(N):

            # 对于小圆上全部 M 个点
            for j in range(M+1):

                # 计算当前点的角度
                theta = (j % M) *2*math.pi/M

                #---第一个小圆------

                # 计算角度
                alpha1 = i*2*math.pi/N
                # 计算变换
                RM1, TM1 = self.compute_rt(R, alpha1)
                # 计算点
                Pt1, NV1 = self.compute_pt(r, theta, RM1, TM1)

                #---第二个小圆------

                # 下一个小圆的索引
                ip1 = (i + 1) % N
                # 计算角度
                alpha2 = ip1*2*math.pi/N
                # 计算变换
                RM2, TM2 = self.compute_rt(R, alpha2)
                # 计算点
                Pt2, NV2 = self.compute_pt(r, theta, RM2, TM2)

                # 按对 GL_TRIANGLE_STRIP 来说正确的顺序存储顶点/法向量
                vertices.append(Pt1[0:3])
                vertices.append(Pt2[0:3])

                # 添加法向量
                normals.append(NV1[0:3])
                normals.append(NV2[0:3])

        # 以正确的格式返回顶点和颜色
        vertices = np.array(vertices, np.float32).reshape(-1)
        normals = np.array(normals, np.float32).reshape(-1)
        # print(vertices.shape)
        return vertices, normals

    def compute_colors(self):
        """
            计算元胞的颜色
        """

        R, r, N, M = self.R, self.r, self.N, self.M

        # 小圆上的点是这样生成的：
        # 先在 xOy 平面上生成，再旋转和平移到圆环面上正确的位置

        # 对于构成圆环面的全部 N 个小圆
        for i in range(N):
```

```
        # 对于小圆上全部 M 个点
        for j in range(M+1):

            # j 值
            jj = j % M

            # 存储颜色：应用于(V_i_j, V_ip1_j)的颜色相同
            col = self.colors_dict[(i, jj)]
            # 计算用于访问数组的索引
            index = 3*(2*i*(M+1) + 2*j)
            # 设置颜色
            self.colors[index:index+3] = col
            self.colors[index+3:index+6] = col

def setup_vao(self, vertices, normals, colors):
    # 设置顶点数组对象（VAO）
    self.vao = glGenVertexArrays(1)
    glBindVertexArray(self.vao)

    # --------
    # 顶点
    # --------
    self.vertexBuffer = glGenBuffers(1)
    glBindBuffer(GL_ARRAY_BUFFER, self.vertexBuffer)
    # 设置缓存数据
    glBufferData(GL_ARRAY_BUFFER, 4*len(vertices), vertices,
                GL_STATIC_DRAW)
    # 启用顶点属性数组
    glEnableVertexAttribArray(0)
    # 设置缓存数据指针
    glVertexAttribPointer(0, 3, GL_FLOAT, GL_FALSE, 0, None)

    # 法向量
    # --------
    self.normalBuffer = glGenBuffers(1)
    glBindBuffer(GL_ARRAY_BUFFER, self.normalBuffer)
    # 设置缓存数据
    glBufferData(GL_ARRAY_BUFFER, 4*len(normals), normals,
                GL_STATIC_DRAW)
    # 启用顶点属性数组
    glEnableVertexAttribArray(2)
    # 设置缓存数据指针
    glVertexAttribPointer(2, 3, GL_FLOAT, GL_FALSE, 0, None)

    # --------
    # 颜色
    # --------
    self.colorBuffer = glGenBuffers(1)
    glBindBuffer(GL_ARRAY_BUFFER, self.colorBuffer)
    # 设置缓存数据
    glBufferData(GL_ARRAY_BUFFER, 4*len(colors), colors,
                GL_STATIC_DRAW)
    # 启用颜色属性数组
    glEnableVertexAttribArray(1)
    # 设置缓存数据指针
    glVertexAttribPointer(1, 3, GL_FLOAT, GL_FALSE, 0, None)

    # 解除 VAO 绑定
    glBindVertexArray(0)

def set_colors(self, colors):
    self.colors_dict = colors
```

10

```
            self.recalc_colors()

    def recalc_colors(self):
        # 计算颜色
        self.compute_colors()

        # 绑定 VAO
        glBindVertexArray(self.vao)
        # --------
        # 颜色
        # --------
        glBindBuffer(GL_ARRAY_BUFFER, self.colorBuffer)
        # 设置缓存数据
        glBufferSubData(GL_ARRAY_BUFFER, 0, 4*len(self.colors), self.colors)
        # 解除 VAO 绑定
        glBindVertexArray(0)

    # 时间步
    def step(self):
        # 重新计算颜色
        self.recalc_colors()

    # 渲染器
    def render(self, pMatrix, mvMatrix):
        # 使用着色器
        glUseProgram(self.program)

        # 设置投影矩阵
        glUniformMatrix4fv(self.pMatrixUniform, 1, GL_FALSE, pMatrix)

        # 设置模型视图矩阵
        glUniformMatrix4fv(self.mvMatrixUniform, 1, GL_FALSE, mvMatrix)

        # 绑定 VAO
        glBindVertexArray(self.vao)
        # 绘画
        glMultiDrawArrays(GL_TRIANGLE_STRIP, self.first_indices,
                          self.counts, self.N)
        # 解除 VAO 绑定
        glBindVertexArray(0)
```

10.8   完整的康威生命游戏模拟代码

下面是文件 gol.py 的完整代码：

```
"""
gol.py

实现康威生命游戏模拟

编写者: Mahesh Venkitachalam
"""

import numpy as np

class GOL:
    """实现康威生命游戏模拟的类
    """
    def __init__(self, NX, NY, glider):
        """ GOL 类的构造函数"""
```

```
        # 一个包含随机值的 NX × NY 网格
        self.NX, self.NY = NX, NY
        if glider:
            self.addGlider(1, 1, NX, NY)
        else:
            self.grid = np.random.choice([1, 0], NX * NY, p=[0.2, 0.8]).reshape(NX, NY)

    def addGlider(self, i, j, NX, NY):
        """添加一个"滑翔机"图案, 其左上角的元胞位于(i, j)处"""
        self.grid = np.zeros(NX * NY).reshape(NX, NY)
        glider = np.array([[0,    0, 1],
                           [1,    0, 1],
                           [0,    1, 1]])
        self.grid[i:i+3, j:j+3] = glider

    def update(self):
        """更新 GOL 模拟, 推进一个时间步"""
        # 复制网格, 因为将逐行计算元胞的值
        # 且计算时需要用到 8 个邻接元胞
        newGrid = self.grid.copy()
        NX, NY = self.NX, self.NY
        for i in range(NX):
            for j in range(NY):
                # 计算 8 个邻居值的和
                # 并使用环形边界条件确保到达边缘时回绕
                # 让模拟在圆环面上进行
                total = (self.grid[i, (j-1) % NY] + self.grid[i, (j+1) % NY] +
                        self.grid[(i-1) % NX, j] + self.grid[(i+1) % NX, j] +
                        self.grid[(i-1) % NX, (j-1) % NY] + self.grid[(i-1) % NX, (j+1) % NY] +
                        self.grid[(i+1) % NX, (j-1) % NY] + self.grid[(i+1) % NX, (j+1) % NY])
                # 实现康威生命游戏规则
                if self.grid[i, j]  == 1:
                    if (total < 2) or (total > 3):
                        newGrid[i, j] = 0
                else:
                    if total == 3:
                        newGrid[i, j] = 1
        # 更新数据
        self.grid[:] = newGrid[:]

    def get_colors(self):
        """返回一个颜色字典"""
        colors = {}
        c1 = np.array([1.0, 1.0, 1.0], np.float32)
        c2 = np.array([0.0, 0.0, 0.0], np.float32)
        for i in range(self.NX):
            for j in range (self.NY):
                if self.grid[i, j] == 1:
                    colors[(i, j)] = c2
                else :
                    colors[(i, j)] = c1
        return colors
```

10.9　完整的相机创建代码

下面是文件 camera.py 中的完整代码:

```
"""
camera.py
```

一个支持 OpenGL 渲染的简单相机类

编写者：Mahesh Venkitachalam
"""

```python
import numpy as np
import math

class OrbitCamera:
    """设置观察角度的辅助类"""
    def __init__(self, height, radius, beta_step=1):
        self.radius = radius
        self.beta = 0
        self.beta_step = beta_step
        self.height = height
        # 初始视点向量为(-R, 0, -H)
        rr = radius/math.sqrt(2.0)
        self.eye = np.array([rr, rr, height], np.float32)
        # 计算上向量
        self.up = self.__compute_up_vector(self.eye )
        # 中心为原点
        self.center = np.array([0, 0, 0], np.float32)

    def __compute_up_vector(self, E):
        """计算上向量
        N = (E × k) × E
        """
        # N = (E × k) × E
        Z = np.array([0, 0, 1], np.float32)
        U = np.cross(np.cross(E, Z), E)
        # 归一化
        U = U / np.linalg.norm(U)
        return U

    def rotate(self):
        """旋转一个步长，并计算新的相机参数"""
        self.beta = (self.beta + self.beta_step) % 360
        # 重新计算视点位置
        self.eye = np.array([self.radius*math.cos(math.radians(self.beta)),
                             self.radius*math.sin(math.radians(self.beta)),
                             self.height], np.float32)
        # 上向量
        self.up = self.__compute_up_vector(self.eye)
```

10.10　RenderWindow 类的完整代码

下面是文件 gol_torus.py 的完整代码，包括 RenderWindow 类和函数 main()。

"""
gol_torus.py

显示一个圆环面的 Python OpenGL 程序

编写者：Mahesh Venkitachalam
"""

```python
import OpenGL
from OpenGL.GL import *

import numpy, math, sys, os
```

```python
import argparse
import glutils

import glfw

from torus import Torus
from camera import OrbitCamera
from gol import GOL

class RenderWindow:
    """GLFW 渲染窗口类"""
    def __init__(self, glider):

        # 保存当前工作目录
        cwd = os.getcwd()

        # 初始化 GLFW（这会修改工作目录）
        glfw.glfwInit()

        # 恢复到保存的当前工作目录
        os.chdir(cwd)

        # 版本提示
        glfw.glfwWindowHint(glfw.GLFW_CONTEXT_VERSION_MAJOR, 3)
        glfw.glfwWindowHint(glfw.GLFW_CONTEXT_VERSION_MINOR, 3)
        glfw.glfwWindowHint(glfw.GLFW_OPENGL_FORWARD_COMPAT, GL_TRUE)
        glfw.glfwWindowHint(glfw.GLFW_OPENGL_PROFILE, glfw.GLFW_OPENGL_CORE_PROFILE)

        # 创建一个窗口
        self.width, self.height = 640, 480
        self.aspect = self.width/float(self.height)
        self.win = glfw.glfwCreateWindow(self.width, self.height, b'gol_torus')
        # 设置当前 OpenGL 上下文
        glfw.glfwMakeContextCurrent(self.win)

        # 初始化 GL
        glViewport(0, 0, self.width, self.height)
        glEnable(GL_DEPTH_TEST)
        #glClearColor(0.2, 0.2, 0.2, 1.0)
        glClearColor(0.11764706, 0.11764706, 0.11764706, 1.0)

        # 设置窗口回调函数
        glfw.glfwSetMouseButtonCallback(self.win, self.onMouseButton)
        glfw.glfwSetKeyCallback(self.win, self.onKeyboard)

        # 创建三维场景
        NX = 64
        NY = 64
        R = 4.0
        r = 1.0
        self.torus = Torus(R, r, NX, NY)
        self.gol = GOL(NX, NY, glider)

        # 创建相机
        self.camera = OrbitCamera(5.0, 10.0)

        # 退出标志
        self.exitNow = False

        # 旋转标志
        self.rotate = True
```

```
        # 跳过（skip）计数器
        self.skip = 0

    def onMouseButton(self, win, button, action, mods):
        # print 'mouse button: ', win, button, action, mods
        pass

    def onKeyboard(self, win, key, scancode, action, mods):
        # print 'keyboard: ', win, key, scancode, action, mods
        if action == glfw.GLFW_PRESS:
            # 按 Esc 键退出
            if key == glfw.GLFW_KEY_ESCAPE:
                self.exitNow = True
            elif key == glfw.GLFW_KEY_R:
                self.rotate = not self.rotate

    def run(self):
        # 初始化定时器
        glfw.glfwSetTime(0)
        t = 0.0
        while not glfw.glfwWindowShouldClose(self.win) and not self.exitNow:
            # 每隔 0.05s 更新一次
            currT = glfw.glfwGetTime()
            if currT - t > 0.05:
                # 更新时间
                t = currT

                # 设置视口
                self.width, self.height = glfw.glfwGetFramebufferSize(self.win)
                self.aspect = self.width/float(self.height)
                glViewport(0, 0, self.width, self.height)

                # 清屏
                glClear(GL_COLOR_BUFFER_BIT | GL_DEPTH_BUFFER_BIT)
                # 创建投影矩阵
                pMatrix = glutils.perspective(60.0, self.aspect, 0.1, 100.0)

                mvMatrix = glutils.lookAt(self.camera.eye, self.camera.center, self.camera.up)

                # 渲染器
                self.torus.render(pMatrix, mvMatrix)

                # 时间步
                if self.rotate:
                    self.step()

                glfw.glfwSwapBuffers(self.win)
                # 查询并处理事件
                glfw.glfwPollEvents()
        # 主循环到此结束
        glfw.glfwTerminate()

    def step(self):

        if self.skip == 9:
            # 更新 GOL
            self.gol.update()
            colors = self.gol.get_colors()
            self.torus.set_colors(colors)
            # 时间步
            self.torus.step()
            # 重置
            self.skip = 0
```

```
            #更新 skip
            self.skip += 1
            # 旋转相机
            self.camera.rotate()
# 函数 main()
def main():
    print("Starting GOL. Press Esc to quit.")
    # 分析参数
    parser = argparse.ArgumentParser(description="Runs Conway's Game of Life simulation
                                                  on a Torus.")

    # 添加参数
    parser.add_argument('--glider', action='store_true', required=False)
    args = parser.parse_args()

    # 设置参数
    glider = False
    if args.glider:
        glider = True

    rw = RenderWindow(glider)
    rw.run()

# 调用函数 main()
if __name__ == '__main__':
    main()
```

## 第 11 章

体渲染

磁共振成像（MRI）和计算机体层成像（CT）等诊断方法都会创建体数据（volumetric data）。所谓体数据，指的是一系列显示三维物体横截面的二维图像。体渲染是一种根据体数据创建三维图像的计算机图形学技术，常用于分析医疗扫描结果，在地质、考古和分子生物学等科研领域也被用来进行三维科学可视化。

MRI 和 CT 扫描记录的数据通常采用尺寸为 $N_x \times N_y \times N_z$ 的三维网格形式。这种网格包含 N_z 个二维切片，其中每个切片都是尺寸为 $N_x \times N_y$ 的图像。体渲染算法用于根据某种透明属性显示收集的切片数据，并采用各种方法来突出受到关注的部分。

本章项目将研究一种被称为体光线投射（volume ray casting）的体渲染方法，它使用由 GLSL 编写的着色器，充分利用 GPU 来执行计算。对于屏幕上的每个像素，都将使用 GPU 来执行相关的代码，因为 GPU 能够高效地执行并行计算。本项目将使用由三维数据集的切片组成的一系列二维图像，并使用体光线投射算法根据这些切片创建体渲染图像；将实现一个方法来显示 x、y 和 z 方向的二维切片，让用户能够使用方向键来滚动浏览这些切片；还将实现键盘命令，让用户能够在显示三维渲染结果和显示二维切片之间切换。

下面是本项目涵盖的一些主题。

❑ 通过 GLSL 使用 GPU 执行计算。
❑ 创建顶点着色器和片元着色器。
❑ 表示三维体数据及使用体光线投射算法。
❑ 使用 NumPy 数组表示三维变换矩阵。

11.1 工作原理

渲染三维数据集的方式有很多，本项目使用的方法是体光线投射，这是一种基于图像的渲染方法，它根据二维切片逐像素地生成最终图像。与体光线投射不同，典型的三维渲染方法是基于对象的，即先获取三维对象表示，再通过变换来生成二维图像中的像素。

在这个项目使用的体光线投射方法中，对于输出图像中的每个像素，都将从它那里投射出一条光线，这条光线穿过通常用长方体表示的离散的三维体数据集。沿着光线穿过长方体的路径，每隔一定的距离采集一次数据，然后合并所有采集的数据，以计算最终图像的颜色值或亮度。这类似于将一系列透明胶片叠在一起,再将它们放在强光下观看。

实现体光线投射时,通常使用梯度来改善渲染结果的外观、使用过滤来隔离三维特征,以及使用空间优化技术来提高速度,但本项目只实现基本的体光线投射算法,并通过 X 射线投射来合成最终图像,主要基于 Kruger 和 Westermann 于 2003 年发表的有关体光线投射算法的开创性论文 "Acceleration Techniques for GPU-based Volume Rendering"。

11.1.1 数据格式

在这个项目中,将使用斯坦福体数据存档(Stanford Volume Data Archive)中的三维扫描医疗数据。该存档以 TIFF 图像的方式提供了一些出色的三维医疗数据集(包括 CT 和 MRI),其中每幅图像都表示一个二维横切面。从文件夹中读入这些图像,并根据它们创建一个 OpenGL 三维纹理,类似于将一系列二维图像堆叠起来,形成一个长方体,如图 11.1 所示。

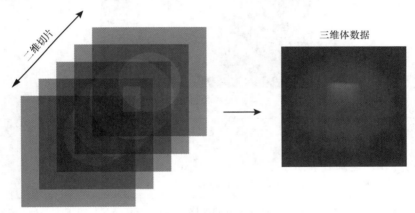

图 11.1 使用二维切片创建三维体数据

第 9 章介绍过,在 OpenGL 中,二维纹理是使用形如(s, t)的二维坐标编址的;同理,三维纹理是使用形如(s, t, p)的三维纹理坐标编址的。将体数据存储为三维纹理,可快速访问数据,并能够提供体光线投射算法所需的内插值。

11.1.2 生成光线

本项目的目标是生成三维体数据的透视投影,如图 11.2 所示。图 11.2 显示了第 9 章讨论过的视景体。具体地说,从视点出发的光线经近平面进入视景体,穿过包含体数据的立方体,并经远平面离开。

要实现体光线投射算法,需要生成进入物

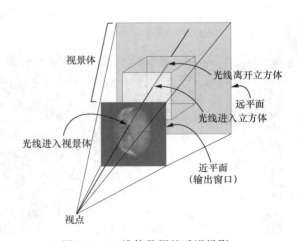

图 11.2 三维体数据的透视投影

体的光线。对于图 11.2 所示输出窗口中的每个像素，都生成一个进入物体的向量 **R**，这里用一个单位立方体表示这个物体，可称之为颜色立方体，其坐标范围为(0, 0, 0)～(1, 1, 1)。对于该立方体中的每个点，都将其颜色值（RGB）设置为该点的三维坐标，因此原点(0, 0, 0)的颜色为黑色，顶点(1, 0, 0)的颜色为红色，而与原点呈对角线相对的顶点(1, 1, 1)的颜色为白色。图 11.3 显示了这个颜色立方体。

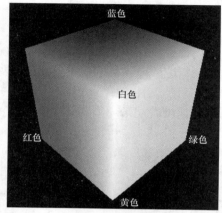

图 11.3   颜色立方体

注意   在 OpenGL 中，可将颜色表示为 3 个 8 位无符号整数(r, g, b)，其中 r、g 和 b 的取值范围为[0, 255]。也可将颜色表示为 3 个 32 位浮点数(r, g, b)，其中 r、g 和 b 的取值范围为[0.0, 1.0]。这两种表示法是等价的，例如，使用第一种表示法时，红色为(255, 0, 0)；而使用第二种表示法时，红色为(1.0, 0.0, 0.0)。

要绘制前述颜色立方体，首先使用 OpenGL 图元 **GL_TRIANGLES** 绘制其 6 个面，再给顶点着色，并在光栅化多边形时使用 OpenGL 提供的内插值来确定顶点之间的像素颜色。例如，图 11.4（a）显示了该立方体的 3 个正面，图 11.4（b）显示了该立方体的 3 个背面，这些背面是通过让 OpenGL 剔除正面绘制出来的。

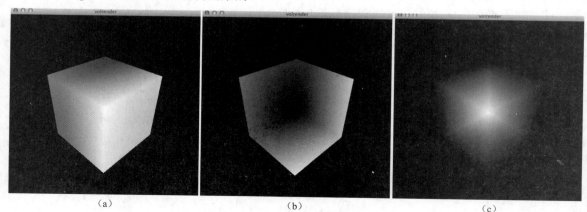

（a）   （b）   （c）

图 11.4   用于计算光线的颜色立方体

如果将图 11.4（b）所示的颜色值$(r, g, b)_{back}$减去图 11.4（a）所示的颜色值$(r, g, b)_{front}$，将得到一组向量，它们从立方体的正面出发，指向立方体的背面，这是因为在这个立方体中，每个点的颜色值(r, g, b)都与该点的三维坐标相同。图 11.4（c）显示了这种减法运算的结果（将负数转换成了其相反数，因为无法将负数直接显示为颜色）。对于图 11.4（c）中的每个像素，通过读取其颜色值(r, g, b)，可得到经这个位置进入立方体的光线的方向向量(r_x, r_y, r_z)。

生成光线后，将它们渲染为图像或二维纹理，以便将其与 OpenGL 帧缓存对象（FBO）结合起来使用。生成这种纹理后，便可在用于实现体光线投射算法的着色器中访问它。

1. 在 GPU 中执行体光线投射算法

为实现体光线投射算法，首先将颜色立方体的背面绘制到一个 FBO 中，再将颜色立方体正面绘制到屏幕上。体光线投射算法的主要部分是在第二次渲染（即将正面绘制到屏幕）的片元着色器中执行的，对于输出中的每个像素，都将运行该片元着色器。将颜色立方体的背面颜色值（这是从一个纹理中读取的）减去当前片元的正面颜色值，以计算光线；再根据计算得到的光线，并利用三维体纹理数据（这些数据可在片元着色器中访问）累积和计算得到最终的像素值。

2. 显示二维切片

除三维渲染结果外，还将显示二维切片，这是通过从三维数据中提取与 x、y 或 z 轴垂直的二维横截面，并将其作为纹理应用于四边形实现的。由于将体数据存储在了三维纹理中，因此只需指定纹理坐标(s, t, p)就可获取所需的数据。通过使用 OpenGL 内置的纹理插值，可获取三维纹理中任何位置的纹理值。

11.1.3 OpenGL 窗口

与本书其他的 OpenGL 项目一样，本章项目也使用 GLFW 库来显示 OpenGL 窗口。使用处理程序来响应窗口大小调整事件及按键事件，包括在体渲染和切片渲染之间切换、显示不同方向的切片，以及滚动浏览切片。

11.2 需求

在本章项目中，将使用 PyOpenGL 进行渲染，使用 PIL 加载体数据集中的二维图像，并使用 NumPy 数组表示三维坐标和变换矩阵。

11.3 代码

在本节中，将首先根据从图像文件中读取的体数据生成一个三维纹理，再研究如何使用颜色立方体生成从视点出发进入视景体的光线，这是体光线投射算法实现过程中的一个重要概念。将研究如何定义颜色立方体的几何结构，还有如何绘制该立方体的正面和背面，然后探索体射线投射算法，以及相关联的顶点着色器和片元着色器。最后，将研究如何创建体数据的二维切片。

本项目的代码分成了 7 个 Python 文件。

☐ glutils.py：包含帮助实现 OpenGL 着色器、变换等的辅助方法。

☐ makedata.py：包含为测试而创建体数据的辅助方法。

☐ raycast.py：实现用于执行体光线投射算法的 RayCastRender 类。

☐ raycube.py：实现供 RayCastRender 使用的 RayCube 类。

☐ slicerender.py：实现用于创建体数据切片的 SliceRender 类。

☐ volreader.py：包含读取体数据并将其转换为 OpenGL 三维纹理的辅助方法。

☐ volrender.py：包含创建 GLFW 窗口和渲染器的主方法。

本章将研究除 makedata.py 和 glutils.py 外的其他所有文件。文件 makedata.py 及本章的其他项目文件都可见本书配套源代码中的“/volrender”，文件 glutils.py 可见本书配套源代码中的“/common”。

11.3.1　生成三维纹理

第一步是从包含图像的文件夹中读取体数据，如下面的代码所示。要查看文件 volreader.py 中的完整代码，可参阅 11.7 节“完整的三维纹理生成代码”，也可见本书配套源代码中的“/volreader/volreader.py”。请注意，这个文件中的函数 loadTexture()用于打开图像文件、读取内容，并创建 OpenGL 纹理对象供后面渲染图像时使用。

```
def loadVolume(dirName):
    """从文件夹中读取体数据，并将其转换为三维纹理"""
    # 列出目录中的图像
❶   files = sorted(os.listdir(dirName))
    print('loading images from: %s' % dirName)
    imgDataList = []
    count = 0
    width, height = 0, 0
    for file in files:
❷       file_path = os.path.abspath(os.path.join(dirName, file))
        try:
            # 读取图像
❸           img = Image.open(file_path)
            imgData = np.array(img.getdata(), np.uint8)

            # 检查所有图像的尺寸是否相同
❹           if count is 0:
                width, height = img.size[0], img.size[1]
                imgDataList.append(imgData)
            else:
❺               if (width, height) == (img.size[0], img.size[1]):
                    imgDataList.append(imgData)
            else:
                print('mismatch')
                raise RunTimeError("image size mismatch")
            count += 1
            # print img.size
❻       except:
            # 跳过
            print('Invalid image: %s' % file_path)

    # 将图像数据载入单个数组
```

```
    depth = count
❼ data = np.concatenate(imgDataList)
    print('volume data dims: %d %d %d' % (width, height, depth))
```

首先，函数 loadVolume() 使用模块 os 中的方法 listdir() 列出了给定目录中所有的文件❶。然后，遍历这些图像文件，并以每次一个的方式载入它们。为此，使用 os.path.abspath() 和 os.path.join() 将当前文件名添加到目录名后面❷，以免需要处理与相对文件路径和路径表示约定随操作系统而异的问题（在遍历文件和目录的 Python 代码中，经常会见到这种做法）。接下来，使用 PIL 中的 Image 类将当前图像载入一个 8 位的 NumPy 数组❸。如果指定的文件不是图像或者载入图像失败，将引发异常，需捕获异常并输出错误消息❻。

由于要使用这些图像切片来创建三维纹理，因此需要确保它们的尺寸（width × height）都相同，这是在❹和❺处确认的。存储第一个图像的尺寸，并将其与后续图像进行比较。将每个图像都载入不同的数组后，创建包含三维数据的最终数组，这是通过使用 NumPy 方法 concatenate() 将所有数组合并成一个实现的❼。

接下来，函数 loadVolume() 将包含三维图像数据的数组载入一个 OpenGL 纹理：

```
    # 将数据载入三维纹理
❶ texture = glGenTextures(1)
    glPixelStorei(GL_UNPACK_ALIGNMENT, 1)
    glBindTexture(GL_TEXTURE_3D, texture)
    glTexParameterf(GL_TEXTURE_3D, GL_TEXTURE_WRAP_S, GL_CLAMP_TO_EDGE)
    glTexParameterf(GL_TEXTURE_3D, GL_TEXTURE_WRAP_T, GL_CLAMP_TO_EDGE)
    glTexParameterf(GL_TEXTURE_3D, GL_TEXTURE_WRAP_R, GL_CLAMP_TO_EDGE)
    glTexParameterf(GL_TEXTURE_3D, GL_TEXTURE_MAG_FILTER, GL_LINEAR)
    glTexParameterf(GL_TEXTURE_3D, GL_TEXTURE_MIN_FILTER, GL_LINEAR)
❷ glTexImage3D(GL_TEXTURE_3D, 0, GL_RED,
                width, height, depth, 0,
                GL_RED, GL_UNSIGNED_BYTE, data)
    # 返回纹理
❸ return (texture, width, height, depth)
```

创建一个 OpenGL 纹理❶，并设置过滤（filtering）参数和拆箱（unpacking）参数。然后，将三维数据数组载入 OpenGL 纹理❷。这里使用的格式和数据格式分别是 GL_RED 和 GL_UNSIGNED_BYTE，因为与数据中每个像素相关联的只有一个 8 位值。最后，返回了 OpenGL 纹理的 ID 和尺寸❸。

11.3.2 生成光线

生成光线的代码封装在 RayCube 类中，这个类负责绘制颜色立方体，因此包含将颜色立方体背面绘制到 FBO 或纹理中的方法，以及将颜色立方体的正面绘制到屏幕的方法。要查看文件 raycube.py 中的完整代码，可参阅 11.8 节 "完整的光线生成代码"，也可见本书配套源代码中的 "/volrender/raycube.py"。

首先，定义这个类使用的着色器，然后在 RayCube 类的构造函数中编译这些着色器。

```
❶ strVS = """
    # version 410 core

    layout(location = 1) in vec3 cubePos;
    layout(location = 2) in vec3 cubeCol;
```

```
uniform mat4 uMVMatrix;
uniform mat4 uPMatrix;
out vec4 vColor;

void main()
{
    // 设置背面颜色
    vColor = vec4(cubeCol.rgb, 1.0);

    // 变换后的位置
    vec4 newPos = vec4(cubePos.xyz, 1.0);

    // 设置位置
    gl_Position = uPMatrix * uMVMatrix * newPos;

}
"""
❷ strFS = """
# version 410 core
in vec4 vColor;
out vec4 fragColor;

void main()
{
    fragColor = vColor;
}
"""
```

在❶处，定义了 RayCube 类使用的顶点着色器。这个着色器有两个输入属性——cubePos 和 cubeCol，它们分别用于访问顶点的颜色值和位置值。模型视图矩阵和投影矩阵是分别通过 uniform 变量 uMVMatrix 和 uPMatrix 传入的。变量 vColor 被声明为输出（out），因为需要将其传递给片元着色器进行插值处理。片元着色器❷将片元颜色设置为顶点着色器输出的 vColor（经过插值处理）。

1. 定义颜色立方体的几何结构

下面来看看颜色立方体的几何结构，它是在 RayCube 类中定义的。

```
class RayCube:
    def __init__(self, width, height):
    --省略--
        # 颜色立方体的顶点
    ❶ vertices = numpy.array([
                0.0, 0.0, 0.0,
                1.0, 0.0, 0.0,
                1.0, 1.0, 0.0,
                0.0, 1.0, 0.0,
                0.0, 0.0, 1.0,
                1.0, 0.0, 1.0,
                1.0, 1.0, 1.0,
                0.0, 1.0, 1.0
                ], numpy.float32)
        # 颜色立方体的颜色
    ❷ colors = numpy.array([
                0.0, 0.0, 0.0,
                1.0, 0.0, 0.0,
                1.0, 1.0, 0.0,
                0.0, 1.0, 0.0,
```

```
                0.0, 0.0, 1.0,
                1.0, 0.0, 1.0,
                1.0, 1.0, 1.0,
                0.0, 1.0, 1.0
                ], numpy.float32)

        # 各个三角形
    ❸ indices = numpy.array([
                4, 5, 7,
                7, 5, 6,
                5, 1, 6,
                6, 1, 2,
                1, 0, 2,
                2, 0, 3,
                0, 4, 3,
                3, 4, 7,
                6, 2, 7,
                7, 2, 3,
                4, 0, 5,
                5, 0, 1
                ], numpy.int16)
```

在❶和❷处，分别使用 NumPy 数组定义了颜色立方体的顶点和颜色。这两个数组中的值相同。本章前面讨论过，在颜色立方体中，每个像素的颜色值就是该像素的三维坐标。颜色立方体有 6 个面，其中每个面都可绘制为两个三角形，因此总共有 $6 \times 2 \times 3 = 36$ 个顶点。这里没有指定全部 36 个顶点，而只指定立方体的 8 个顶点❶，再使用一个索引数组定义由这些顶点构成的三角形❸，如图 11.5 所示。例如，开头两组顶点索引(4, 5, 7)和(7, 5, 6)定义了构成立方体顶面的三角形。

在 RayCube 类的构造函数中，接下来需要将顶点信息放入缓存。

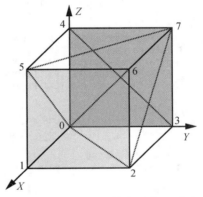

图 11.5 使用索引将立方体表示为一系列三角形，其中每个面都由两个三角形构成

```
        # 设置顶点数组对象（VAO）
        self.vao = glGenVertexArrays(1)
        glBindVertexArray(self.vao)

        # 顶点缓存
        self.vertexBuffer = glGenBuffers(1)
        glBindBuffer(GL_ARRAY_BUFFER, self.vertexBuffer)
        glBufferData(GL_ARRAY_BUFFER, 4*len(vertices), vertices, GL_STATIC_DRAW)

        # 顶点缓存（立方体顶点的颜色）
        self.colorBuffer = glGenBuffers(1)
        glBindBuffer(GL_ARRAY_BUFFER, self.colorBuffer)
        glBufferData(GL_ARRAY_BUFFER, 4*len(colors), colors, GL_STATIC_DRAW)

        # 索引缓存
        self.indexBuffer = glGenBuffers(1)
    ❶ glBindBuffer(GL_ELEMENT_ARRAY_BUFFER, self.indexBuffer);
        glBufferData(GL_ELEMENT_ARRAY_BUFFER, 2*len(indices), indices,
                GL_STATIC_DRAW)
```

11

与本书前面的 OpenGL 项目一样，创建并绑定一个顶点数组对象（VAO），再定义它管理的缓存。这里的一个不同之处是，将索引数组放入缓存时指定了参数 GL_ELEMENT_ARRAY_BUFFER❶，这意味着该缓存中的元素将作为索引用来访问颜色缓存和顶点缓存中的数据。

2. 创建帧缓存对象

下面来看看 RayCube 类中创建帧缓存对象的方法，这个方法指定了如何渲染。

```
def initFBO(self):
    # 创建帧缓存对象
    self.fboHandle = glGenFramebuffers(1)
    # 创建纹理
    self.texHandle = glGenTextures(1)
    # 创建深度缓存
    self.depthHandle = glGenRenderbuffers(1)

    # 绑定
    glBindFramebuffer(GL_FRAMEBUFFER, self.fboHandle)

    glActiveTexture(GL_TEXTURE0)
    glBindTexture(GL_TEXTURE_2D, self.texHandle)

    # 设置参数以便以不同的尺寸绘制图像
❶  glTexParameteri(GL_TEXTURE_2D, GL_TEXTURE_MIN_FILTER, GL_LINEAR)
    glTexParameteri(GL_TEXTURE_2D, GL_TEXTURE_MAG_FILTER, GL_LINEAR)
    glTexParameteri(GL_TEXTURE_2D, GL_TEXTURE_WRAP_S, GL_CLAMP_TO_EDGE)
    glTexParameteri(GL_TEXTURE_2D, GL_TEXTURE_WRAP_T, GL_CLAMP_TO_EDGE)

    # 设置纹理
    glTexImage2D(GL_TEXTURE_2D, 0, GL_RGBA, self.width, self.height,
                 0, GL_RGBA, GL_UNSIGNED_BYTE, None)

    # 将纹理绑定到 FBO
❷  glFramebufferTexture2D(GL_FRAMEBUFFER, GL_COLOR_ATTACHMENT0,
                           GL_TEXTURE_2D, self.texHandle, 0)

    # 绑定
❸  glBindRenderbuffer(GL_RENDERBUFFER, self.depthHandle)
    glRenderbufferStorage(GL_RENDERBUFFER, GL_DEPTH_COMPONENT24,
                          self.width, self.height)

    # 将深度缓存绑定到 FBO
    glFramebufferRenderbuffer(GL_FRAMEBUFFER, GL_DEPTH_ATTACHMENT,
                              GL_RENDERBUFFER, self.depthHandle)

    # 检查状态
❹  status = glCheckFramebufferStatus(GL_FRAMEBUFFER)
    if status == GL_FRAMEBUFFER_COMPLETE:
        pass
        # print "fbo %d complete" % self.fboHandle
    elif status == GL_FRAMEBUFFER_UNSUPPORTED:
        print "fbo %d unsupported" % self.fboHandle
    else:
        print "fbo %d Error" % self.fboHandle
```

先创建了一个帧缓存对象、一个二维纹理和一个渲染缓存对象，再设置纹理参数❶。在❷处，将纹理绑定到了帧缓存。而在❸处和接下来的几行中，渲染缓存设置了一个 24 位的深度缓存，并关联到帧缓存。接下来，检查帧缓存的状态❹，老存在问题则输出一条状态消息。现在，只要正确地绑定了帧缓存和渲染缓存，渲染结果都将进入指定的纹理。

3. 渲染颜色立方体的背面

下面的代码渲染颜色立方体的背面。

```
def renderBackFace(self, pMatrix, mvMatrix):
    """将颜色立方体的背面渲染到一个纹理，并返回该纹理"""
    # 渲染到 FBO
 ❶ glBindFramebuffer(GL_FRAMEBUFFER, self.fboHandle)
    # 设置活动纹理
    glActiveTexture(GL_TEXTURE0)
    # 绑定到 FBO 纹理
    glBindTexture(GL_TEXTURE_2D, self.texHandle)

    # 以启用面剔除的方式渲染颜色立方体
 ❷ self.renderCube(pMatrix, mvMatrix, self.program, True)

    # 解除 FBO 纹理绑定
 ❸ glBindTexture(GL_TEXTURE_2D, 0)
    glBindFramebuffer(GL_FRAMEBUFFER, 0)
    glBindRenderbuffer(GL_RENDERBUFFER, 0)

    # 返回 FBO 纹理 ID
 ❹ return self.texHandle
```

首先，设置活动纹理单元并绑定到 FBO 纹理，以便能够渲染到 FBO❶。然后，调用 RayCube 类的方法 renderCube()❷（稍后将详细介绍）。这个方法将一个面剔除标志作为参数，以便使用相同的代码绘制颜色立方体的正面和背面。将这个标志设置为 True，让背面出现在 FBO 纹理中。

接下来，调用必要的函数来解除 FBO 绑定，以免影响其他渲染代码❸。最后，返回 FBO 纹理 ID❹，以便在算法的下一阶段使用它。

4. 渲染颜色立方体的正面

下面的代码用于在体光线投射算法的第二遍渲染中绘制颜色立方体的正面。

```
def renderFrontFace(self, pMatrix, mvMatrix, program):
    """渲染颜色立方体的正面"""
    # 不启用面剔除
    self.renderCube(pMatrix, mvMatrix, program, False)
```

这个方法直接调用了 renderCube()，并将面剔除标志设置为 False，让正面显示出来。

5. 渲染整个颜色立方体

下面来看看方法 renderCube()，它用于绘制前面讨论过的颜色立方体。

```
def renderCube(self, pMatrix, mvMatrix, program, cullFace):
    """如果设置了 cullFace 标志，就使用面剔除模式"""

    glClear(GL_COLOR_BUFFER_BIT | GL_DEPTH_BUFFER_BIT)

    # 设置着色器程序
    glUseProgram(program)
```

```
# 设置投影矩阵
glUniformMatrix4fv(glGetUniformLocation(program, b'uPMatrix'),
                   1, GL_FALSE, pMatrix)

# 设置模型视图矩阵
glUniformMatrix4fv(glGetUniformLocation(program, b'uMVMatrix'),
                   1, GL_FALSE, mvMatrix)

# 启用面剔除
glDisable(GL_CULL_FACE)
❶ if cullFace:
    glFrontFace(GL_CCW)
    glCullFace(GL_FRONT)
    glEnable(GL_CULL_FACE)

# 绑定 VAO
glBindVertexArray(self.vao)

# 以动画方式显示切片
❷ glDrawElements(GL_TRIANGLES, self.nIndices, GL_UNSIGNED_SHORT, None)

# 解除 VAO 绑定
glBindVertexArray(0)

# 重置面剔除设置
if cullFace:
    # 禁用面剔除
    glDisable(GL_CULL_FACE)
```

首先，清除颜色缓存和深度缓存，选择着色器程序并设置变换矩阵。然后，设置了一个控制面剔除的标志❶，它决定了绘制颜色立方体的正面还是背面。请注意，这里使用了 glDrawElements()❷，因为要使用索引数组（而不是顶点数组）来渲染颜色立方体。

6. 调整窗口大小

由于创建的 FBO 针对特定窗口尺寸，因此窗口尺寸发生变化后，需要重新创建 FBO。为此，在 RayCube 类中创建了一个窗口尺寸变化处理程序，如下所示：

```
def reshape(self, width, height):
    self.width = width
    self.height = height
    self.aspect = width/float(height)
    # 重新创建 FBO
    self.clearFBO()
    self.initFBO()
```

每当 OpenGL 窗口尺寸发生变化时，都将调用方法 reshape()获取新的窗口尺寸、清除并重新创建 FBO。

11.3.3   实现体光线投射算法

接下来，在 RayCastRender 类中实现体光线投射算法。该算法的核心部分是由这个类使用的片元着色器完成的，这个类还使用了 RayCube 类来帮助生成光线。要查看文件 raycast.py 中的完整代码，可参阅 11.9 节 "完整的体光线投射算法代码"，也可见本书配套源代码中的 "/volrender/raycast.py"。

先来看 RayCastRender 类的构造函数，它创建一个 RayCube 对象，并载入着色器。

```
class RayCastRender:
    def __init__(self, width, height, volume):
        """RayCastRender 类的构造函数"""

        # 创建 RayCube 对象
❶      self.raycube = raycube.RayCube(width, height)

        # 设置尺寸
        self.width = width
        self.height = height
        self.aspect = width/float(height)

        # 创建着色器
❷      self.program = glutils.loadShaders(strVS, strFS)
        # 纹理
❸      self.texVolume, self.Nx, self.Ny, self.Nz = volume

        # 初始化相机
❹      self.camera = Camera()
```

这个构造函数创建一个 RayCube 对象❶，用于生成光线。载入体光线投射算法使用的着色器❷，再设置 OpenGL 三维纹理和尺寸❸，这些值是通过元组参数 volume 传入构造函数的。接下来，创建一个 Camera 对象❹，用于为三维渲染设置 OpenGL 透视变换。

> **注意**　Camera 类也是在文件 raycast.py 中定义的，它与第 10 章使用的 Camera 类大致相同。要查看其代码，可参阅 11.9 节 "完整的体光线投射算法代码"。

下面是 RayCastRender 类中的渲染方法：

```
def draw(self):

    # 创建投影矩阵
❶  pMatrix = glutils.perspective(45.0, self.aspect, 0.1, 100.0)

    # 模型视图矩阵
❷  mvMatrix = glutils.lookAt(self.camera.eye, self.camera.center,
                              self.camera.up)

    # 渲染

    # 生成颜色立方体背面纹理
❸  texture = self.raycube.renderBackFace(pMatrix, mvMatrix)

    # 设置着色器程序
❹  glUseProgram(self.program)

    # 设置窗口尺寸
    glUniform2f(glGetUniformLocation(self.program, b"uWinDims"),
                float(self.width), float(self.height))

    # 绑定到表示颜色立方体背面的纹理单元 0
❺  glActiveTexture(GL_TEXTURE0)
    glBindTexture(GL_TEXTURE_2D, texture)
    glUniform1i(glGetUniformLocation(self.program, b"texBackFaces"), 0)

    # 纹理单元 1（三维体纹理）
❻  glActiveTexture(GL_TEXTURE1)
    glBindTexture(GL_TEXTURE_3D, self.texVolume)
```

```
    glUniform1i(glGetUniformLocation(self.program, b"texVolume"), 1)

    # 渲染颜色立方体的正面
❼ self.raycube.renderFrontFace(pMatrix, mvMatrix, self.program)
```

首先，使用辅助方法 glutils.perspective()创建了用于渲染的投影矩阵❶，再使用方法 glutils.lookAt()设置了相机参数❷。接着，执行第一轮渲染❸，使用 RayCube 类的方法 renderBackFace()将颜色立方体的背面绘制到一个纹理中（这个方法还返回了生成的纹理的 ID）。

接下来，启用体光线投射算法使用的着色器❹。然后，设置要在着色器程序中使用的纹理，将❸处返回的纹理设置为纹理单元 0❺，将根据体数据创建的三维纹理设置为纹理单元 1❻。最后，使用 RayCube 类的方法 renderFrontFace()渲染颜色立方体的正面❼。执行这些代码时，RayCastRender 类使用的着色器将操作顶点和片元。

1. 顶点着色器

下面来看 RayCastRender 类使用的着色器，先看看顶点着色器。

```
strVS = """
# version 410 core

❶ layout(location = 1) in vec3 cubePos;
   layout(location = 2) in vec3 cubeCol;

❷ uniform mat4 uMVMatrix;
   uniform mat4 uPMatrix;

❸ out vec4 vColor;

   void main()
   {
       // 设置位置
     ❹ gl_Position = uPMatrix * uMVMatrix * vec4(cubePos.xyz, 1.0);

       // 设置颜色
     ❺ vColor = vec4(cubeCol.rgb, 1.0);
   }
   """
```

首先，设置了表示位置和颜色的输入变量❶。布局（layout）使用的索引与 RayCube 类的顶点着色器定义的索引相同，这是因为 RayCastRender 使用 RayCube 类中定义的 VBO 来绘制几何形状，所以在这两个顶点着色器中指定的位置（location）必须相同。然后，定义了输入变换矩阵❷，并将一个颜色值设置为着色器输出❸。接下来，使用变换计算内置输出 gl_Position❹，再将输出变量 vColor 设置为颜色立方体顶点的当前颜色❺，根据顶点的 vColor 值执行插值运算，以便给片元着色器提供正确的 vColor 值。

2. 片元着色器

片元着色器扮演着重要角色，它实现了体光线投射算法的核心部分。

```
strFS = """
# version 410 core

in vec4 vColor;
```

```
uniform sampler2D texBackFaces;
uniform sampler3D texVolume;
uniform vec2 uWinDims;

out vec4 fragColor;

void main()
{
    // 光线的起点
  ❶ vec3 start = vColor.rgb;

    // 计算片元的纹理坐标
    // 将窗口坐标除以窗口尺寸
  ❷ vec2 texc = gl_FragCoord.xy/uWinDims.xy;

    // 根据背面颜色确定光线的终点
  ❸ vec3 end = texture(texBackFaces, texc).rgb;

    // 计算光线的方向
  ❹ vec3 dir = end - start;

    // 归一化光线方向向量
    vec3 norm_dir = normalize(dir);

    // 计算从正面到背面的距离
    // 并根据它来确定光线终点
    float len = length(dir.xyz);

    // 沿光线前进的步长
    float stepSize = 0.01;

    // X射线投影
    vec4 dst = vec4(0.0);

    // 沿光线逐步前行
  ❺ for(float t = 0.0; t < len; t += stepSize) {

        // 计算沿光线前进到了什么位置
      ❻ vec3 samplePos = start + t*norm_dir;

        // 获取当前位置的纹理值
      ❼ float val = texture(texVolume, samplePos).r;
        vec4 src = vec4(val);

        // 设置不透明度
      ❽ src.a *= 0.1;
        src.rgb *= src.a;

        // 与src值混合
      ❾ dst = (1.0 - dst.a)*src + dst;

        // alpha超过指定阈值时退出循环
      ❿ if(dst.a >= 0.95)
            break;
    }

    // 设置片元颜色
    fragColor = dst;

}
"""
```

11

片元着色器的输入为立方体顶点的颜色，它还能够访问渲染颜色立方体生成的二维纹理、包含体数据的三维纹理以及 OpenGL 窗口的尺寸。

片元着色器执行时，传入了颜色立方体的正面，因此通过查找传入的颜色值❶来确定进入颜色立方体的光线的起点（11.3.2 小节"生成光线"中讨论了立方体中颜色与光线方向之间的关系）。

计算当前片元的纹理坐标❷。这里将片元的窗口坐标除以窗口尺寸，从而将窗口坐标映射到范围[0, 1]内的值。使用这个纹理坐标找出颜色立方体背面的颜色，确定了光线的终点❸。

接下来，计算光线的方向❹，将该方向向量归一化并计算光线的长度，这对执行体光线投射计算很有帮助。然后，使用循环从光线的起点出发，沿光线方向逐步前进，直到到达光线的终点❺。在这个循环中，计算当前沿光线前进到了视景体内的什么位置❻，并找出该位置的数据值❼，再使用混合公式计算 X 射线效果❽❾——将 dst 值与（使用 alpha 值缩小后的）src 值相加。这个过程将不断重复，直到到达光线的终点。alpha 值会不断增大，到达阈值 0.95 后将退出循环❿。在每个像素处，最终结果（体现为颜色或亮度）大致相当于光线经由的立方体中各点的平均不透明度，这产生了"透视"或者说 X 射线效果（可尝试调整阈值和根据 alpha 值缩小的方式，以产生不同的效果）。

11.3.4　显示二维切片

除显示体数据的三维视图外，还要在屏幕上显示 x、y 和 z 轴方向的体数据的二维切片。相关的代码封装在 SliceRender 类中，这个类创建体数据的二维切片。要查看文件 slicerender.py 中的完整代码，可参阅 11.10 节"显示二维切片的完整代码"，也可见本书配套源代码中的"/volrender/slicerender.py"。

下面是 SliceRender 类的构造函数中的初始化代码，这些代码设置二维切片的几何参数：

```
class SliceRender:
    def __init__(self, width, height, volume):
    --省略--
        # 创建顶点数组对象（VAO）
        self.vao = glGenVertexArrays(1)
        glBindVertexArray(self.vao)

        # 定义四边形的顶点
❶ vertexData = numpy.array([0.0, 1.0, 0.0,
                            0.0, 0.0, 0.0,
                            1.0, 1.0, 0.0,
                            1.0, 0.0, 0.0], numpy.float32)

        # 顶点缓存
        self.vertexBuffer = glGenBuffers(1)
        glBindBuffer(GL_ARRAY_BUFFER, self.vertexBuffer)
        glBufferData(GL_ARRAY_BUFFER, 4*len(vertexData), vertexData,
                        GL_STATIC_DRAW)
        # 启用顶点属性数组
        glEnableVertexAttribArray(self.vertIndex)
        # 设置缓存
        glBindBuffer(GL_ARRAY_BUFFER, self.vertexBuffer)
        glVertexAttribPointer(self.vertIndex, 3, GL_FLOAT, GL_FALSE, 0, None)
```

```
    # 解除 VAO 绑定
    glBindVertexArray(0)
```

与前面的示例一样，这些代码创建一个 VAO 来管理 VBO。定义了一个位于 *xOy* 平面上的正方形的几何参数❶（顶点的排列顺序就是 GL_TRIANGLE_STRIP 中顶点的顺序，这在第 9 章介绍过）。无论要显示的切片与 *x*、*y* 还是 *z* 轴垂直，都将使用相同的几何结构。这 3 种情形的唯一不同在于，显示的是二维纹理的哪个数据平面，后面讨论顶点着色器时将更详细地讨论这一点。

下面是渲染二维切片的方法：

```
def draw(self):
    # 清除缓存
    glClear(GL_COLOR_BUFFER_BIT | GL_DEPTH_BUFFER_BIT)
    # 创建投影矩阵
❶  pMatrix = glutils.ortho(-0.6, 0.6, -0.6, 0.6, 0.1, 100.0)
    # 模型视图矩阵
❷  mvMatrix = numpy.array([1.0, 0.0, 0.0, 0.0,
                           0.0, 1.0, 0.0, 0.0,
                           0.0, 0.0, 1.0, 0.0,
                           -0.5, -0.5, -1.0, 1.0], numpy.float32)
    # 使用着色器
    glUseProgram(self.program)

    # 设置投影矩阵
    glUniformMatrix4fv(self.pMatrixUniform, 1, GL_FALSE, pMatrix)

    # 设置模型视图矩阵
    glUniformMatrix4fv(self.mvMatrixUniform, 1, GL_FALSE, mvMatrix)

    # 设置当前的切片分数位
❸  glUniform1f(glGetUniformLocation(self.program, b"uSliceFrac"),
                float(self.currSliceIndex)/float(self.currSliceMax))
    # 设置切割模式
❹  glUniform1i(glGetUniformLocation(self.program, b"uSliceMode"),
                self.mode)

    # 启用纹理
    glActiveTexture(GL_TEXTURE0)
    glBindTexture(GL_TEXTURE_3D, self.texture)
    glUniform1i(glGetUniformLocation(self.program, b"tex"), 0)

    # 绑定 VAO
    glBindVertexArray(self.vao)
    # 绘画
    glDrawArrays(GL_TRIANGLE_STRIP, 0, 4)
    # 解除 VAO 绑定
    glBindVertexArray(0)
```

每个二维切片都是正方形，这是使用 OpenGL 三角形带创建的，因此这些代码做了针对三角形带的渲染设置。在❶处，使用方法 glutils.ortho()实现了正交投影，设置投影矩阵时，在表示切片的单位正方形周围添加了 0.1 的缓冲带。

使用 OpenGL 绘图时，默认视图（未做任何变换时）将视点放在(0, 0, 0)处，观察方向是沿 *z* 轴负方向，而坐标系的 *y* 轴向上，*x* 轴向右。通过对几何体应用平移(−0.5, −0.5, −1.0)，让它以 *z* 轴为中线❷。设置当前切片分数位❸（例如，如果当前切片为 100 个切片中的第 10 个，则当前切片分数位为 0.1）和切割模式❹（指定要查看 *x*、*y* 还是 *z* 方向的切片，这些方向分别用 0、

1 和 2 表示），这两个值都被传递给顶点着色器。

1. 顶点着色器

下面来看看 SliceRender 类使用的顶点着色器：

```
strVS = """
# version 410 core

in vec3 aVert;

uniform mat4 uMVMatrix;
uniform mat4 uPMatrix;
uniform float uSliceFrac;
uniform int uSliceMode;

out vec3 texcoord;

void main() {
    // x 切割模式
    if (uSliceMode == 0) {
      ❶ texcoord = vec3(uSliceFrac, aVert.x, 1.0-aVert.y);
    }
    // y 切割模式
    else if (uSliceMode == 1) {
      ❷ texcoord = vec3(aVert.x, uSliceFrac, 1.0-aVert.y);
    }
    // z 切割模式
    else {
      ❸ texcoord = vec3(aVert.x, 1.0-aVert.y, uSliceFrac);
    }

    // 计算变换后的顶点
    gl_Position = uPMatrix * uMVMatrix * vec4(aVert, 1.0);
}
"""
```

这个顶点着色器将三角形带顶点数组作为输入，将纹理坐标作为输出。同时，通过 uniform 变量 uSliceFrac 和 uSliceMode 传入了当前切片分数位和切割模式。

这个顶点着色器有 3 个分支，具体执行哪个分支取决于切割模式。例如，如果 uSliceMode 为 0，将计算 x 轴方向上一个切片的纹理坐标❶。由于是沿垂直于 x 轴的方向切割，因此要求切片与 yOz 平面平行。传入顶点着色器的三维顶点坐标兼作三维纹理坐标，坐标的值在范围[0, 1] 内，因此纹理坐标为(f, V_x, V_y)，其中 f 为当前切片的分数位，而 V_x 和 V_y 为顶点坐标。可惜这样生成的图像将是倒过来的，因为 OpenGL 坐标系原点位于左下角，其 y 轴方向向上，与所需方向相反。为解决这个问题，将纹理坐标修改$(f, V_x, 1 - V_y)$❶。在 uSliceMode 的值为 1 或 2 时，使用类似的逻辑计算 y❷和 z❸轴方向上切片的纹理坐标。

2. 片元着色器

下面是片元着色器。

```
strFS = """
# version 410 core
```

```
❶ in vec3 texcoord;
❷ uniform sampler3D tex;

  out vec4 fragColor;

  void main() {
      // 在纹理中查找颜色
    ❸ vec4 col = texture(tex, texcoord);
    ❹ fragColor = col.rrra;
  }
  """
```

这个片元着色器将 texcoord 声明为输入❶，它是顶点着色器的输出。tex 被声明为 uniform 变量❷。根据 texcoord 查找纹理颜色❸，并设置输出变量为 fragColor❹（由于将读入的纹理作为红色通道，因此使用了 col.rrra）。

3. 让用户能够切割体数据

现在需要让用户能够切割体数据，为此在 SliceRender 类中定义了一个按键处理程序：

```
  def keyPressed(self, key):
      """按键处理程序"""
❶ if key == 'x':
        self.mode = SliceRender.XSLICE
        # 重置切片索引
        self.currSliceIndex = int(self.Nx/2)
        self.currSliceMax = self.Nx
    elif key == 'y':
        self.mode = SliceRender.YSLICE
        # 重置切片索引
        self.currSliceIndex = int(self.Ny/2)
        self.currSliceMax = self.Ny
    elif key == 'z':
        self.mode = SliceRender.ZSLICE
        # 重置切片索引
        self.currSliceIndex = int(self.Nz/2)
        self.currSliceMax = self.Nz
    elif key == 'l':
      ❷ self.currSliceIndex = (self.currSliceIndex + 1) % self.currSliceMax
    elif key == 'r':
        self.currSliceIndex = (self.currSliceIndex - 1) % self.currSliceMax
```

11

用户按 X、Y 或 Z 键时，SliceRender 将切换到 x、y 或 z 切割模式。例如，❶处展示了如何处理 x 切割模式：设置合适的切割模式，将当前切片索引设置为数据中间的位置，并更新最大切片编号。

用户按向左方向键或向右方向键时，将滚动切片。例如，用户按向左方向键时，将当前切片索引加 1❷，求模运算符（%）确保索引超过最大切片编号时将回到 0。

11.3.5　整合代码

下面来快速浏览一下这个项目的主文件——volrender.py。这个文件包含负责创建和管理 GLFW OpenGL 窗口的 RenderWin 类，类似于第 9 和 10 章的 RenderWindow 类，因此这里不再详细介绍它。要查看文件 volrender.py 中的完整代码，可参阅 11.11 节"完整的主文件代码"，也可见本书配套源代码中的 "/volrender/volrender.py"。

在这个类的初始化代码中，创建了渲染器：

```
class RenderWin:
    def __init__(self, imageDir):
    --省略--
        # 加载体数据
    ❶ self.volume = volreader.loadVolume(imageDir)
        # 创建渲染器
    ❷ self.renderer = RayCastRender(self.width, self.height, self.volume)
```

这里使用前面讨论过的函数 loadVolume()将三维数据读入一个 OpenGL 纹理❶，再创建一个用于显示数据的 RayCastRender 对象❷。

按键事件处理程序

RenderWindow 类需要包含按键处理程序，让用户能够在体渲染和切片渲染之间切换以及关闭窗口。这个方法还将有些按键事件交给 RayCastRender 和 SliceRender 类的按键事件处理程序，让它们旋转相机或导览二维切片。

```
def onKeyboard(self, win, key, scancode, action, mods):
    # print 'keyboard: ', win, key, scancode, action, mods
    # 按 Esc 键退出
    if key is glfw.GLFW_KEY_ESCAPE:
        self.renderer.close()
        self.exitNow = True
    else:
    ❶ if action is glfw.GLFW_PRESS or action is glfw.GLFW_REPEAT:
            if key == glfw.GLFW_KEY_V:
                # 切换渲染模式
            ❷ if isinstance(self.renderer, RayCastRender):
                    self.renderer = SliceRender(self.width, self.height,
                                                self.volume)
                else:
                    self.renderer = RayCastRender(self.width, self.height,
                                                  self.volume)
                # 对渲染器调用 reshape()
                self.renderer.reshape(self.width, self.height)
            else:
                # 将按键事件交给渲染器处理
            ❸ keyDict = {glfw.GLFW_KEY_X: 'x', glfw.GLFW_KEY_Y: 'y',
                           glfw.GLFW_KEY_Z: 'z', glfw.GLFW_KEY_LEFT: 'l',
                           glfw.GLFW_KEY_RIGHT: 'r'}
                try:
                    self.renderer.keyPressed(keyDict[key])
                except:
                    pass
```

用户按 Esc 键将退出程序。指定无论是用户按一下键还是按住键不放，都要做出响应❶。如果按的是 V 键，就使用 Python 方法 isinstance()确定当前的渲染器类型，并切换到另一种渲染器（如果当前是体渲染器，就切换到切片渲染器；如果当前是切片渲染器，就切换到体渲染器）❷。为处理其他按键事件（用户按 X、Y、Z、向左方向或向右方向键），使用了一个字典❸将按键事件交给当前渲染器的处理程序 keyPressed()处理。有关切片渲染器的处理程序 keyPressed()，在 11.3.4 小节 "显示二维切片" 中介绍过。

注意 这里没有直接传递 glfw.KEY 值，而使用字典将它们转换成了相应的字符，因为这样可以减少源代码文件的依赖项。在本项目中，当前只有文件 volrender.py 依赖于 GLFW，如果将 GLFW 特有的类型传入其他代码，这些代码将依赖于 GLFW，进而需要导入 GLFW 库。在这种情况下，如果使用其他的 OpenGL 窗口工具包，代码将无法正常运行。

11.4 运行程序

下面使用斯坦福体数据存档中的数据运行这个程序：

```
$ python volrender.py --dir mrbrain-8bit/
```

输出如图 11.6 所示。

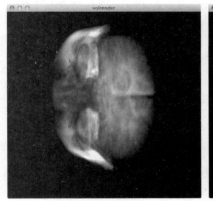 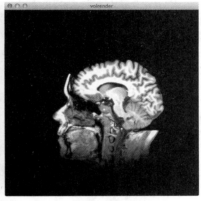

（a）体渲染结果 （b）二维切片

图 11.6 程序 volrender.py 的运行情况

在这个程序运行时，可按 V 键在体渲染和切片渲染之间切换。在切割模式下，可按 X、Y 和 Z 键修改切割轴，还可按向左、向右方向键修改切割位置。

11.5 小结

本章介绍了如何使用 Python 和 OpenGL 实现体光线投射算法，包括如何使用 GLSL 着色器高效地实现这种算法，以及如何根据体数据创建二维切片。

11.6 实验

下面是一些改进这个体光线投射程序的方式。

1. 当前，在体光线投射模式下，难以看清体数据的"立方体"边界。请实现一个 WireFrame 类，绘制一个环绕该立方体的边框。x、y 和 z 轴的颜色分别是红色、绿色和蓝色，它们都有自己的着色器。在 RayCastRender 中使用 WireFrame 类。

2. 实现数据缩放。在本项目中，绘制了一个立方体来表示体数据，并绘制了一个正方形来表示二维切片，这假设了数据集是对称的（即每个方向的切片数都相同），但实际数据在每个方向的切片数大多不同。特别是医疗数据，在 z 方向上的切片数通常较少，例如，某数据集的尺寸为 256 × 256 × 99。要正确地显示这样的数据，必须在计算中引入缩放因子。为此，一种方式是对立方体顶点（三维体数据）和正方形顶点（二维切片）进行缩放。这样做后，就可让用户通过命令行参数输入缩放参数。

3．本章的体光线投射实现使用了 X 射线投射来计算像素的最终颜色或亮度值，另一种常见的做法是，使用最大亮度投影（Maximum Intensity Projection，MIP）来设置每个像素的最大亮度。请在代码中实现这种做法。（提示：在 RayCastRender 的片元着色器中，修改沿光线逐步前进的代码，使其找出并使用光线上最大的亮度值，而不是对值进行混合）

4．当前，只实现了绕 x、y 和 z 轴旋转的功能，请实现缩放功能，在用户按 I 或 O 键时放大或缩小体渲染图像。可调用方法 glutils.lookAt() 并指定合适的相机参数，但需要注意的是，如果将视点移到立方体内，体光线投射算法将失败，因为 OpenGL 将把颜色立方体正面裁剪掉，而用体光线投射算法生成光线时，需要用到颜色立方体的正面和背面。作为替代方案，可使用方法 glutils.projection() 来调整视野，从而实现缩放。

11.7 完整的三维纹理生成代码

下面是文件 volreader.py 中的完整代码：

```python
import os
import numpy as np
from PIL import Image

import OpenGL
from OpenGL.GL import *

from scipy import misc

def loadVolume(dirName):
    """从文件夹中读取体数据，并将其转换为三维纹理"""
    # 列出目录中的图像
    files = sorted(os.listdir(dirName))
    print('loading images from: %s' % dirName)
    imgDataList = []
    count = 0
    width, height = 0, 0
    for file in files:
        file_path = os.path.abspath(os.path.join(dirName, file))
        try:
            # 读取图像
            img = Image.open(file_path)
            imgData = np.array(img.getdata(), np.uint8)
            # 检查所有图像的尺寸是否相同
            if count is 0:
                width, height = img.size[0], img.size[1]
                imgDataList.append(imgData)
            else:
                if (width, height) == (img.size[0], img.size[1]):
                    imgDataList.append(imgData)
                else:
                    print('mismatch')
```

```
                        raise RunTimeError("image size mismatch")
                count += 1
                # print img.size
        except:
                # 跳过
                print('Invalid image: %s' % file_path)

    # 将图像数据载入单个数组
    depth = count
    data = np.concatenate(imgDataList)
    print('volume data dims: %d %d %d' % (width, height, depth))

    # 将数据载入三维纹理
    texture = glGenTextures(1)
    glPixelStorei(GL_UNPACK_ALIGNMENT, 1)
    glBindTexture(GL_TEXTURE_3D, texture)
    glTexParameterf(GL_TEXTURE_3D, GL_TEXTURE_WRAP_S, GL_CLAMP_TO_EDGE)
    glTexParameterf(GL_TEXTURE_3D, GL_TEXTURE_WRAP_T, GL_CLAMP_TO_EDGE)
    glTexParameterf(GL_TEXTURE_3D, GL_TEXTURE_WRAP_R, GL_CLAMP_TO_EDGE)
    glTexParameterf(GL_TEXTURE_3D, GL_TEXTURE_MAG_FILTER, GL_LINEAR)
    glTexParameterf(GL_TEXTURE_3D, GL_TEXTURE_MIN_FILTER, GL_LINEAR)
    glTexImage3D(GL_TEXTURE_3D, 0, GL_RED,
                 width, height, depth, 0,
                 GL_RED, GL_UNSIGNED_BYTE, data)
    # 返回纹理
    return (texture, width, height, depth)

# 载入纹理
def loadTexture(filename):
    img = Image.open(filename)
    img_data = np.array(list(img.getdata()), 'B')
    texture = glGenTextures(1)
    glPixelStorei(GL_UNPACK_ALIGNMENT,1)
    glBindTexture(GL_TEXTURE_2D, texture)
    glTexParameterf(GL_TEXTURE_2D, GL_TEXTURE_WRAP_S, GL_CLAMP_TO_EDGE)
    glTexParameterf(GL_TEXTURE_2D, GL_TEXTURE_WRAP_T, GL_CLAMP_TO_EDGE)
    glTexParameterf(GL_TEXTURE_2D, GL_TEXTURE_MAG_FILTER, GL_LINEAR)
    glTexParameterf(GL_TEXTURE_2D, GL_TEXTURE_MIN_FILTER, GL_LINEAR)
    glTexImage2D(GL_TEXTURE_2D, 0, GL_RGBA, img.size[0], img.size[1],
                 0, GL_RGBA, GL_UNSIGNED_BYTE, img_data)
    return texture
```

11.8 完整的光线生成代码

下面是 RayCube 类的完整代码。

```
import OpenGL
from OpenGL.GL import *
from OpenGL.GL.shaders import *

import numpy, math, sys
import volreader, glutils

strVS = """
# version 330 core

layout(location = 1) in vec3 cubePos;
layout(location = 2) in vec3 cubeCol;

uniform mat4 uMVMatrix;
```

```
uniform mat4 uPMatrix;
out vec4 vColor;

void main()
{
    // 设置颜色立方体背面颜色
    vColor = vec4(cubeCol.rgb, 1.0);

    // 变换后的位置
    vec4 newPos = vec4(cubePos.xyz, 1.0);
    // 设置位置
    gl_Position = uPMatrix * uMVMatrix * newPos;

}
"""
strFS = """
# version 330 core

in vec4 vColor;
out vec4 fragColor;

void main()
{
    fragColor = vColor;
}
"""

class RayCube:
    """体光线投射算法用来生成光线的类"""

    def __init__(self, width, height):
        """RayCube 类的构造函数"""

        # 设置尺寸
        self.width, self.height = width, height

        # 创建着色器
        self.program = glutils.loadShaders(strVS, strFS)

        # 颜色立方体的顶点
        vertices = numpy.array([
                0.0, 0.0, 0.0,
                1.0, 0.0, 0.0,
                1.0, 1.0, 0.0,
                0.0, 1.0, 0.0,
                0.0, 0.0, 1.0,
                1.0, 0.0, 1.0,
                1.0, 1.0, 1.0,
                0.0, 1.0, 1.0
                ], numpy.float32)

        # 颜色立方体的颜色
        colors = numpy.array([
                0.0, 0.0, 0.0,
                1.0, 0.0, 0.0,
                1.0, 1.0, 0.0,
                0.0, 1.0, 0.0,
                0.0, 0.0, 1.0,
                1.0, 0.0, 1.0,
                1.0, 1.0, 1.0,
                0.0, 1.0, 1.0
                ], numpy.float32)
```

```python
# 各个三角形
indices = numpy.array([
        4, 5, 7,
        7, 5, 6,
        5, 1, 6,
        6, 1, 2,
        1, 0, 2,
        2, 0, 3,
        0, 4, 3,
        3, 4, 7,
        6, 2, 7,
        7, 2, 3,
        4, 0, 5,
        5, 0, 1
        ], numpy.int16)

self.nIndices = indices.size

# 设置顶点数组对象（VAO）
self.vao = glGenVertexArrays(1)
glBindVertexArray(self.vao)

# 顶点缓存
self.vertexBuffer = glGenBuffers(1)
glBindBuffer(GL_ARRAY_BUFFER, self.vertexBuffer)
glBufferData(GL_ARRAY_BUFFER, 4*len(vertices), vertices, GL_STATIC_DRAW)

# 顶点缓存（立方体顶点的颜色）
self.colorBuffer = glGenBuffers(1)
glBindBuffer(GL_ARRAY_BUFFER, self.colorBuffer)
glBufferData(GL_ARRAY_BUFFER, 4*len(colors), colors, GL_STATIC_DRAW);

# 索引缓存
self.indexBuffer = glGenBuffers(1)
glBindBuffer(GL_ELEMENT_ARRAY_BUFFER, self.indexBuffer);
glBufferData(GL_ELEMENT_ARRAY_BUFFER, 2*len(indices), indices,
            GL_STATIC_DRAW)

# 使用着色器中的布局（layout）索引启用属性
aPosLoc = 1
aColorLoc = 2

# 绑定缓存
glEnableVertexAttribArray(1)
glEnableVertexAttribArray(2)

# 顶点
glBindBuffer(GL_ARRAY_BUFFER, self.vertexBuffer)
glVertexAttribPointer(aPosLoc, 3, GL_FLOAT, GL_FALSE, 0, None)

# 颜色
glBindBuffer(GL_ARRAY_BUFFER, self.colorBuffer)
glVertexAttribPointer(aColorLoc, 3, GL_FLOAT, GL_FALSE, 0, None)
# 索引
glBindBuffer(GL_ELEMENT_ARRAY_BUFFER, self.indexBuffer)
# 解除 VAO 绑定
glBindVertexArray(0)

# FBO
self.initFBO()
```

```python
    def renderBackFace(self, pMatrix, mvMatrix):
        """将颜色立方体的背面渲染到一个纹理, 并返回该纹理"""
        # 渲染到 FBO
        glBindFramebuffer(GL_FRAMEBUFFER, self.fboHandle)
        # 设置活动纹理
        glActiveTexture(GL_TEXTURE0)
        # 绑定到 FBO 纹理
        glBindTexture(GL_TEXTURE_2D, self.texHandle)

        #以启用面剔除的方式渲染颜色立方体
        self.renderCube(pMatrix, mvMatrix, self.program, True)

        # 解除 FBO 纹理绑定
        glBindTexture(GL_TEXTURE_2D, 0)
        glBindFramebuffer(GL_FRAMEBUFFER, 0)
        glBindRenderbuffer(GL_RENDERBUFFER, 0)

        # 返回 FBO 纹理 ID
        return self.texHandle

    def renderFrontFace(self, pMatrix, mvMatrix, program):
        """渲染颜色立方体的正面"""
        # 不启用面剔除
        self.renderCube(pMatrix, mvMatrix, program, False)

    def renderCube(self, pMatrix, mvMatrix, program, cullFace):
        """如果设置了 cullFace 标志, 就使用面剔除模式"""

        glClear(GL_COLOR_BUFFER_BIT | GL_DEPTH_BUFFER_BIT)

        # 设置着色器程序
        glUseProgram(program)

        # 设置投影矩阵
        glUniformMatrix4fv(glGetUniformLocation(program, b'uPMatrix'),
                           1, GL_FALSE, pMatrix)

        # 设置模型视图矩阵
        glUniformMatrix4fv(glGetUniformLocation(program, b'uMVMatrix'),
                           1, GL_FALSE, mvMatrix)

        # 启用面剔除
        glDisable(GL_CULL_FACE)
        if cullFace:
            glFrontFace(GL_CCW)
            glCullFace(GL_FRONT)
            glEnable(GL_CULL_FACE)
        # 绑定 VAO
        glBindVertexArray(self.vao)

        # 以动画方式显示切片
        glDrawElements(GL_TRIANGLES, self.nIndices, GL_UNSIGNED_SHORT, None)

        # 解除 VAO 绑定
        glBindVertexArray(0)

        # 重置面剔除设置
        if cullFace:
            # 禁用面剔除
            glDisable(GL_CULL_FACE)

    def reshape(self, width, height):
```

```python
        self.width = width
        self.height = height
        self.aspect = width/float(height)
        # 重新创建 FBO
        self.clearFBO()
        self.initFBO()

    def initFBO(self):
        # 创建帧缓存对象
        self.fboHandle = glGenFramebuffers(1)
        # 创建纹理
        self.texHandle = glGenTextures(1)
        # 创建深度缓存
        self.depthHandle = glGenRenderbuffers(1)

        # 绑定
        glBindFramebuffer(GL_FRAMEBUFFER, self.fboHandle)

        glActiveTexture(GL_TEXTURE0)
        glBindTexture(GL_TEXTURE_2D, self.texHandle)

        #设置参数以便以不同的尺寸绘制图像
        glTexParameteri(GL_TEXTURE_2D, GL_TEXTURE_MIN_FILTER, GL_LINEAR)
        glTexParameteri(GL_TEXTURE_2D, GL_TEXTURE_MAG_FILTER, GL_LINEAR)
        glTexParameteri(GL_TEXTURE_2D, GL_TEXTURE_WRAP_S, GL_CLAMP_TO_EDGE)
        glTexParameteri(GL_TEXTURE_2D, GL_TEXTURE_WRAP_T, GL_CLAMP_TO_EDGE)

        # 设置纹理
        glTexImage2D(GL_TEXTURE_2D, 0, GL_RGBA, self.width, self.height,
                     0, GL_RGBA, GL_UNSIGNED_BYTE, None)

        # 将纹理绑定到 FBO
        glFramebufferTexture2D(GL_FRAMEBUFFER, GL_COLOR_ATTACHMENT0,
                               GL_TEXTURE_2D, self.texHandle, 0)

        # 绑定
        glBindRenderbuffer(GL_RENDERBUFFER, self.depthHandle)
        glRenderbufferStorage(GL_RENDERBUFFER, GL_DEPTH_COMPONENT24,
                              self.width, self.height)
        # 将深度缓存绑定到 FBO
        glFramebufferRenderbuffer(GL_FRAMEBUFFER, GL_DEPTH_ATTACHMENT,
                                  GL_RENDERBUFFER, self.depthHandle)

        # 检查状态
        status = glCheckFramebufferStatus(GL_FRAMEBUFFER)
        if status == GL_FRAMEBUFFER_COMPLETE:
            pass
            # print "fbo %d complete" % self.fboHandle
        elif status == GL_FRAMEBUFFER_UNSUPPORTED:
            print("fbo %d unsupported" % self.fboHandle)
        else:
            print("fbo %d Error" % self.fboHandle)

        glBindTexture(GL_TEXTURE_2D, 0)
        glBindFramebuffer(GL_FRAMEBUFFER, 0)
        glBindRenderbuffer(GL_RENDERBUFFER, 0)
        return

    def clearFBO(self):
        """ 清除旧的 FBO """
        # 删除 FBO
        if glIsFramebuffer(self.fboHandle):
```

11

```
            glDeleteFramebuffers(1, int(self.fboHandle))

        # 删除纹理
        if glIsTexture(self.texHandle):
            glDeleteTextures(int(self.texHandle))

    def close(self):
        """释放 OpenGL 资源"""
        glBindTexture(GL_TEXTURE_2D, 0)
        glBindFramebuffer(GL_FRAMEBUFFER, 0)
        glBindRenderbuffer(GL_RENDERBUFFER, 0)

        # 删除 FBO
        if glIsFramebuffer(self.fboHandle):
            glDeleteFramebuffers(1, int(self.fboHandle))

        # 删除纹理
        if glIsTexture(self.texHandle):
            glDeleteTextures(int(self.texHandle))

        # 删除渲染缓存
        """
        if glIsRenderbuffer(self.depthHandle):
            glDeleteRenderbuffers(1, int(self.depthHandle))
        """
        # 删除缓存
        """
        glDeleteBuffers(1, self._vertexBuffer)
        glDeleteBuffers(1, &_indexBuffer)
        glDeleteBuffers(1, &_colorBuffer)
        """
```

11.9   完整的体光线投射算法代码

下面是文件 raycast.py 中完整的代码。

```
import OpenGL
from OpenGL.GL import *
from OpenGL.GL.shaders import *

import numpy as np
import math, sys

import raycube, glutils, volreader

strVS = """
# version 330 core

layout(location = 1) in vec3 cubePos;
layout(location = 2) in vec3 cubeCol;

uniform mat4 uMVMatrix;
uniform mat4 uPMatrix;

out vec4 vColor;

void main()
{
    // 设置位置
    gl_Position = uPMatrix * uMVMatrix * vec4(cubePos.xyz, 1.0);
```

```
    // 设置颜色
    vColor = vec4(cubeCol.rgb, 1.0);
}
"""
strFS = """
# version 330 core

in vec4 vColor;

uniform sampler2D texBackFaces;
uniform sampler3D texVolume;
uniform vec2 uWinDims;

out vec4 fragColor;

void main()
{
    // 光线的起点
    vec3 start = vColor.rgb;

    // 计算片元的纹理坐标
    // 将窗口坐标除以窗口尺寸
    vec2 texc = gl_FragCoord.xy/uWinDims.xy;

    // 根据背面颜色确定光线的终点
    vec3 end = texture(texBackFaces, texc).rgb;
    // 计算光线的方向
    vec3 dir = end - start;

    // 归一化光线方向向量
    vec3 norm_dir = normalize(dir);

    // 计算从正面到背面的距离
    // 并根据它来确定光线终点
    float len = length(dir.xyz);

    // 沿光线前进的步长
    float stepSize = 0.01;

    // X 射线投影
    vec4 dst = vec4(0.0);

    // 沿光线逐步前行
    for(float t = 0.0; t < len; t += stepSize) {

        // 计算沿光线前进到了什么位置
        vec3 samplePos = start + t*norm_dir;

        // 获取当前位置的纹理值
        float val = texture(texVolume, samplePos).r;
        vec4 src = vec4(val);

        // 设置不透明度
        src.a *= 0.1;
        src.rgb *= src.a;

        // 与 src 值混合
        dst = (1.0 - dst.a)*src + dst;

        // alpha 超过指定阈值时退出循环
        if(dst.a >= 0.95)
            break;
```

```
        }

        // 设置片元颜色
        fragColor =  dst;
}
"""

class Camera:
    """设置观察位置和角度的辅助类"""
    def __init__(self):
        self.r = 1.5
        self.theta = 0
        self.center = [0.5, 0.5, 0.5]
        self.eye = [0.5 + self.r, 0.5, 0.5]
        self.up = [0.0, 0.0, 1.0]

    def rotate(self, clockWise):
        """将视点旋转一个步长"""
        if clockWise:
            self.theta = (self.theta + 5) % 360
        else:
            self.theta = (self.theta - 5) % 360
        # 重新计算视点
        self.eye = [0.5 + self.r*math.cos(math.radians(self.theta)),
                    0.5 + self.r*math.sin(math.radians(self.theta)),
                    0.5]

class RayCastRender:
    """实现体光线投射算法的类"""

    def __init__(self, width, height, volume):
        """ RayCastRender 类的构造函数"""

        # 创建 RayCube 对象
        self.raycube = raycube.RayCube(width, height)

        # 设置尺寸
        self.width = width
        self.height = height
        self.aspect = width/float(height)

        # 创建着色器
        self.program = glutils.loadShaders(strVS, strFS)
        # 纹理
        self.texVolume, self.Nx, self.Ny, self.Nz = volume

        # 初始化相机
        self.camera = Camera()

    def draw(self):

        # 创建投影矩阵
        pMatrix = glutils.perspective(45.0, self.aspect, 0.1, 100.0)

        # 模型视图矩阵
        mvMatrix = glutils.lookAt(self.camera.eye, self.camera.center,
                                  self.camera.up)
        # 渲染

        # 生成颜色立方体背面纹理
        texture = self.raycube.renderBackFace(pMatrix, mvMatrix)
```

```python
        # 设置着色器程序
        glUseProgram(self.program)

        # 设置窗口尺寸
        glUniform2f(glGetUniformLocation(self.program, b"uWinDims"),
                    float(self.width), float(self.height))

        # 纹理单元 0（颜色立方体背面）
        glActiveTexture(GL_TEXTURE0)
        glBindTexture(GL_TEXTURE_2D, texture)
        glUniform1i(glGetUniformLocation(self.program, b"texBackFaces"), 0)
        # 纹理单元 1（三维体纹理）
        glActiveTexture(GL_TEXTURE1)
        glBindTexture(GL_TEXTURE_3D, self.texVolume)
        glUniform1i(glGetUniformLocation(self.program, b"texVolume"), 1)

        # 渲染颜色立方体的正面
        self.raycube.renderFrontFace(pMatrix, mvMatrix, self.program)

        #self.render(pMatrix, mvMatrix)

    def keyPressed(self, key):
        if key == 'l':
            self.camera.rotate(True)
        elif key == 'r':
            self.camera.rotate(False)

    def reshape(self, width, height):
        self.width = width
        self.height = height
        self.aspect = width/float(height)
        self.raycube.reshape(width, height)

    def close(self):
        self.raycube.close()
```

11.10　显示二维切片的完整代码

下面是显示二维切片的完整代码。

```python
import OpenGL
from OpenGL.GL import *
from OpenGL.GL.shaders import *
import numpy, math, sys

import volreader, glutils

strVS = """
# version 330 core

in vec3 aVert;

uniform mat4 uMVMatrix;
uniform mat4 uPMatrix;

uniform float uSliceFrac;
uniform int uSliceMode;

out vec3 texcoord;
```

```
void main() {

    // x 切割模式
    if (uSliceMode == 0) {
        texcoord = vec3(uSliceFrac, aVert.x, 1.0-aVert.y);
    }
    // y 切割模式
    else if (uSliceMode == 1) {
        texcoord = vec3(aVert.x, uSliceFrac, 1.0-aVert.y);
    }
    // z 切割模式
    else {
        texcoord = vec3(aVert.x, 1.0-aVert.y, uSliceFrac);
    }
    // 计算变换后的顶点
    gl_Position = uPMatrix * uMVMatrix * vec4(aVert, 1.0);
}
"""

strFS = """
# version 330 core

in vec3 texcoord;

uniform sampler3D tex;

out vec4 fragColor;

void main() {
    // 在纹理中查找颜色
    vec4 col = texture(tex, texcoord);
    fragColor = col.rrra;
}
"""

class SliceRender:
    # 切割模式
    XSLICE, YSLICE, ZSLICE = 0, 1, 2

    def __init__(self, width, height, volume):
        """SliceRender 类的构造函数"""
        self.width = width
        self.height = height
        self.aspect = width/float(height)

        # 切割模式
        self.mode = SliceRender.ZSLICE

        # 创建着色器
        self.program = glutils.loadShaders(strVS, strFS)

        glUseProgram(self.program)

        self.pMatrixUniform = glGetUniformLocation(self.program, b'uPMatrix')
        self.mvMatrixUniform = glGetUniformLocation(self.program, b"uMVMatrix")

        # 属性
        self.vertIndex = glGetAttribLocation(self.program, b"aVert")
        # 创建顶点数组对象（VAO）
        self.vao = glGenVertexArrays(1)
        glBindVertexArray(self.vao)
```

```
    # 定义四边形的顶点
    vertexData = numpy.array([0.0, 1.0, 0.0,
                              0.0, 0.0, 0.0,
                              1.0, 1.0, 0.0,
                              1.0, 0.0, 0.0], numpy.float32)
    # 顶点缓存
    self.vertexBuffer = glGenBuffers(1)
    glBindBuffer(GL_ARRAY_BUFFER, self.vertexBuffer)
    glBufferData(GL_ARRAY_BUFFER, 4*len(vertexData), vertexData,
                 GL_STATIC_DRAW)
    # 启用顶点属性数组
    glEnableVertexAttribArray(self.vertIndex)
    # 设置缓存
    glBindBuffer(GL_ARRAY_BUFFER, self.vertexBuffer)
    glVertexAttribPointer(self.vertIndex, 3, GL_FLOAT, GL_FALSE, 0, None)

    # 解除 VAO 绑定
    glBindVertexArray(0)

    # 载入纹理
    self.texture, self.Nx, self.Ny, self.Nz = volume

    # 当前切片索引
    self.currSliceIndex = int(self.Nz/2);
    self.currSliceMax = self.Nz;

def reshape(self, width, height):
    self.width = width
    self.height = height
    self.aspect = width/float(height)

def draw(self):
    # 清除缓存
    glClear(GL_COLOR_BUFFER_BIT | GL_DEPTH_BUFFER_BIT)
    # 创建投影矩阵
    pMatrix = glutils.ortho(-0.6, 0.6, -0.6, 0.6, 0.1, 100.0)
    # 模型视图矩阵
    mvMatrix = numpy.array([1.0, 0.0, 0.0, 0.0,
                            0.0, 1.0, 0.0, 0.0,
                            0.0, 0.0, 1.0, 0.0,
                            -0.5, -0.5, -1.0, 1.0], numpy.float32)
    # 使用着色器
    glUseProgram(self.program)

    # 设置投影矩阵
    glUniformMatrix4fv(self.pMatrixUniform, 1, GL_FALSE, pMatrix)

    # 设置模型视图矩阵
    glUniformMatrix4fv(self.mvMatrixUniform, 1, GL_FALSE, mvMatrix)

    # 设置当前的切片分数位
    glUniform1f(glGetUniformLocation(self.program, b"uSliceFrac"),
                float(self.currSliceIndex)/float(self.currSliceMax))
    # 设置切割模式
    glUniform1i(glGetUniformLocation(self.program, b"uSliceMode"),
                self.mode)

    # 启用纹理
    glActiveTexture(GL_TEXTURE0)
    glBindTexture(GL_TEXTURE_3D, self.texture)
    glUniform1i(glGetUniformLocation(self.program, b"tex"), 0)
```

```python
        # 绑定 VAO
        glBindVertexArray(self.vao)
        # 绘画
        glDrawArrays(GL_TRIANGLE_STRIP, 0, 4)
        # 解除 VAO 绑定
        glBindVertexArray(0)

    def keyPressed(self, key):
        """按键处理程序"""
        if key == 'x':
            self.mode = SliceRender.XSLICE
            # 重置切片索引
            self.currSliceIndex = int(self.Nx/2)
            self.currSliceMax = self.Nx
        elif key == 'y':
            self.mode = SliceRender.YSLICE
            # 重置切片索引
            self.currSliceIndex = int(self.Ny/2)
            self.currSliceMax = self.Ny
        elif key == 'z':
            self.mode = SliceRender.ZSLICE
            # 重置切片索引
            self.currSliceIndex = int(self.Nz/2)
            self.currSliceMax = self.Nz
        elif key == 'l':
            self.currSliceIndex = (self.currSliceIndex + 1) % self.currSliceMax
        elif key == 'r':
            self.currSliceIndex = (self.currSliceIndex - 1) % self.currSliceMax

    def close(self):
        pass
```

11.11　完整的主文件代码

下面是主文件的完整代码。

```python
import sys, argparse, os
from slicerender import *
from raycast import *
import glfw

class RenderWin:
    """GLFW 渲染窗口类"""
    def __init__(self, imageDir):
        # 保存当前工作目录
        cwd = os.getcwd()

        # 初始化 GLFW（这会修改工作目录）
        glfw.glfwInit()

        # 恢复到保存的当前工作目录
        os.chdir(cwd)

        # 版本提示
        glfw.glfwWindowHint(glfw.GLFW_CONTEXT_VERSION_MAJOR, 3)
        glfw.glfwWindowHint(glfw.GLFW_CONTEXT_VERSION_MINOR, 3)
        glfw.glfwWindowHint(glfw.GLFW_OPENGL_FORWARD_COMPAT, GL_TRUE)
        glfw.glfwWindowHint(glfw.GLFW_OPENGL_PROFILE,
                            glfw.GLFW_OPENGL_CORE_PROFILE)
```

```python
        # 创建一个窗口
        self.width, self.height = 512, 512
        self.aspect = self.width/float(self.height)
        self.win = glfw.glfwCreateWindow(self.width, self.height, b"volrender")
        # 设置当前 OpenGL 上下文
        glfw.glfwMakeContextCurrent(self.win)

        # 初始化 GL
        glViewport(0, 0, self.width, self.height)
        glEnable(GL_DEPTH_TEST)
        glClearColor(0.0, 0.0, 0.0, 0.0)

        # 设置窗口回调函数
        glfw.glfwSetMouseButtonCallback(self.win, self.onMouseButton)
        glfw.glfwSetKeyCallback(self.win, self.onKeyboard)
        glfw.glfwSetWindowSizeCallback(self.win, self.onSize)

        # 加载体数据
        self.volume =  volreader.loadVolume(imageDir)
        # 创建渲染器
        self.renderer = RayCastRender(self.width, self.height, self.volume)

        # 退出标志
        self.exitNow = False

    def onMouseButton(self, win, button, action, mods):
        # print 'mouse button: ', win, button, action, mods
        pass

    def onKeyboard(self, win, key, scancode, action, mods):
        # print 'keyboard: ', win, key, scancode, action, mods
        # 按 Esc 键退出
        if key is glfw.GLFW_KEY_ESCAPE:
            self.renderer.close()
            self.exitNow = True
        else:
            if action is glfw.GLFW_PRESS or action is glfw.GLFW_REPEAT:
                if key == glfw.GLFW_KEY_V:
                    # 切换渲染模式
                    if isinstance(self.renderer, RayCastRender):
                        self.renderer = SliceRender(self.width, self.height,
                                                    self.volume)
                    else:
                        self.renderer = RayCastRender(self.width, self.height,
                                                      self.volume)
                    # 对渲染器调用 reshape()
                    self.renderer.reshape(self.width, self.height)
                else:
                    # 将按键事件交给渲染器处理
                    keyDict = {glfw.GLFW_KEY_X: 'x', glfw.GLFW_KEY_Y: 'y',
                               glfw.GLFW_KEY_Z: 'z', glfw.GLFW_KEY_LEFT: 'l',
                               glfw.GLFW_KEY_RIGHT: 'r'}
                    try:
                        self.renderer.keyPressed(keyDict[key])
                    except:
                        pass

    def onSize(self, win, width, height):
        # print 'onsize: ', win, width, height
        self.width = width
        self.height = height
        self.aspect = width/float(height)
```

```
        glViewport(O, O, self.width, self.height)
        self.renderer.reshape(width, height)

    def run(self):
        # 开始循环
        while not glfw.glfwWindowShouldClose(self.win) and not self.exitNow:
            # 渲染
            self.renderer.draw()
            # 交换缓存
            glfw.glfwSwapBuffers(self.win)
            # 等待事件发生
            glfw.glfwWaitEvents()
        # 循环到此结束
        glfw.glfwTerminate()

# 函数 main()
def main():
    print('starting volrender...')
    # 创建 ArgumentParser
    parser = argparse.ArgumentParser(description="Volume Rendering...")
    # 添加参数
    parser.add_argument('--dir', dest='imageDir', required=True)
    # 分析参数
    args = parser.parse_args()

    # 创建渲染窗口
    rwin = RenderWin(args.imageDir)
    rwin.run()

# 调用函数 main()
if __name__ == '__main__':
    main()
```

Part 5

玩转硬件

　　系统中那些能够用锤子敲击（不建议这样做）的部分叫硬件，那些只能咒骂的程序指令叫软件。

——佚名

本篇内容

<table>
<tr><td>第 12 章</td><td>在树莓派Pico上实现
Karplus-Strong算法</td><td>12</td></tr>
</table>

第 4 章介绍了如何使用 Karplus-Strong 算法模拟弹拨乐器的音色,即在计算机上将基于五声音阶中的音符生成的音频保存为 WAV 文件并播放。在本章中,将介绍如何在微型硬件(树莓派 Pico)上实现这个项目。

树莓派 Pico(如图 12.1 所示)是使用 RP2040 微控制器芯片构建的,只有 264KB 的随机存储器(Random Access Memory, RAM),与典型个人计算机上数十 GB 的 RAM 相比,这相当有限!树莓派 Pico 还通过独立芯片提供了 2MB 闪存,这与普通计算机上数百 GB 的磁盘空间形成了鲜明对比。

尽管存在这些限制,树莓派 Pico 依然功能强大,可执行很多有用的服务,且相比于常规计算机成本低得多、耗电量少得多。像 RP2040 这样的微控制器无处不在,无论是在手表、空调、洗衣机、汽车还是手机中,都有它们的身影!

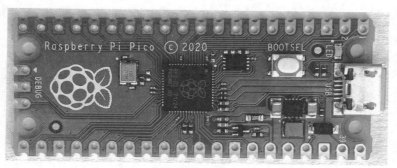

图 12.1 树莓派 Pico

本章项目的目标是,使用树莓派 Pico 创建一个带 5 个按钮的"乐器",按下每个按钮将发出基于五声音阶中某个音符的乐声,而这些音符是使用 Karplus-Strong 算法生成的。本项目的任务如下。

☐ 使用 MicroPython 进行微控制器编程(MicroPython 是针对树莓派 Pico 等设备进行了优化的 Python 实现)。

☐ 使用树莓派 Pico 在面包板上组装简单的音频电路。

☐ 使用 I2S 数字音频协议和 I2S 放大器将音频数据发送给扬声器。

☐ 在资源有限的微控制器中实现第 4 章介绍的 Karplus-Strong 算法。

12.1　工作原理

Karplus-Strong 算法在第 4 章详细讨论过，这里不赘述，仅重点介绍本项目的不同之处。第 4 章的程序是针对笔记本计算机或台式机设计的，它们有充足的 RAM 和硬盘资源，因此完全可以使用 Karplus-Strong 算法来创建 WAV 文件，并使用 PyAudio 通过扬声器来播放音频。这里面临的挑战是，如何调整项目代码，使其在资源有限的树莓派 Pico 上实现，为此需要做如下修改。

- ❑ 使用更低的采样率，以减少内存占用量。
- ❑ 使用简单的二进制文件来存储生成的原始样本，而不使用 WAV 文件。
- ❑ 使用 I2S 协议将音频数据发送给外置音频放大器。
- ❑ 利用内存管理技巧避免反复复制相同的数据。

后文将在出现这些修改的地方详细讨论它们。

12.1.1　输入和输出

为了让这个项目可交互，需要让树莓派 Pico 在用户输入时生成声音。为此，需要将 5 个按钮连接到树莓派 Pico，因为它没有键盘和鼠标（还需使用第 6 个按钮来运行程序）。还需要确定如何生成声音输出，因为不同于个人计算机，树莓派 Pico 开发板没有内置扬声器。图 12.2 显示了该项目的框图。

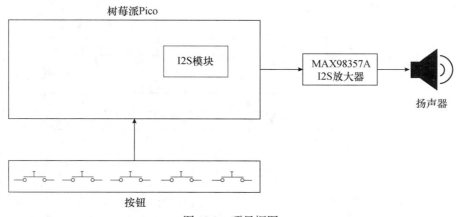

图 12.2　项目框图

按下按钮时，树莓派 Pico 上运行的 MicroPython 代码将使用 Karplus-Strong 算法生成弹奏的声音。这个算法生成的数字音频样本被发送到独立的 MAX98357A 放大器板，后者将数字数据解码为模拟音频信号。MAX98357A 还会放大模拟信号，能用来将其输出连接到外置的 8Ω 扬声器，以让人能够听到音频。图 12.3 所示为 Adafruit MAX98357A I2S 放大器电路板。

图 12.3　Adafruit MAX98357A I2S 放大器电路板

树莓派 Pico 必须以特定格式将数据发送给放大器电路板，这样才能将数据解码为音频信号。下面来介绍 I2S 协议。

12.1.2　I2S 协议

I2S（Inter-IC Sound，集成电路内置音频）协议是一种用于在设备间传输数字音频数据的标准。这是一种简单、便捷的方法，可以从微控制器获得高质量的音频输出。该协议使用 3 个数字信号来传输音频，如图 12.4 所示。

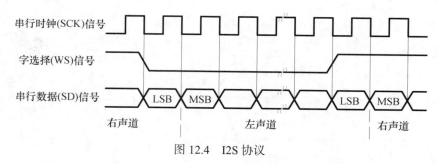

图 12.4　I2S 协议

第一个信号是串行时钟（SCK）信号，它以固定的速度在高电平和低电平之间交替变换，这个信号决定了数据传输的速率。第二个信号是字选择（WS）信号，它稳定地在高电平和低电平之间交替变换，指出当前传送的是左声道还是右声道的音频。最后，SD 是串行数据信号，它携带了实际的音频信息，以 N 位二进制数的形式表示音频的振幅。

为了理解这个工作原理，来看一个例子。假设要以 16000Hz 的采样率发送立体声音频，且每个声音样本的振幅都是 16 位值。WS 的频率应该与采样率相同，因为这是发送振幅值的速率，表示 WS 信号每秒会在高电平和低电平之间切换 16000 次。当它为高电平时，SD 发送一个声道的振幅值；当它为低电平时，SD 发送另一个声道的振幅值。由于每个声道的振幅值都由 16 位组成，因此 SD 必须以比采样率快 32 倍的速度进行传输。时钟控制着传输速率，所以 SCK 的频率必须是 16000Hz × 32 = 512000Hz。

在这个项目中，树莓派 Pico 将作为 I2S 发送器，生成 SCK、WS 和 SD 信号。MicroPython 为树莓派 Pico 提供了完整的 I2S 实现模块，因此大部分信号生成工作都将在幕后自动完成。前文说过，树莓派 Pico 将把这些信号发送给 MAX98357A 板，该板通过 I2S 协议接收音频数据，将 I2S 数据转换为模拟音频信号，以便通过扬声器进行播放。

12.2 需求

将使用 MicroPython 来编写这个针对树莓派 Pico 的项目。需要的硬件如下。

❑ 一个基于 RP2040 芯片的树莓派 Pico 开发板。
❑ 一个 Adafruit MAX98357A I2S 放大器电路板（分线板）。
❑ 一个 8Ω 扬声器。
❑ 6 个按钮。
❑ 5 个 10 kΩ 电阻器
❑ 一个面包板。
❑ 各种连接线。
❑ 一条 Micro USB 线，用于将代码上传到树莓派 Pico。

12.2.1 组装硬件

在一个面包板上组装硬件，图 12.5 展示了硬件连接方式。

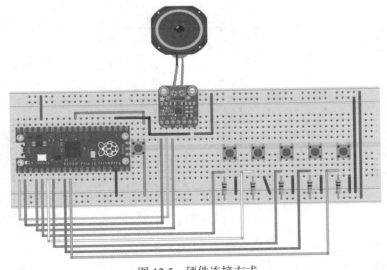

图 12.5 硬件连接方式

图 12.6 显示了来自官方数据手册的树莓派 Pico 引脚图，可在连接硬件时参考。

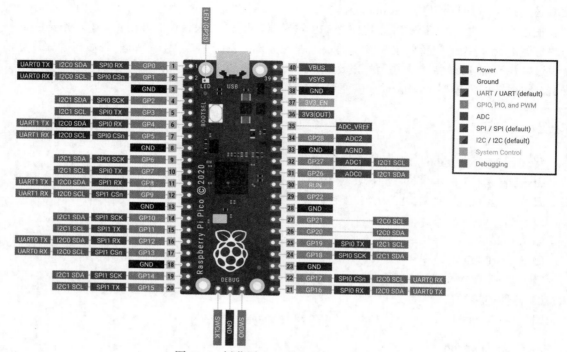

图 12.6   树莓派 Pico 数据手册中的引脚图

表 12.1 总结了需要在面包板上完成的电气连接。

表 12.1   电气连接

树莓派 Pico 引脚	连接
GP3	按钮 1（按钮 1 的另一个引脚通过 10 kΩ 电阻器连接到 VDD）
GP4	按钮 2（按钮 2 的另一个引脚通过 10 kΩ 电阻器连接到 VDD）
GP5	按钮 3（按钮 3 的另一个引脚通过 10 kΩ 电阻器连接到 VDD）
GP6	按钮 4（按钮 4 的另一个引脚通过 10 kΩ 电阻器连接到 VDD）
GP7	按钮 5（按钮 5 的另一个引脚通过 10 kΩ 电阻器连接到 VDD）
RUN	按钮 6（按钮 6 的另一个引脚连接到 GND）
GP0	MAX98357A BCLK
GP1	MAX98357A LRC
GP2	MAX98357A DIN
GND	MAX98357A GND
3V3(OUT)	MAX98357A Vin

硬件连接好后，如图 12.7 所示。

使用树莓派 Pico 之前，需要先安装 MicroPython。

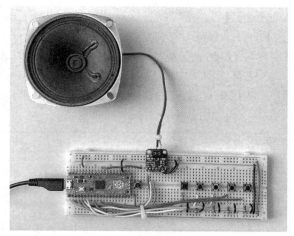

图 12.7　组装好的硬件

12.2.2　安装 MicroPython

在树莓派 Pico 上安装 MicroPython 很容易，只需按下面的步骤做即可。

1．访问 MicroPython 官网，进入 Download 页面，并找到树莓派 Pico 的超链接并打开。

2．下载 UF2 文件（1.18 或更高版本），其中包含用于树莓派 Pico 的 MicroPython 实现。

3．按住树莓派 Pico 的 BOOTSEL 按钮，并使用 Micro USB 线将树莓派 Pico 连接到计算机，再松开这个按钮。

4．在计算机中，将看到一个名为 RPI- RP2 的文件夹，将前面下载的 UF2 文件拖入这个文件夹。

完成复制并重新启动树莓派 Pico 后，就可使用 MicroPython 对树莓派 Pico 进行编程了。

12.3　代码

在代码中，首先做一些初始化工作，接着定义生成 5 个音符和播放音频的函数。然后，在程序的 main()函数中将一切整合起来。要查看完整的程序，请参阅 12.7 节"完整代码"，也可见本书配套源代码中的"karplus_pico/ karplus_pico.py"。

12.3.1　设置

在代码的开头，做一些基本的设置工作。首先，导入所需的 MicroPython 模块：

```
import time
import array
import random
import os

from machine import I2S
from machine import Pin
```

导入了模块 time，以便使用其"休眠"功能在代码执行期间暂停一段时间。模块 array 用来创建数组，以便通过 I2S 发送音频数据。数组是一种效率更高的 Python 列表，它要求所有成员的数据类型都相同。使用模块 random 在缓冲区中填充随机值（类似 Karplus-Strong 算法中初始化环形缓冲区的操作），并使用 os 模块检查音符是否已保存在文件系统中。最后，模块 I2S 用来发送音频数据，而模块 Pin 用来设置树莓派 Pico 的引脚输出。

在设置代码的末尾，声明一些有用的信息。

```
# 钢琴小调五声音阶中的音符 C4-E(b)-F-G-B(b)-C5
❶ pmNotes = {'C4': 262, 'Eb': 311, 'F': 349, 'G':391, 'Bb':466}

# 按钮到音符的映射
❷ btnNotes = {0: ('C4', 262), 1: ('Eb', 311), 2: ('F', 349), 3: ('G', 391),
              4: ('Bb', 466)}
# 采样率
❸ SR = 16000
```

这里定义了一个名为 pmNotes 的字典，将音符名映射到其用整数表示的频率值❶。使用音符名来保存包含声音数据的文件，并使用 Karplus-Strong 算法根据频率值来生成声音。还定义了一个名为 btnNotes 的字典，将每个按钮的 ID（表示为整数 0～4）映射到一个包含相应音符名和频率值的元组❷。这个字典决定了用户按下每个按钮时将弹奏的音符。

最后，将采样率定义为 16000Hz❸。这是每秒通过 I2S 发送的声音振幅值的数量。请注意，这远远低于第 4 章使用的采样率（44100Hz），因为相比于计算机，树莓派 Pico 的内存有限。

12.3.2　生成音符

为生成五声音阶中的 5 个音符，使用了函数 generate_note() 和 create_notes()。函数 generate_note()使用 Karplus-Strong 算法计算音符的振幅值，而函数 create_notes()生成 5 个音符并将其样本数据保存到树莓派 Pico 的文件系统中。先来看看函数 generate_note()（第 4 章实现了一个类似的函数，因此现在是复习的绝佳时机）。

```
# 生成指定频率的音符
def generate_note(freq):
    nSamples = SR
    N = int(SR/freq)
    # 初始化环形缓冲区
❶  buf = [2*random.random() - 1 for i in range(N)]
    # 初始化样本缓冲区
❷  samples = array.array('h', [0]*nSamples)
    for i in range(nSamples):
❸      samples[i] = int(buf[0] * (2 ** 15 - 1))
❹      avg = 0.4975*(buf[0] + buf[1])
        buf.append(avg)
        buf.pop(0)
❺  return samples
```

这个函数首先将 nSamples（包含最终音频数据的样本缓冲区的长度）设置为 SR（采样率）。SR 是每秒的样本数，这意味着将创建一个 1s 的音频片段。然后，将采样率除以要生成的音符的频率，以计算 N，即 Karplus-Strong 环形缓冲区中的样本数。

接下来，初始化缓冲区。首先，创建了包含随机初始值的环形缓冲区❶。方法 random.random()

返回位于范围[0.0, 1.0]内的值,因此 2 * random.random() −1 将取值范围调整为[−1.0, 1.0]。别忘了,Karplus-Strong 算法要求振幅有正有负。请注意,这里实现环形缓冲区时,使用的是常规 Python 列表,而没有像第 4 章那样使用 deque 对象。MicroPython 中的 deque 实现有一定的限制,无法提供环形缓冲区所需的功能。因此,将只使用常规列表方法 append()和 pop()来添加和删除缓冲区中的元素。将样本缓冲区创建为长度为 nSamples 的数组对象,并将每个元素都设置为 0❷。参数'h'指定该数组的每个元素都是有符号的短整型(signed short),即可正可负的 16 位值。由于每个样本将由一个 16 位的值表示,因此这正好满足需要。

接下来,遍历样本数组中的元素,并使用 Karplus-Strong 算法创建音频片段。获取环形缓冲区中的第一个样本值,并将其从范围[−1.0, 1.0]调整到范围[−32767, 32767]❸(16 位有符号短整型的取值范围是[−32767, 32768],尽可能增大振幅值,以获得最大音量的声音输出)。然后,计算环形缓冲区中前两个样本的衰减平均值❹(这里的 0.4975 与第 4 章中的 0.995*0.5 相同)。使用 append()将新的振幅值添加到环形缓冲区的末尾,同时使用 pop()删除第一个元素,从而保持环形缓冲区的长度不变。循环结束时,样本缓冲区已满,因此将其返回以供进一步处理❺。

> **注意** 使用 append()和 pop()来更新环形缓冲区是可行的,但这不是一种高效的计算方法。12.6 节 "实验" 中将更深入地探讨如何进行优化。

下面来看看函数 create_notes():

```
def create_notes():
    """创建五声音阶并保存文件到闪存"""
❶   files = os.listdir()
❷   for (k, v) in pmNotes.items():
        # 设置音符文件名
❸       file_name = k + ".bin"
        # 检查该文件是否已存在
❹       if file_name in files:
            print("Found " + file_name + ". Skipping...")
            continue
        # 生成音符
        print("Generating note " + k + "...")
❺       samples = generate_note(v)
        # 写入文件
        print("Writing " + file_name + "...")
❻       file_samples = open(file_name, "wb")
❼       file_samples.write(samples)
❽       file_samples.close()
```

12

若每次用户按下按钮时都运行 Karplus-Strong 算法来播放音频,就太慢了。这个函数在代码首次运行时创建音符,并将它们以.bin 文件的形式存储在树莓派 Pico 的文件系统中。这样,当用户按下按钮时,就可读取相应的文件并通过 I2S 输出声音数据。

首先使用 os 模块列出树莓派 Pico❶上的文件(树莓派 Pico 没有硬盘,用来存储数据的是树莓派 Pico 开发板上的闪存芯片,而 MicroPython 提供了一种途径,可像访问常规文件系统一样访问这些数据)。然后,迭代 pmNotes 字典中的元素,这个字典将音符名映射到了频率❷。对于每个音符,根据其在字典中的名称生成一个文件名(如 C4.bin)❸。如果目录中存在同名文件❹,就意味着已经生成了该音符的音频样本,因此可跳到下一个;否则,就使用函数 generate_note()生成该音符的音频样本❺。使用合适的名称创建一个二进制文件❻,并将样本写入该文件❼。最后，关闭文件，完成清理工作❽。

　　这些代码首次运行时，函数 create_notes()将运行函数 generate_note()，从而使用 Karplus-Strong 算法为每个音符创建一个文件。这将在树莓派 Pico 上创建文件 C4.bin、Eb.bin、F.bin、G.bin 和 Bb.bin。以后再运行时，函数 create_notes()将发现这些文件已经存在，不需要再次创建它们。

12.3.3　播放音频

　　函数 play_note()使用 I2S 协议输出样本，以播放基于五声音阶中某个音符的音频。这个函数的定义如下：

```
def play_note(note, audio_out):
    """从文件中读取音符，并通过 I2S 发送它"""
❶  fname = note[0] + ".bin"
    print("opening " + fname)
    # 打开文件
    try:
        print("opening {}...".format(fname))
❷      file_samples = open(fname, "rb")
    except:
        print("Error opening file: {}!".format(fname))
        return

    # 分配样本数组
❸  samples = bytearray(1000)
    # 使用 memoryview 来减少堆分配
❹  samples_mv = memoryview(samples)
    # 读取样本并发送给 I2S
    try:
❺      while True:
❻          num_read = file_samples.readinto(samples_mv)
            # 是否已到达文件末尾？
❼          if num_read == 0:
                break
            else:
                # 通过 I2S 发送样本
❽              num_written = audio_out.write(samples_mv[:num_read])
❾  except (Exception) as e:
        print("Exception: {}".format(e))

    # 文件关闭
❿  file_samples.close()
```

　　这个函数有两个参数：note 和 audio_out。其中 note 是一个形如('C4', 262)的元组，提供了音符名和频率；而 audio_out 是一个用于输出声音的 I2S 模块实例。首先，根据音符名生成合适的.bin 文件名❶。然后，打开相应文件❷。此时，这个文件应该存在，因此如果打开失败，则从函数中返回。

　　在这个函数中，接下来通过 I2S 输出音频数据——以 1000 个样本为一组的方式进行。为优化数据传输，创建了一个包含 1000 个样本的 MicroPython 字节数组❸，并根据这个数组创建了一个内存视图 memoryview❹。这是一种 MicroPython 优化技巧，可避免将数组切片传递给其他函数（如 file_samples.readinto()和 audio_out.write()）时复制整个数组。

注意　数组切片表示数组中特定范围内的值，例如，切片 a[100:200] 表示数组值 a[100]～a[199]。

接下来，是一个从文件中读取样本的 while 循环❺。在这个循环中，使用 readinto() 方法❻将一批样本从文件读入 memoryview 对象，这个方法返回读取的样本数 num_read。使用 audio_out.write() 方法❽通过 I2S 输出 memoryview 对象中的样本。将切片表示为 [:num_read]，确保写入样本数与读取的样本数相同。在❾处，处理了可能发生的任何异常。读取的样本数为 0 时❼，表示数据输出工作已完成，在这种情况下，可跳出循环并关闭 .bin 文件❿。

12.3.4　编写函数 main()

下面来看看将所有代码组合起来的函数 main()：

```
def main():
    # 设置 LED
❶  led = Pin(25, Pin.OUT)
    # 点亮 LED
    led.toggle()
    # 创建音符并保存文件到闪存
❷  create_notes()

    # 创建 I2S 对象
❸  audio_out = I2S(
        0,                     # I2S ID
        sck=Pin(0),            # SCK 引脚
        ws=Pin(1),             # WS 引脚
        sd=Pin(2),             # SD 引脚
        mode=I2S.TX,           # I2S 发送器
        bits=16,               # 每个样本为 16 位
        format=I2S.MONO,       # 单声道
        rate=SR,               # 采样率
        ibuf=2000,             # I2S 缓冲区的长度
    )

    # 设置按钮
❹  btns = [Pin(3, Pin.IN, Pin.PULL_UP),
            Pin(4, Pin.IN, Pin.PULL_UP),
            Pin(5, Pin.IN, Pin.PULL_UP),
            Pin(6, Pin.IN, Pin.PULL_UP),
            Pin(7, Pin.IN, Pin.PULL_UP)]

    # 准备就绪
❺  play_note(('C4', 262), audio_out)
    print("Piano ready!")

    # 关闭 LED
❻  led.toggle()

    while True:
        for i in range(5):
            if btns[i].value() == 0:
❼              play_note(btnNotes[i], audio_out)
                break
❽      time.sleep(0.2)
```

这个函数首先设置树莓派 Pico 的板载 LED（发光二极管）❶。在开始时，LED 被点亮，指出树莓派 Pico 正在初始化。接下来，调用函数 create_notes()❷。前文讨论过，仅当文件系统

中没有存储音符的.bin 文件时，这个函数才会创建它们。为管理音频输出，创建了一个 I2S 模块实例——audio_out ❸。创建这个模块的实例时，需要指定很多输入参数。第一个参数是 I2S ID（对树莓派 Pico 来说为 0），其次是与 SCK 信号、WS 信号和 SD 信号对应的引脚号，这些信号在 12.1.2 小节"I2S 协议"中讨论过。然后，将 I2S 模式设置为 TX，指出这是一个 I2S 发送器。接下来，将每个样本的位数设置为 16，并将格式设置为 MONO（因为只有一个输出声道）。将采样率设置为 SR，最后将内部 I2S 缓冲区的长度 ibuf 设置为 2000 字节。

> **注意** 要获得顺畅的音频收听体验，需要确保数据输出流是不间断的。为此，MicroPython 在树莓派 Pico 中使用了一种特殊的硬件模块——直接存储器访问（DMA）。DMA 可以将数据从内存传输给 I2S，而无须 CPU 的参与。CPU 只需确保内部缓冲区（代码中的 ibuf）中填满数据，因此在 DMA 执行其任务时，CPU 可执行其他操作。通常将内部缓冲区的长度至少设置为音频输出的两倍，以防没有数据可供 DMA 传输，进而导致音频失真。在这里，每次将向 I2S 传输 1000 字节，因此将 ibuf 设置成了 2000 字节。

接下来，需要设置按钮，让用户按下按钮时播放相应的音频。为此，创建了一个名为 btns 的 Pin 对象列表 ❹。对于列表中的每个按钮，指定了引脚号、引脚的数据方向（这里是 Pin.IN，即输入）以及引脚是否带上拉电阻器。在这里，每个按钮引脚都有一个 10Ω 的上拉电阻器。这意味着默认情况下引脚的电压将被"拉高"到 VDD，即 3.3V；且当按钮被按下时，电压将下降到 GND，即 0V。可利用这一点来确定按钮是否被按下。

完成设置工作后，使用函数 play_note() 播放 C4 音符对应的音频，指出树莓派 Pico 为处理按键操作做好了准备 ❺，同时将板载 LED 切换到关闭状态 ❻。接下来，是一个监听按键操作的 while 循环。在这个循环中，用一个 for 循环来检查 5 个按钮中是否有值为 0（表示被按下）的按钮。如果有的话，就在 btnNotes 字典中查找对应的音符，并使用 play_note() 播放对应的音频 ❼。播放完后，跳出 for 循环并等待 0.2s❽，再继续外部 while 循环。

12.4　运行程序

现在可以测试这个项目了！在树莓派 Pico 上运行代码时，安装两个软件会很有用。第一个是 Thonny，这是一个易于使用的开源 Python 集成开发环境（IDE），可从 Thonny 官网下载。使用 Thonny 能够轻松地完成如下任务：将项目代码复制到树莓派 Pico；管理树莓派 Pico 上的文件。使用 Thonny 时，典型的开发周期如下。

1．通过 USB 将树莓派 Pico 连接到计算机。

2．打开 Thonny，单击窗口右下角的 Python 版本号，并将解释器改为 MicroPython (Raspberry Pi Pico)。

3．将代码复制到 Thonny，再单击红色的 Stop/Restart 按钮，在树莓派 Pico 上停止执行代码，Thonny 底部将显示 Python 解释器。

4．在 Thonny 中编辑代码。

5．编辑完毕后，选择菜单 File→Save 保存文件，系统将提示将其保存到树莓派 Pico。在接下来的对话框中会列出树莓派 Pico 中的文件，在此处将文件保存为 main.py。在这个对话框中，还可在文件上右击鼠标并选择相应的菜单项删除树莓派 Pico 中既有的文件。

6. 保存文件后，按树莓派 Pico 上连接到 RUN 引脚的按钮，代码将开始运行。

7. 随时都可对代码进行编辑，只需在 Thonny 中单击 Stop/Restart 按钮，从而进入树莓派 Pico 中的 Python 解释器。

在树莓派 Pico 中工作时，另一款很有用的软件是 CoolTerm。CoolTerm 能用来监控 Pico 的串行输出——程序中所有的输出语句都将内容输出到这里。要使用 CoolTerm，务必确保没有在 Thonny 中停止运行程序。树莓派 Pico 上的代码必须处于运行状态，因为树莓派 Pico 无法同时连接到 Thonny 和 CoolTerm。

代码运行后，逐个按下按钮，扬声器将传出动听的五声音阶。图 12.8 显示了一个典型会话的串口输出。

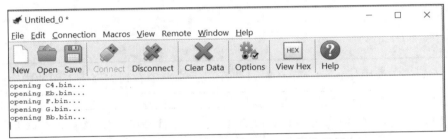

图 12.8　CoolTerm 中的树莓派 Pico 输出示例

看看你能使用这个数字乐器的 5 个按钮创作并演奏出什么样的旋律！

12.5　小结

在本章中，修改了第 4 章的 Karplus-Strong 算法实现，以便在微型控制器上运行，并使用树莓派 Pico 组装了一个数字乐器。介绍了如何在树莓派 Pico 上（以 MicroPython 的形式）运行 Python，以及如何使用 I2S 协议传输音频数据。还介绍了将适用于个人计算机的代码进行修改，以突破其用于资源有限的设备（如树莓派 Pico）时存在的局限性。

12.6　实验

1. MAX98357A I2S 电路板能用来增大输出的音量。请参阅这个电路板的数据手册，并尝试提高扬声器的音量。

2. 当前，函数 generate_note()的速度不是很快，就这个项目而言，这没什么关系，因为它只生成音符一次。然而，你能让这个方法的速度更快些吗？下面列出了一些可供尝试的策略。

　　a. 对于列表 buf，不使用方法 append()和 pop()，而通过如下方式将其转换为环形缓冲区：记录列表的当前位置，并用求模运算%N 来调整它。

　　b. 使用整数运算而不是浮点数运算。为此，需要考虑如何生成初始随机值以及如何调整它们所在的区间。

　　在 MicroPython 官方文档中，有一篇关于最大限度地提高代码速度的文章；该文档还就如何测试代码结果提出了建议。首先，定义一个用于测量时间的函数：

```
def timed_function(f, *args, **kwargs):
    myname = str(f).split(' ')[1]
    def new_func(*args, **kwargs):
        t = time.monotonic()
        result = f(*args, **kwargs)
        delta = time.monotonic() - t
        print('Function {} Time = {:f} s'.format(myname, delta))
        return result
    return new_func
```

　　然后，将 timed_function()作为装饰器应用于需要对其进行计时的函数。

```
# 生成给定频率的音符
@timed_function
def generateNote(freq):
    nSamples = SR
    N = int(SR/freq)
    --省略--
```

　　在函数 main()中调用 generateNote()时，将在串行输出中看到类似于下面的内容：

```
Function generateNote Time = 1019.711ms
```

　　3. 按硬件按钮时，它并非只在 ON 和 OFF 状态之间切换一次，按钮内带弹簧的触点将在很短的时间内在 ON 和 OFF 之间切换多次。因此，按一次按钮将触发多个软件事件。请想一想这将给本章的项目带来什么样的影响，再查阅有关除抖（debouncing）技术的文档，这是一种缓解上述问题的技术。为对按钮进行除抖处理，可采取哪些措施？

　　4. 按下一个按钮时，将在当前音频播放完毕后再播放该按钮对应的音频。若要停止播放当前音频，并立即播放当前按下的按钮对应的音频，该如何操作？

12.7　完整代码

　　下面是本章项目的完整代码清单。

```
"""
karplus_pico.py

使用 Karplus-Strong 算法来生成五声音阶中的音符。
在树莓派 Pico（MicroPython）上运行。

编写者：Mahesh Venkitachalam
"""

import time
import array
import random
import os

from machine import I2S
from machine import Pin

# 钢琴小调五声音阶中音符 C4-E(b)-F-G-B(b)-C5
```

```
pmNotes = {'C4': 262, 'Eb': 311, 'F': 349, 'G':391, 'Bb':466}

# 按钮到音符的映射
btnNotes = {0: ('C4', 262), 1: ('Eb', 311), 2: ('F', 349), 3: ('G', 391),
            4: ('Bb', 466)}

# 采样率
SR = 16000

def timed_function(f, *args, **kwargs):
    myname = str(f).split(' ')[1]
    def new_func(*args, **kwargs):
        t = time.ticks_us()
        result = f(*args, **kwargs)
        delta = time.ticks_diff(time.ticks_us(), t)
        print('Function {} Time = {:6.3f}ms'.format(myname, delta/1000))
        return result
    return new_func

# 生成指定频率的音符
# 需要对函数进行计时，取消对下面一行的行注释
# @timed_function
def generate_note(freq):
    nSamples = SR
    N = int(SR/freq)
    # 初始化环形缓冲区
    buf = [2*random.random() - 1 for i in range(N)]

    # 初始化样本缓冲区
    samples = array.array('h', [0]*nSamples)
    for i in range(nSamples):
        samples[i] = int(buf[0] * (2 ** 15 - 1))
        avg = 0.4975*(buf[0] + buf[1])
        buf.append(avg)
        buf.pop(0)

    return samples

# 生成指定频率的音符——改进后的方法
def generate_note2(freq):
    nSamples = SR
    sampleRate = SR
    N = int(sampleRate/freq)
    # 初始化环形缓冲区
    buf = [2*random.random() - 1 for i in range(N)]

    # 初始化样本缓冲区
    samples = array.array('h', [0]*nSamples)
    start = 0
    for i in range(nSamples):
        samples[i] = int(buf[start] * (2**15 - 1))
        avg = 0.4975*(buf[start] + buf[(start + 1) % N])
        buf[(start + N) % N] = avg
        start = (start + 1) % N

    return samples

def play_note(note, audio_out):
    """从文件中读取音符并通过I2S发送"""
    fname = note[0] + ".bin"

    # 打开文件
```

```python
    try:
        print("opening {}...".format(fname))
        file_samples = open(fname, "rb")
    except:
        print("Error opening file: {}!".format(fname))
        return

    # 分配样本数组
    samples = bytearray(1000)
    # 使用 memoryview 来减少堆分配
    samples_mv = memoryview(samples)

    # 读取样本并发送到 I2S
    try:
        while True:
            num_read = file_samples.readinto(samples_mv)
            # 已到达文件末尾?
            if num_read == 0:

                break
            else:
                # 通过 I2S 发送样本
                num_written = audio_out.write(samples_mv[:num_read])
    except (Exception) as e:
        print("Exception: {}".format(e))

    # 关闭文件
    file_samples.close()

def create_notes():
    """创建五声音阶并保存文件到闪存"""
    files = os.listdir()
    for (k, v) in pmNotes.items():
        # 设置音符文件名
        file_name = k + ".bin"
        # 检查文件是否存在
        if file_name in files:
            print("Found " + file_name + ". Skipping...")
            continue
        # 生成音符
        print("Generating note " + k + "...")
        samples = generate_note(v)
        # 写入文件
        print("Writing " + file_name + "...")
        file_samples = open(file_name, "wb")
        file_samples.write(samples)
        file_samples.close()

def main():

    # 设置 LED
    led = Pin(25, Pin.OUT)
    # 点亮 LED
    led.toggle()

    # 创建音符并保存文件到闪存
    create_notes()

    # 创建 I2S 对象
    audio_out = I2S(
        0,                    # I2S ID
        sck=Pin(0),           # SCK 引脚
```

```
        ws=Pin(1),            # WS 引脚
        sd=Pin(2),            # SD 引脚
        mode=I2S.TX,          # I2S 发送器
        bits=16,              # 每个样本为 16 位
        format=I2S.MONO,      # 单声道
        rate=SR,              # 采样率
        ibuf=2000,            # I2S 缓冲区长度
    )

    # 设置按钮
    btns = [Pin(3, Pin.IN, Pin.PULL_UP),
            Pin(4, Pin.IN, Pin.PULL_UP),
            Pin(5, Pin.IN, Pin.PULL_UP),
            Pin(6, Pin.IN, Pin.PULL_UP),
            Pin(7, Pin.IN, Pin.PULL_UP)]

    # 指出已准备就绪
    play_note(('C4', 262), audio_out)
    print("Piano ready!")

    # 关闭 LED
    led.toggle()

    while True:
        for i in range(5):
            if btns[i].value() == 0:
                play_note(btnNotes[i], audio_out)
                break
        time.sleep(0.2)

# 调用函数 main()
if __name__ == '__main__':
    main()
```

第 13 章　树莓派激光音乐秀　*13*

第 12 章介绍了使用树莓派 Pico（一款微控制器）来生成音符，本章将介绍使用树莓派（一种功能强大得多的嵌入式系统）根据音频信号生成有趣的激光图案。

第 12 章使用的树莓派 Pico 的配置如下：带有两个 133MHz ARM Cortex-M0 处理器的 RP2040 微控制器；264KB 内存；2MB 非易失外置闪存芯片。树莓派 3B+ 的功能强大得多，其配置如下：1.4GHz ARM Cortex-A53 处理器；1GB 内存；数 GB 的存储空间（具体情况取决于使用的 micro SD 卡）。相比于普通台式机和笔记本计算机，树莓派的配置虽然不高，但完全能够运行基于 Linux 的操作系统和功能齐备的 Python。

在本章中，将在树莓派中使用 Python 读取 WAV 格式的音频文件，根据实时的音频数据执行相关计算，进而调整两个电机的旋转速度和旋转方向，从而来一场激光秀。你将把镜子连接到电机上，让它们反射价格低廉的激光模块发射的光束，从而根据音频的变化生成繁花曲线。你还将把音频传输给音箱，从而在展示激光秀的同时播放 WAV 文件。

本章将介绍如何使用树莓派，并介绍进阶的 Python 知识。下面是本章涵盖的一些主题。

❏ 使用一个激光模块和两面镜子生成有趣的图案。

❏ 使用快速傅里叶变换（FFT）从信号中提取频率信息。

❏ 使用 NumPy 计算 FFT。

❏ 读取 WAV 文件中的音频。

❏ 使用 PyAudio 输出音频数据。

❏ 使用树莓派驱动电机。

❏ 使用金属-氧化物-半导体场效应晶体管（MOSFET）开/关激光模块。

13.1　工作原理

将使用树莓派来处理音频数据和控制硬件，图 13.1 说明了本章项目的工作原理。

树莓派将以两种方式使用 WAV 文件：使用 PyAudio 通过外接音箱播放文件；使用 FFT 实时地分析音频数据。树莓派将根据 FFT 生成的数据，通过通用输入/输出（GPIO）引脚来驱动电机和激光模块，但为保护树莓派以防它受损，不将其直接连接到这些外部组件，而通过电机驱动器和 MOSFET 连接它们。下面先来详细介绍这些组件是如何工作的。

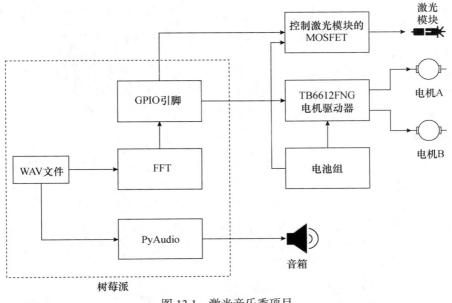

图 13.1 激光音乐秀项目

13.1.1 使用激光生成图案

为在这个项目中使用激光生成图案，将使用一个激光模块和两面镜子，这两面镜子固定在两个小型直流电机的轴上，如图 13.2 所示。激光是一束强光，即便传播了很远的距离，也将聚焦于一个很小的点，这是因为光束中所有的光波都沿一个方向传播，且是同相的。将激光照射在放正了的镜子（图 13.2 中的镜子 A）表面时，反射光将始终照射到同一个点，即便电机在旋转。由于激光的反射面与电机的旋转轴垂直，因此反射结果就像镜子根本没有转动一样。

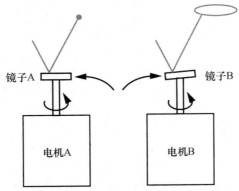

图 13.2 电机旋转时，放正了的镜子（镜子 A）始终将激光反射到同一个点，
而未放正的镜子（镜子 B）反射的激光绘制出一个圆

现在，假设镜子与电机轴不是垂直的，如图 13.2 中的镜子 B。当电机旋转时，反射光的投射点将构成一个椭圆，因此如果电机旋转得足够快，观察者将以为这个移动的投射点是连续的形状。

如果两面镜子都不与电机轴垂直，且镜子 A 的反射光会投射到镜子 B 上，结果将如何呢？在这种情况下，当电机 A 和 B 旋转时，将形成有趣的投射点图案，如图 13.3 所示。

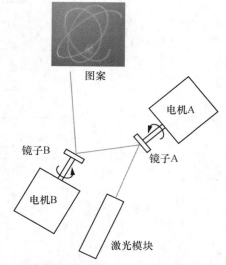

图案

具体会形成什么样的图案取决于两个电机的旋转速度和旋转方向，但都类似于第 2 章探索过的万花尺生成的内摆线。

1. 控制电机

将使用树莓派来控制电机的旋转速度和旋转方向，这是通过一种被称为脉冲宽度调制（PWM）的方法实现的。这是一种给设备（如电机）供电的方式，它发送在开、关之间快速切换的数字脉冲，让设备“看到的”是一个连续电压。发送给设备的信号的频率是固定的，但数字脉冲处于开启状态的时间比是可变的，这种时间比被称为占空比（duty ratio），用百分数表示。图 13.4 显示了 3 个信号，它们的频率相同，但占空比不同，分别是 25%、50%和 75%。

图 13.3　在两面镜子都不与电机轴垂直的情况下，经这两面镜子反射的激光将形成有趣而复杂的图案

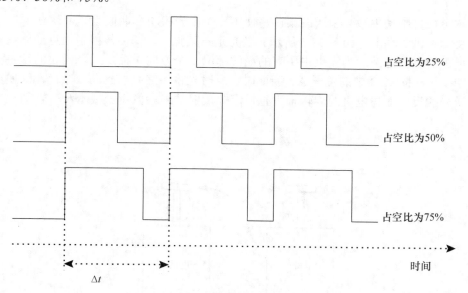

图 13.4　3 个占空比不同的 PWM 信号

占空比越高，在每个信号周期内，脉冲处于开启状态的时间就越长，而收到信号的电机上的连续电压就越高。因此，通过控制占空比，可让电机有不同的功率水平，这将导致电机旋转速度和生成的激光图案发生变化。

注意　除控制电机外，PWM 还有很多其他用途。例如，可使用它来控制可调光 LED 的亮度。

电机的工作电压相对较高，而树莓派在电流大到一定程度后将受损。为确保树莓派的安全，将使用一个 TB6612FNG 电机驱动器分线板（类似图 13.5 所示）将树莓派间接地连接到电机。市面上的电机驱动器分线板有很多，可选购其中任何一款，只要确保连线正确就没问题。

图 13.5　TB6612FNG 电机驱动器分线板

这种分线板的底端应该有引脚信息。另外，最好参阅 TB6612FNG 芯片数据手册，这可从网上下载。引脚名中的 A 和 B 表示它们应连接到电机；IN 引脚控制电机的旋转方向；引脚 01 和 02 用于给电机供电；而 PWM 引脚使用脉冲宽度调制来控制电机的旋转速度。通过写入这些引脚，可控制两个电机的旋转速度和旋转方向，这正是这个项目所需要的。这里不详细介绍电机驱动器分线板的工作原理，如果读者对此感兴趣，可查阅与 H 桥相关的资料，H 桥是一种使用 MOSFET 控制电机的常见电路设计。

注意　可使用任何电机控制电路替换这里的分线板部件，但这样做时必须相应地修改代码。

---

2. 激光模块

为发射激光，将使用一款价格低廉的激光模块，它类似于图 13.6 所示。

市面上有各种激光模块，这里的要求是发射波长为 650nm 的红色激光，工作电压为 5V。使用购买的激光模块前，务必清楚其极性和连接方式，为此可使用 5V 电源对其单独测试。

图 13.6　激光模块

3. MOSFET

为使用树莓派开/关激光模块，将使用一个 N 沟道 MOSFET——可将其视为一个电控开关。在这个项目中，几乎可使用任何 N 沟道 MOSFET，但 BS170 既便宜又易得。图 13.7 显示了 BS170 型 MOSFET 的引脚编号，还有如何将其连接到激光模块和树莓派。

13

10kΩ 电阻器将 MOSFET 的栅极接地，以防树莓派的 GPIO 引脚处于悬空状态时（如清理 GPIO 引脚后）触发 MOSFET。向 GPIO 发送 HIGH（高电平）时，MOSFET 开关将开启，这将把激光模块连接到电机驱动器的 VM 引脚（连接到电池组）和 GND（接地），从而给激光模块供电。

为何要使用 MOSFET 呢？不能将激光模块直接连接到树莓派的 GPIO 引脚吗？这不是什么好主意，因为 MOSFET 能够承受的电流比树莓派大得多。通过使用 MOSFET，可防止尖峰电流影响到树莓派，烧毁价格低廉的 MOSFET 胜过烧毁价格相对昂贵的树莓派。一般而言，需要使用树莓派来控制外部设备时，别忘了使用 MOSFET 来隔离它们。

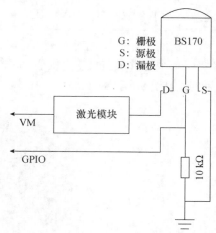

图 13.7   BS170 型 MOSFET 的连接方式

13.1.2   使用快速傅里叶变换分析音频

这个项目的终极目标是根据音频输入控制电机的旋转速度，因此必须能够实时地分析音频。第 4 章介绍过，乐器弹奏出的音乐由多种频率的声音（泛音）混合而成。实际上，使用傅里叶变换可将任何声音分解为其组成频率。对数字信号进行傅里叶变换时，得到的结果被称为离散傅里叶变换（DFT），因为数字信号由众多离散样本组成。在这个项目中，将使用 Python 来实现一种快速傅里叶变换（FFT）算法，以计算 DFT（在本章中，将使用 FFT 来指代快速傅里叶变换算法本身及其结果）。

图 13.8 是一个简单的 FFT 示例。在该图的上半部分，显示了一个信号的波形，这个信号由两个正弦波组成。这个波形图位于时域（time domain）内，指出了信号的振幅是如何随时间而变化的。下半部分显示了与该信号对应的 FFT，该 FFT 位于频域（frequency domain）内，指出了信号在给定时点包含哪些频率。

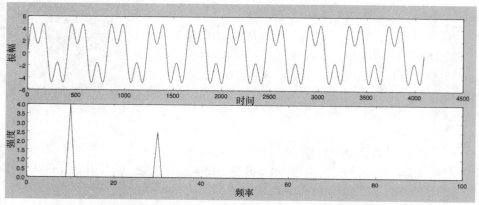

图 13.8   包含多个频率的音频信号的波形图（上）及其对应的 FFT（下）

图 13.8 上半部分显示的波形可使用下面的方程表示，这个方程将两个正弦波相加：

$$y(t)= 4\sin(2\pi 10t)+ 2.5\sin(2\pi 30t)$$

请注意，在上面的表达式中，4 和 10 分别指的是第一个波的振幅和频率（单位为 Hz），而第二个波的振幅和频率分别是 2.5 和 30。从图 13.8 下半部分可知，FFT 有两个峰值，分别位于 10Hz 和 30Hz 处。FFT 指出了信号的组成频率，还指出了两种频率之间的相对振幅：第一个频率的强度大约是第二个的两倍。

下面来看一个更接近现实的例子。在图 13.9 中，上半部分显示了一个音频信号的波形，而下半部分显示了相应的 FFT。请注意，FFT 包含大量强度各异的峰值，这表示信号包含多种频率。

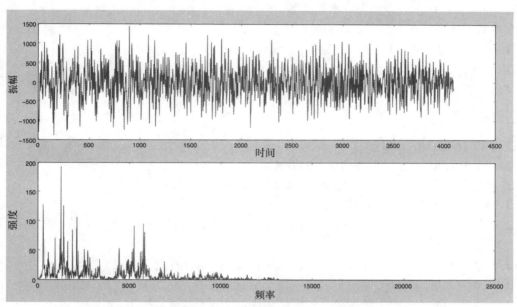

图 13.9 通过 FFT 算法获取的振幅信号（上）及计算出的组成频率（下）

要计算 FTT，需要一组样本。样本量选择没有定规，但样本量太小意味着无法清晰地了解信号的组成频率，且计算负载可能较高，因为每秒需要计算的 FFT 更多。相反，样本量太大将拉平信号变化，从而无法获得实时的信号频率变化。就这个项目而言，选择样本量为 2048 是合适的。在采样率为 44100Hz 的情况下，2048 个样本相当于大约 0.046s 的音频。

使用 NumPy 来计算 FFT，将音频数据分解为其组成频率，再根据这些信息控制电机。首先，将频率（单位为 Hz）范围分成三个频段——[0, 100]、[100, 1000] 和 [1000, 2500]，并计算每个频段的平均振幅。这些值将影响电机，进而生成不同的激光图案，具体如下。

❑ 低频段的平均振幅变化影响第一个电机的速度。

❑ 中频段的平均振幅变化影响第二个电机的速度。

❑ 高频段的平均振幅超过特定阈值后，第一个电机将改变旋转方向。

通过执行这些规则，可让激光图案随音频信号的变化而变化。

13

13.2　需求

在本章项目中，将使用如下 Python 库和模块。

❑ RPi.GPIO：用于设置 PWM 以及控制引脚的输出。

❑ time：用于在操作与操作之间暂停。

❑ wave：用于读取 WAV 文件。

❑ PyAudio：用于处理和发送音频数据。

❑ NumPy：用于执行 FFT 计算。

❑ argparse：用于处理命令行参数。

在本章项目中，还需使用如下组件。

❑ 一个树莓派 3B+或更新的树莓派。

❑ 一个 5V 充电器，用于给树莓派供电。

❑ 一个带 AUX（辅助）输入接口的有源音箱（当今大多数蓝牙音箱都带 AUX 输入接口）。

❑ 一个 TB6612FNG 电机驱动器分线板。

❑ 一个激光模块分线板。

❑ 一个 10 kΩ 电阻器。

❑ 一个 BS170 或类似的 N 沟道 MOSFET。

❑ 两个额定电压为 9V 的直流电机（类似于小型玩具使用的电机）。

❑ 两面直径大约为 2.5cm 的小镜子。

❑ 一个放在电池盒内的 18650 型号的 3.7 V、2000 mAh 锂电池（或 4 节放在电池盒内的 5号电池）。

❑ 两个 3D 打印出来的法兰盘，用于将镜子固定在电机轴上（可选）。

❑ 一个约 20cm × 15cm 的矩形底座，用于放置硬件。

❑ 一些乐高积木，用于垫高电机和激光模块，使其不与底座接触，让镜子能够自由地旋转

❑ 一支热熔胶枪。

❑ 固定镜子和法兰盘的强力胶（可选）。

❑ 一个电烙铁。

❑ 一个面包板。

❑ 连接电线（两端带阳插脚的单芯连接线就挺好）。

13.2.1　在树莓派上安装系统和软件

有关如何在树莓派上安装系统和软件，请参阅附录 B。按该附录操作，并确保安装了本项目所需的 Python 包 NumPy 和 PyAudio。本项目将通过 SSH（安全外壳）在树莓派上编写代码，为此可在台式机或笔记本计算机上安装 Microsoft Visual Studio Code，并使用 SSH 登录树莓派以远程编写代码。有关这方面的细节，也在附录 B 做了说明。

13.2.2　搭建激光秀装置

连接其他硬件之前，应先为激光秀准备好电机和激光模块。这里的首要任务是将镜子固定在电机轴上，每面镜子都必须相对于电机轴倾斜一点点（即不与电机轴完全垂直）。一种固定办法是使用热熔胶：将镜子正面朝下放在一个水平面上，在背面中央滴上热熔胶，将电机轴放入热熔胶内，并使其稍微偏离与镜子垂直的角度，再等热熔胶硬化。

一种更佳的方式是使用带斜面且很容易粘到镜子上的法兰盘。但这样的法兰盘到哪里去找呢？可通过 3D 打印自己做！图 13.10（a）是一个使用开源的免费程序 OpenSCAD 创建的三维设计，可从本书配套源代码中的"/laser_audio/3DPrint"下载；图 13.10（b）是相应的 3D 打印出来的法兰盘。对于先反射激光的镜子 A，使用倾斜度较小（5°）的法兰盘；对于后反射激光的镜子 B，使用倾斜度较大（10°）的法兰盘。

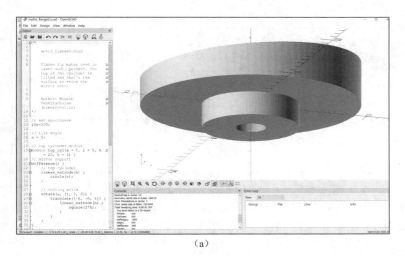
（a）

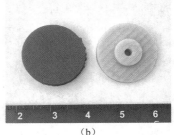
（b）

图 13.10　使用 OpenSCAD 创建的模型和相应的 3D 打印法兰盘

如果有 3D 打印机，可自己打印这些法兰盘；如果没有，可让 3D 打印服务提供商打印（无论是哪种情况，费用都不高）。有了这些法兰盘后，用强力胶将其粘在电机轴上，再将镜子粘在法兰盘上。图 13.11 显示了组装后是什么样的。

要测试组装效果，可将激光照射在镜子上，并手动旋转镜子，反射的激光应在投射面上以椭圆形路线移动。对第二面镜子做同样的测试，投射点应以更大的椭圆形路线移动，因为这面镜子相对于电机轴的倾斜角度更大。

图 13.11　将镜子固定在电机轴上，并相对于垂直于电机轴的方向稍微偏离一点点

13

1. 调整位置

接下来，调整好激光模块和镜子的位置，让激光从镜子 A 反射出去后照射在镜子 B 上，如图 13.12 所示。务必确保在镜子 A 的整个旋转范围内，从镜子 A 反射出的激光都将照射在镜子 B 上（这需要反复试验）。要测试镜子和激光模块的位置是否合适，可手动旋转镜子 A。另外，务必确保在两面镜子的旋转范围内，从镜子 B 反射出的激光都照射在一个平整的平面（如墙面）上。

图 13.12　调整好激光模块和镜子的位置

注意　调整镜子的位置时，需要让激光模块始终开启。为此，可这样运行这个项目的代码：python laser_audio.py --test_laser。正如本章后文将讨论的，这个命令用于开启控制激光模块的 MOSFET。

对镜子的位置满意后，用热熔胶将激光模块和两个电机分别粘在 3 块相同的积木上（用乐高积木的效果就非常好），从而将它们垫高，让电机能够自由地旋转。接下来，将积木放在底座上并调整位置，对位置满意后用铅笔沿积木边缘画线，将位置标出。然后，用热熔胶将积木粘在底座上对应位置（也可使用乐高底板，并将乐高积木固定在底板上）。

2. 给电机供电

如果电机没有附带与其端子相连的电线（大都没有），就将电线焊接到端子上。务必确保电线足够长（如 15cm），以便能够将电机连接到电机驱动器分线板。电机可用 3.7V 的锂电池供电，也可用 4 节 5 号电池供电。

13.2.3　连接硬件

现在将硬件连接起来。需要连接树莓派、电机驱动器分线板、MOSFET、激光模块和电机。树莓派有一系列 GPIO 引脚，用于连接其他硬件。要了解引脚布局，强烈推荐访问 pinout.xyz 网站，其中有清晰的示意图，并说明了各个引脚的功能。

注意　对于树莓派，有多种引脚编号方案，这里使用的是 BCM 引脚编号方案。

表 13.1 指出了需要如何连接硬件。

表 13.1　硬件连接

起点	终点
树莓派 GPIO 12	TB6612FNG PWMA
树莓派 GPIO 13	TB6612FNG PWMB
树莓派 GPIO 7	TB6612FNG AIN1
树莓派 GPIO 8	TB6612FNG AIN2
树莓派 GPIO 5	TB6612FNG BIN1
树莓派 GPIO 6	TB6612FNG BIN2
树莓派 GPIO 22	TB6612FNG STBY
树莓派 GND	TB6612FNG GND
树莓派 3V3	TB6612FNG VCC
树莓派 GPIO 25	BS170 栅极（并通过 10 kΩ 电阻器连接到 GND）
树莓派 GND	BS170 源极
激光模块 GND	BS170 漏极
激光模块 VCC	电池组 VCC(+)
电池组 GND(−)	TB6612FNG GND
电池组 VCC(+)	TB6612FNG VM
1 号电机的 1 号接头（极性无关紧要）	TB6612FNG A01
1 号电机的 2 号接头（极性无关紧要）	TB6612FNG A02
2 号电机的 1 号接头（极性无关紧要）	TB6612FNG B01
2 号电机的 2 号接头（极性无关紧要）	TB6612FNG B02
树莓派 3.5 mm 音频插孔	有源音箱的 AUX 输入端子

图 13.13 所示为搭建好的激光秀装置。

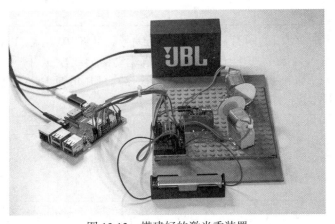

图 13.13　搭建好的激光秀装置

下面来研究代码。

13.3 代码

这个项目的代码在文件 laser_audio.py 中。首先做了一些基本设置，然后定义了操控和测试电机和激光模块的函数，还有一个函数用于处理来自 WAV 文件的音频数据，并根据处理结果控制电机。main()函数将一切整合起来，并接收命令行参数。要查看这个程序的完整代码，可参阅 13.7 节 "完整代码"，也可见本书配套源代码中的 "/laser_audio"。

13.3.1 设置

首先导入所需的模块：

```
import RPi.GPIO as GPIO
import time
import argparse
import pyaudio
import wave
import numpy as np
```

模块 RPi.GPIO 用来控制树莓派的引脚，模块 time 用于在代码中引入延迟，而 argparse 用于给程序添加命令行参数。模块 PyAudio 和 wave 用于读取 WAV 文件中的数据并输出音频流。最后，NumPy 用于计算音频数据的 FFT。

接下来，初始化一些全局变量：

```
# 定义引脚编号
# 使用 TB6612FNG 电机驱动器分线板引脚命名方案
PWMA = 12
PWMB = 13
AIN1 = 7
AIN2 = 8
BIN1 = 5
BIN2 = 6
STBY = 22
LASER = 25
```

这些代码存储了项目使用的所有树莓派引脚的编号。引脚 PWMA、PWMB、AIN1、AIN2、BIN1、BIN2 和 STBY 都是连接到 TB6612FNG 电机驱动器分线板的引脚，而引脚 LASER 连接到负责开/关激光模块的 MOSFET 的栅极。请注意，这里使用的是 BCM 引脚编号方案。

接下来定义了另外几个全局变量：

```
# 全局 PWM 对象
pwm_a = None
pwm_b = None
# 读入的音频数据样本数
CHUNK = 2048
# 用于计算 FFT 的样本数
N = CHUNK
```

这里初始化了表示 PWM 对象的变量 pwm_a 和 pwm_b，它们将用来控制电机。将这些变量都设置成了 None，因为此时创建 PWM 对象为时过早。还设置了变量 CHUNK 和 N，其中前者表示每次从 WAV 文件读取的音频数据样本数，后者为用于计算 FFT 的样本数。

最后，初始化 GPIO 引脚。要使用引脚，必须这样做。为此，定义了函数 init_pins()：

```
def init_pins():
    """设置引脚"""
❶  global pwm_a, pwm_b
    # 使用 BCM 引脚编号方案
❷  GPIO.setmode(GPIO.BCM)
    # 将引脚加入一个列表
    pins = [PWMA, PWMB, AIN1, AIN2, BIN1, BIN2, STBY, LASER]
    # 将引脚设置为输出
❸  GPIO.setup(pins, GPIO.OUT)
    # 设置 PWM
    pwm_a = GPIO.PWM(PWMA, 100)
    pwm_b = GPIO.PWM(PWMB, 100)
```

首先，指出 pwm_a 和 pwm_b 为全局变量❶，因为要在这个函数中设置它们。然后，将引脚模式设置为 BCM 引脚编号方案❷。接下来，将前面设置的引脚变量加入列表 pins 中，以便能够一次性将它们声明为输出引脚❸。最后，创建了两个 PWM 对象，并将它们赋给全局变量 pwm_a 和 pwm_b。参数 100 表示用来驱动每个电机的信号的频率，单位为 Hz。本项目将使用脉冲宽度调制来调整这些信号的占空比，进而控制电机的旋转速度。

13.3.2 控制硬件

为控制激光模块和电机，需要一些辅助函数。下面先来看看开/关激光模块的函数。

```
def laser_on(on):
    # 引脚 25 控制着开/关激光模块的 MOSFET
    GPIO.output(LASER, on)
```

这个函数接收一个取值为 True 或 False 的布尔参数。将这个参数传递给方法 GPIO.output()，将引脚 LASER 设置为开启（True）或关闭（False）。这将触发 MOSFET 从而开/关激光模块。

接下来，定义函数 start_motors()，用于在项目开始时开启电机。

```
def start_motors():
    """将两个电机都开启"""
    # 启用驱动器芯片
❶  GPIO.output(STBY, GPIO.HIGH)
    # 设置通道 A 的电机旋转方向
❷  GPIO.output(AIN1, GPIO.HIGH)
❸  GPIO.output(AIN2, GPIO.LOW)
    # 设置通道 B 的电机旋转方向
    GPIO.output(BIN1, GPIO.HIGH)
    GPIO.output(BIN2, GPIO.LOW)
    # 设置通道 A 的 PWM
    duty_cycle = 10
❹  pwm_a.start(duty_cycle)
    # 设置通道 B 的 PWM
    pwm_b.start(duty_cycle)
```

首先，将引脚 STBY（Standby，待机）设置为 HIGH❶，这将开启电机驱动器。然后，将引脚 AIN1 和 AIN2 分别设置为 HIGH❷和 LOW❸，这将使电机 A 沿一个方向旋转（交换这两个引脚的 HIGH/LOW 值将使电机沿相反的方向旋转）。对电机 B 做了同样的处理。最后，使用 PWM 对象设置电机的旋转速度❹，将占空比（它决定了电机的旋转速度）设置为相对较低的值（10%），因为这是初始化调用。

13

还需要一个用于在项目结束运行时让电机停止旋转的函数，这个函数的定义如下：

```
def stop_motors():
    """让两个电机都停止旋转"""
    # 停止 PWM
❶   pwm_a.stop()
❷   pwm_b.stop()
    # 给电机 A"踩刹车"
    GPIO.output(AIN1, GPIO.HIGH)
    GPIO.output(AIN2, GPIO.HIGH)
    # 给电机 B"踩刹车"
    GPIO.output(BIN1, GPIO.HIGH)
    GPIO.output(BIN2, GPIO.HIGH)
    # 禁用驱动器芯片
❸   GPIO.output(STBY, GPIO.LOW)
```

为让电机停止旋转，首先不再向引脚 PWMA❶和 PWMB❷发送 PWM 信号，再将引脚 AIN1、AIN2、BIN1 和 BIN2 都设置为 HIGH，这相当于给每个电机"踩刹车"，让其停下来。最后，将引脚 STBY 设置为 LOW❸，从而禁用了电机驱动器。在电机无须发挥作用时，将之切换到待机模式可省电。

还需要一个辅助函数来设置两个电机的旋转速度和方向，这个函数用于根据实时音频分析结果调整电机。

```
def set_motor_speed_dir(dca, dcb, dira, dirb):
    """设置电机的旋转速度和方向"""
    # 设置占空比
❶   pwm_a.ChangeDutyCycle(dca)
    pwm_b.ChangeDutyCycle(dcb)
    # 设置电机的旋转方向
❷   if dira:
        GPIO.output(AIN1, GPIO.HIGH)
        GPIO.output(AIN2, GPIO.LOW)
❸   else:
        GPIO.output(AIN1, GPIO.LOW)
        GPIO.output(AIN2, GPIO.HIGH)
    if dirb:
        GPIO.output(BIN1, GPIO.HIGH)
        GPIO.output(BIN2, GPIO.LOW)
    else:
        GPIO.output(BIN1, GPIO.LOW)
        GPIO.output(BIN2, GPIO.HIGH)
```

函数 set_motor_speed_dir() 接收 4 个参数，其中 dca 和 dcb 用于指定每个电机的占空比，而布尔参数 dira 和 dirb 用于设置电机的旋转方向。为将电机的占空比更新为传入的值，使用了方法 ChangeDutyCycle()❶。然后，设置电机的旋转方向：如果 dira 为 True❷，就将引脚 AIN1 和 AIN2 分别设置为 HIGH 和 LOW，让电机 A 沿某个方向旋转；但如果 dira 为 False❸，就以相反的方式设置这两个引脚，让电机 A 沿相反方向旋转。对于电机 B，根据参数 dirb 做了同样的处理。

13.3.3　处理音频

这个项目的核心是函数 process_audio()，它读取 WAV 文件中的音频数据、使用 PyAudio 输出音频流、通过计算 FFT 对音频数据进行分析，并根据分析结果来控制电机。下面分几部分看看这个函数。

```
def process_audio(filename):
    print("opening {}...".format(filename))
    # 打开 WAV 文件
  ❶ wf = wave.open(filename, 'rb')
    # 输出有关音频的详细信息
  ❷ print("SW = {}, NCh = {}, SR = {}".format(wf.getsampwidth(),
      wf.getnchannels(), wf.getframerate()))
    # 检查是否为支持的格式
  ❸ if wf.getsampwidth() != 2 or wf.getnchannels() != 1:
      print("Only single channel 16 bit WAV files are supported!")
      wf.close()
      return
    # 创建 PyAudio 对象
  ❹ p = pyaudio.PyAudio()
    # 打开一个输出流
  ❺ stream = p.open(format=p.get_format_from_width(wf.getsampwidth()),
                    channels=wf.getnchannels(),
                    rate=wf.getframerate(),
                    output=True)
    # 读取第 1 帧
```

首先，使用模块 wave 打开传入的音频文件❶。函数 wave.open() 返回一个 Wave_read 对象，后面将使用它来读取 WAV 文件中的数据。然后，输出一些有关当前 WAV 文件的信息❷，其中 SW 为样本宽度（单位为字节），NCh 为音频的声道数，SR 为采样率。为简单起见，这个项目只支持将单声道的 16 位 WAV 文件作为输入。检查这些条件❸，如果输入不满足，就从这个函数返回。

接下来，创建一个 PyAudio 对象❹，用于根据 WAV 文件中的数据创建输出流。然后，打开一个 PyAudio 输出流（参数 output=True 指定了这一点），并将其样本宽度、声道数和采样率配置为与 WAV 文件相同❺。在树莓派中，默认声音输出为板载 3.5mm 音频插口。只要将音箱插入这个插口，就能听到声音输出。

函数 process_audio() 的下一部分如下：

```
  ❶ data = wf.readframes(CHUNK)
  ❷ buf = np.frombuffer(data, dtype=np.int16)
    # 存储采样率
  ❸ SR = wf.getframerate()
    # 启动电机
    start_motors()
    # 开启激光
    laser_on(True)
```

这里从 WAV 文件中读取 CHUNK 个样本到变量 data 中❶。前面将 CHUNK 设置成了 2048，而每个样本的宽度为 2 字节，因此将读取 2048 个 16 位值。为何只读取一块数据呢？这是由这个函数的主循环决定的。

方法 readframes() 返回一个 bytes 对象，使用 NumPy 库中的函数 frombuffer() 将其转换成了一个元素为 16 位整数的 NumPy 数组——buf❷。将采样率（在模块 wave 中被称为帧率）存储在变量 SR 中❸，供后面使用。然后，调用前面讨论过的函数 start_motors() 和 laser_on() 启动电机和激光模块。

接下来是函数 process_audio() 的主循环，它输出音频并执行 FFT。这个循环每次处理一块音频数据，这就是前面只读取一个数据块的原因所在。请注意，这个循环放在一个 try 块中，

13

后面有配套的 except 块，用于处理这个循环执行期间可能出现的任何问题。

```python
# 从 WAV 文件中读取音频数据
try:
    # 不断循环，直到没有数据可供读取
❶ while len(data) > 0:
        # 将流写入输出
❷       stream.write(data)
        # 确保有足够的样本用于 FFT
❸       if len(buf) == N:
❹           buf = np.frombuffer(data, dtype=np.int16)
            # 执行 FFT
❺           fft = np.fft.rfft(buf)
❻           fft = np.abs(fft) * 2.0/N
            # 计算振幅
            # 计算如下 3 个频段的平均振幅
            # 0~100 Hz、100~1000 Hz 和 1000~2500 Hz
❼           levels = [np.sum(fft[0:100])/100,
                      np.sum(fft[100:1000])/900,
                      np.sum(fft[1000:2500])/1500]
```

这个主循环不断执行，直到 data 为空❶——意味着已到达 WAV 文件末尾。在这个循环中，将当前数据块写入 PyAudio 输出流❷，这样在驱动电机的同时能够听到 WAV 文件中的音频。接下来，检查当前数据块中是否有 N 个样本用于计算 FFT❸（在代码开头，将 N 设置成了 2048——与数据块大小相同）。这种检查是必不可少的，因为在读取的最后一个数据块中，包含的样本数可能不能满足 FFT 需求。在这种情况下，不再执行 FFT，也不更新电机的旋转速度和方向，因为此时音频文件差不多播放完了。

接下来，将音频数据载入一个元素为 16 位整数的 NumPy 数组❹。使用这种格式的数据时，FFT 计算起来非常简单，只需使用模块 numpy.fft 中的方法 rfft()❺。这个方法将由实数（如音频数据）构成的信号作为输入并计算 FFT，结果通常为一组复数，但所需的是实数，因此使用方法 abs() 计算这些复数的模（模都是实数）❻。2.0/N 是一个归一化因子，用于将 FFT 值映射到要求的范围。

在这个循环中，接下来从 FFT 中提取相关的信息，用于控制电机。为分析音频信号，将频率范围分成 3 个频段：0~100Hz（低频）、100~1000Hz（中频）和 1000~2500Hz（高频）。最需关注的是低频频段和中频频段，它们大致相当于乐曲中的节拍和声乐。计算每个频段平均的振幅值，这是通过调用方法 np.sum() 并将结果除以频段内的频率值实现的❼。最后，将 3 个平均数存储在一个 Python 列表中。

请注意，在这个 while 循环中做了两件事：将音频发送到输出；计算音频的 FFT。为何能够在这样做的同时确保音频输出流畅呢？因为使用 NumPy 执行 FFT 计算的速度很快，在当前音频数据块还未播完就结束了。请做如下实验：在执行 FFT 计算后添加一段时间的延迟，看看音频输出是什么样的。

现在需要在这个 while 循环中，将来自 FFT 的平均振幅转换为电机的旋转速度和方向。速度需要用百分比表示，而方向需要用 True/False 表示。

```python
# 电机 A 的旋转速度
❶ dca = int(5*levels[0]) % 60
# 电机 B 的旋转速度
❷ dcb = int(100 + levels[1]) % 60
```

```
            # 方向
            dira = False
            dirb = True
❸       if levels[2] > 0.1:
            dira = True
        # 设置电机的旋转方向和速度
❹       set_motor_speed_dir(dca, dcb, dira, dirb)
```

首先，获取低频频段的平均振幅，将其乘 5 并将结果转换为整数，再使用求模运算符（%）确保值落在范围[0, 60]内❶，这个值用于控制电机 A 的旋转速度。然后，将中频频段的平均振幅加上 100，并使用求模运算符将结果限定在范围[0, 60]内❷，这个值用于控制电机 B 的旋转速度。

注意　一开始就让电机旋转得很快并非好主意，这就是上述代码将电机旋转速度限制在 60% 的原因所在。确保激光音乐秀程序能够正确运行后，可尝试提高在上述代码的❶和❷处设置的速度阈值。

先将 dira 设置为 False，让电机 A 沿某个方向旋转，但如果高频频段的平均振幅超过阈值 0.1❸，就让这个电机沿相反的方向旋转。与此同时，将 dirb 设置为 True，让电机 B 的旋转方向固定不变。最后，调用函数 set_motor_speed_dir()让电机以计算得到的速度和方向旋转❹。

注意　该如何将 FFT 信息转换为电机的旋转速度和方向呢？这方面没有特别好的规则。FFT 值随音频信号的变化不断变化，因此不管采用哪种规则，激光图案都将随音乐的变化而变化。本项目使用的规则是经过试验确定的：播放各种类型的音乐并关注 FFT 值，进而选择能够生成漂亮且变化多端的图案的规则。建议读者尝试使用不同的计算方案，并找出自己满意的转换方式。对于这个问题，答案没有对错之分，只要将电机旋转速度控制在范围 [0, 100]内（或更小的范围内，以防速度太高），并将方向设置为 True 或 False 就成。

下面是函数 process_audio()余下的代码：

```
            # 读取下一块数据
❶       data = wf.readframes(CHUNK)
❷   except BaseException as err:
        print("Unexpected {}, type={}".format(err, type(err)))
❸   finally:
        print("Finally: Pyaudio clean up...")
        stream.stop_stream()
        stream.close()
        # 停止电机
        stop_motors()
```

首先，结束了 while 循环——读取要处理的下一个数据块❶。前文提到，这个 while 循环放在一个 try 块内，配套的 except 块❷用于捕获该循环执行期间可能引发的异常。例如，在这个循环运行期间，用户按 Ctrl + C 快捷键或读取数据时出现错误，将引发异常，进而导致循环终止。最后，在 finally 块中做了一些清理工作❸，无论是否出现异常，finally 块都会执行。在这个块中，停止并关闭了 PyAudio 输出流，还调用了函数 stop_motors()让电机停止旋转。

13.3.4　测试电机

如果能够手动设置电机的旋转速度和方向，并观察生成的激光图案，将对测试很有帮助。

13

下面的函数 test_motors() 提供了这种可能性：

```
def test_motors():
    """通过手动设置旋转速度和方向来测试电机"""
    # 开启激光模块
❶   laser_on(True)
    # 启动电机
❷   start_motors()
    # 读取用户输入
    try:
        while True:
❸           print("Enter dca dcb dira dirb (eg. 50 100 1 0):")
            # 读取输入
            str_in = input()
            # 分析输入
❹           vals = [int(val) for val in str_in.split()]
            # 合理性检查
            if len(vals) == 4:
❺               set_motor_speed_dir(vals[0], vals[1], vals[2], vals[3])
            else:
                print("Input error!")
    except:
        print("Exiting motor test!")
❻   finally:
        # 停止电机
        stop_motors()
        # 关闭激光模块
        laser_on(False)
```

首先，开启了激光模块❶并启动了电机❷。然后，进入一个从用户那里获取信息的循环，这个循环提示用户输入 4 个整数值❸：dca 和 dcb 为电机的占空比（速度），取值范围为 0～100；dira 和 dirb 为电机旋转方向，取值为 0 或 1。用户提供输入后，对之进行分析，使用 split() 根据空格将输入字符串分成多个字符串，并使用列表推导式将每个字符串都转换为整数❹。然后，执行合理性检查，确保获得了 4 个数字，再使用提供的值设置电机的旋转速度和方向❺。

这些操作是在一个循环中执行的，因此可尝试输入各种速度和方向值，并查看结果。由于这个 while 循环放在一个 try 块内，因此测试完毕后可按 Ctrl + C 快捷键引发异常，进而结束测试。在 finally 块内❻，停止电机并关闭激光。

13.3.5　整合代码

与以往一样，函数 main() 接收命令行参数并启动项目。先来看看命令行参数：

```
def main():
    """函数 main()"""
    # 创建 ArgumentParser
❶   parser = argparse.ArgumentParser(description="A laser audio display.")
    # 添加参数
    parser.add_argument('--test_laser', action='store_true', required=False)
    parser.add_argument('--test_motors', action='store_true', required=False)
    parser.add_argument('--wav_file', dest='wav_file', required=False)
    args = parser.parse_args()
```

这里使用了常见的模式：创建一个 ArgumentParser 对象，用于分析命令行参数❶。这个程序支持 3 个命令行参数：参数 --test_laser 开启激光，这在组装电机和激光模块时很有用；参数 --test_motors 用于测试电机；参数 --wav_file 用来指定要为激光音乐秀读取的 WAV 文件。

下面是函数 main()的其他代码：

```
    # 初始化引脚
❶ init_pins()

    # 主循环
    try:
❷       if args.test_laser:
            print("laser on...")
            laser_on(True)
            try:
                # 在循环中暂停一会儿
                while True:
                    time.sleep(0.1)
            except:
                # 关闭激光
                laser_on(False)
❸       elif args.test_motors:
            print("testing motors...")
            test_motors()
❹       elif args.wav_file:
            print("starting laser audio display...")
            process_audio(args.wav_file)
    except (Exception) as e:
        print("Exception: {}".format(e))
        print("Exiting.")

    # 关闭激光
❺   laser_on(False)
    # 在程序最后调用

❻   GPIO.cleanup()
    print("Done.")
```

首先，调用前面定义的函数 init_pins()来初始化树莓派的 GPIO 引脚❶。接下来，检查并处理命令行参数。如果用户指定了参数--test_laser，args.test_laser 将为 True，在这种情况下，就开启激光，并等待用户按 Ctrl + C 快捷键结束循环❷。如果用户设置了参数--test_motors，就调用 test_motors()❸。要启动激光音乐秀，用户需要使用命令行参数--wav_file，在这种情况下❹，调用函数 process_audio()。

这些代码也都放在一个 try 块内，因此无论是在哪种模式下，用户按 Ctrl + C 快捷键都将终止循环。在退出程序前，关闭激光❺，并执行 GPIO 清理❻。

13.4　运行激光音乐秀程序

为测试这个项目，请组装好硬件，确保连接了电池组；调整各个部件的位置，确保激光最终投射在平整的表面（如墙面）上。然后，按附录 B 说的那样使用 SSH 登录树莓派，并从终端运行这个程序。建议先在测试模式下运行这个程序，对激光投射装置进行测试。

| 警告 | 在这个项目中，镜子将高速旋转。为避免受伤，请在运行程序前戴上护目用具，或者用透明罩将激光投射装置罩住。 |

下面是在测试模式下运行这个程序的情况：

13

```
$ python laser_audio.py --test_motors
testing motors...
Enter dca dcb dira dirb (eg. 50 100 1 0):
30 40 0 1
Enter dca dcb dira dirb (eg. 50 100 1 0):
40 30 1 0
```

可使用这种测试来尝试不同的电机旋转速度和方向。调整这些值时，将在墙壁上看到不同的激光投射图案。要停止程序和电机，可按 Ctrl + C 快捷键。请注意，如果输入的占空比的值超过 80，电机将以非常快的速度旋转，因此务必小心。

测试成功后，就可开始真正的激光音乐秀了。为此，先将一首你喜欢的音乐（WAV 格式）复制到树莓派。前面说过，为简单起见，这个程序只支持 16 位的单声道 WAV 文件，可使用免费软件 Audacity 将任何音频文件转换成这种格式（在本书配套源代码中的"/laser_audio"文件夹中提供了这样的示例文件）。音频文件准备就绪后，像下面这样运行程序（将 bensound-allthat-16.wav 替换为要使用的文件的名称）：

```
python3 laser_audio.py --wav_file bensound-allthat-16.wav
```

运行后，这个程序将生成大量随音乐变化的有趣图案，如图 13.14 所示。

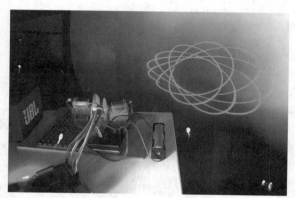

图 13.14　组装好的激光秀装置及其投射在墙面上的图案

尝试使用不同的 WAV 文件，或者以不同的方式将 FFT 信息转换为电机旋转速度和方向设置，看看生成的图案有何不同。

13.5　小结

本章介绍了一个相当复杂的项目，涉及进阶的 Python 知识和操作硬件的技能。本章介绍了如何使用 Python、树莓派和电机驱动器控制电机，使用 NumPy 来计算音频数据的 FFT，使用 PyAudio 将音频数据实时地发送到输出，还介绍了如何使用 MOSFET 控制激光模块。

13.6　实验

下面列举了一些修改这个项目的方式。

1．本项目使用了一个随意选择的方案将 FFT 值转换为电机旋转速度和方向设置。请尝试修改这个转换方案，例如，尝试以不同的方式划分频段，并修改调整电机旋转方向的条件。

2．本项目将从音频信号中获取的频率信息转换为电机的旋转速度和方向设置。请尝试根据音乐的音量调整电机的旋转速度和方向。为此，可计算信号振幅值的均方根（RMS），这种计算类似于 FFT 计算。读取一个音频数据块，并将其加入 NumPy 数组 x 后，可使用下面的代码来计算 RMS：

```
rms = np.sqrt(np.mean(x**2))
```

另外，别忘了在这个项目中，振幅是用 16 位有符号整型表示的，因此最大可能取值为 32768（牢记这个数字有助于进行归一化）。请结合使用 RMS 振幅和 FFT 来生成更变化多端的激光图案。

3．已知音频数据的频率成分（及其 FFT）是与音频同步变化的。你能在通过音箱播放音频的同时，创建实时音频数据和 FFT 可视化（如图 13.15 所示）吗？这个程序将在计算机（而不是树莓派）上运行。

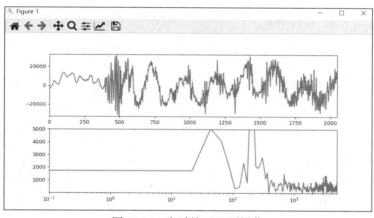

图 13.15　实时的 FFT 可视化

下面是一些有关如何实现的提示。

❑ 使用 Matplotlib 绘图。

❑ 使用 Python 包 multiprocessing，以便能够在将音乐发送到输出的同时进行绘图。

❑ 使用方法 numpy.fft.rfftfreq() 获取与 FFT 值对应的频率，以简化绘图工作。

这个实验的代码可在本书配套源代码中的 "/laser_audio" 中找到，但参阅前务必试试自己去编写。

13.7　完整代码

本章项目的完整 Python 代码如下：

```
"""
laser_audio.py
```

在树莓派中使用 Python 创建随音乐起舞的激光秀

```
编写者: Mahesh Venkitachalam
"""

import RPi.GPIO as GPIO
import time
import argparse
import pyaudio
import wave
import numpy as np

# 定义引脚编号
# 使用 TB6612FNG 电机驱动器分线板引脚命名方案
PWMA = 12
PWMB = 13
AIN1 = 7
AIN2 = 8
BIN1 = 5
BIN2 = 6
STBY = 22
LASER = 25

# 全局 PWM 对象
pwm_a = None
pwm_b = None

# 读入的音频数据样本数
CHUNK = 2048
# 用于计算 FFT 的样本数
N = CHUNK

def init_pins():
    """设置引脚"""
    global pwm_a, pwm_b

    # 使用 BCM 引脚编号方案
    GPIO.setmode(GPIO.BCM)

    # 将引脚加入一个列表
    pins = [PWMA, PWMB, AIN1, AIN2, BIN1, BIN2, STBY, LASER]

    # 将引脚设置为输出
    GPIO.setup(pins, GPIO.OUT)

    # 设置 PWM
    pwm_a = GPIO.PWM(PWMA, 100)
    pwm_b = GPIO.PWM(PWMB, 100)

def laser_on(on):
    """开/关控制激光模块的 MOSFET"""
    # 引脚 25 控制着开/关激光模块的 MOSFET
    GPIO.output(LASER, on)

def test_motors():
    """通过手动设置旋转速度和方向来测试电机"""
    # 开启激光模块
    laser_on(True)

    # 开启电机
    start_motors()

    # 读取用户输入
    try:
        while True:
            print("Enter dca dcb dira dirb (eg. 50 100 1 0):")
```

```
            # 读取输入
            str_in = input()
            # 分析输入
            vals = [int(val) for val in str_in.split()]
            # 合理性检查
            if len(vals) == 4:
                set_motor_speed_dir(vals[0], vals[1], vals[2], vals[3])
            else:
                print("Input error!")
    except:
        print("Exiting motor test!")
    finally:
        # 停止电机
        stop_motors()
        # 关闭激光模块
        laser_on(False)

def start_motors():
    """将两个电机都开启"""
    # 启用驱动器芯片
    GPIO.output(STBY, GPIO.HIGH)
    # 设置通道 A 的电机旋转方向
    GPIO.output(AIN1, GPIO.HIGH)
    GPIO.output(AIN2, GPIO.LOW)
    # 设置通道 B 的电机旋转方向
    GPIO.output(BIN1, GPIO.HIGH)
    GPIO.output(BIN2, GPIO.LOW)
    # 设置通道 A 的 PWM
    duty_cycle = 0
    pwm_a.start(duty_cycle)
    # 设置通道 B 的 PWM
    pwm_b.start(duty_cycle)

def stop_motors():
    """让两个电机都停止旋转"""
    # 停止 PWM
    pwm_a.stop()
    pwm_b.stop()
    # 给电机 A"踩刹车"
    GPIO.output(AIN1, GPIO.HIGH)
    GPIO.output(AIN2, GPIO.HIGH)
    # 给电机 B"踩刹车"
    GPIO.output(BIN1, GPIO.HIGH)
    GPIO.output(BIN2, GPIO.HIGH)
    # 禁用驱动器芯片
    GPIO.output(STBY, GPIO.LOW)

def set_motor_speed_dir(dca, dcb, dira, dirb):
    """设置电机的旋转速度和方向"""
    # 设置占空比
    pwm_a.ChangeDutyCycle(dca)
    pwm_b.ChangeDutyCycle(dcb)
    # 设置电机的旋转方向
    if dira:
        GPIO.output(AIN1, GPIO.HIGH)
        GPIO.output(AIN2, GPIO.LOW)
    else:
        GPIO.output(AIN1, GPIO.LOW)
        GPIO.output(AIN2, GPIO.HIGH)
    if dirb:
        GPIO.output(BIN1, GPIO.HIGH)
        GPIO.output(BIN2, GPIO.LOW)
    else:
        GPIO.output(BIN1, GPIO.LOW)
```

13

```
        GPIO.output(BIN2, GPIO.HIGH)

def process_audio(filename):
    """读取 WAV 文件、执行 FFT 并控制电机"""

    print("opening {}...".format(filename))

    # 打开 WAV 文件
    wf = wave.open(filename, 'rb')

    # 输出有关音频的详细信息
    print("SW = {}, NCh = {}, SR = {}".format(wf.getsampwidth(),
        wf.getnchannels(), wf.getframerate()))
    # 检查是否为支持的格式
    if wf.getsampwidth() != 2 or wf.getnchannels() != 1:
        print("Only single channel 16 bit WAV files are supported!")
        wf.close()
        return

    # 创建 PyAudio 对象
    p = pyaudio.PyAudio()

    # 打开一个输出流
    stream = p.open(format=p.get_format_from_width(wf.getsampwidth()),
                    channels=wf.getnchannels(),
                    rate=wf.getframerate(),
                    output=True)

    # 读取第 1 帧
    data = wf.readframes(CHUNK)
    buf = np.frombuffer(data, dtype=np.int16)

    # 存储采样率
    SR = wf.getframerate()

    # 启动电机
    start_motors()

    # 开启激光 laser on
    laser_on(True)

    # 从 WAV 文件中读取音频数据
    try:
        # 不断循环，直到没有数据可供读取
        while len(data) > 0:
            # 将流写入输出
            stream.write(data)
            # 确保有足够的样本用于 FFT
            if len(buf) == N:
                buf = np.frombuffer(data, dtype=np.int16)
                # 执行 FFT
                fft = np.fft.rfft(buf)
                fft = np.abs(fft) * 2.0/N
                # 计算振幅
                # 计算如下三个频段的平均振幅：
                # 0~100 Hz、100~1000 Hz 和 1000~2500 Hz
                levels = [np.sum(fft[0:100])/100,
                          np.sum(fft[100:1000])/900,
                          np.sum(fft[1000:2500])/1500]
                # 电机 A 的旋转速度
                dca = int(5*levels[0]) % 60
                # 电机 B 的旋转速度
                dcb = int(100 + levels[1]) % 60
                # 方向
                dira = False
```

```
                        dirb = True
                        if levels[2] > 0.1:
                            dira = True
                    # 设置电机的旋转方向和速度
                    set_motor_speed_dir(dca, dcb, dira, dirb)
                # 读取下一块数据
                data = wf.readframes(CHUNK)

        except BaseException as err:
            print("Unexpected {}, type={}".format(err, type(err)))

        finally:
                print("Finally: Pyaudio clean up...")
                stream.stop_stream()
                stream.close()
                # 停止电机
                stop_motors()
                # 关闭WAV 文件
                wf.close()

def main():
    """函数 main()"""

    # 创建 ArgumentParser
    parser = argparse.ArgumentParser(description="A laser audio display.")
    # 添加参数
    parser.add_argument('--test_laser', action='store_true', required=False)
    parser.add_argument('--test_motors', action='store_true', required=False)
    parser.add_argument('--wav_file', dest='wav_file', required=False)
    args = parser.parse_args()

    # 初始化引脚
    init_pins()

    # 主循环
    try:
        if args.test_laser:
                print("laser on...")
                laser_on(True)
                try:
                    # 在循环中暂停一会儿
                    while True:
                        time.sleep(1)
                except:
                    # 关闭激光
                    laser_on(False)
        elif args.test_motors:
                print("testing motors...")
                test_motors()
        elif args.wav_file:
                print("starting laser audio display...")
                process_audio(args.wav_file)
    except (Exception) as e:
        print("Exception: {}".format(e))
        print("Exiting.")

    # 关闭激光
    laser_on(False)
    # 在程序最后调用
    GPIO.cleanup()
    print("Done.")

# 调用函数 main()
if __name__ == '__main__':
    main()
```

13

第 14 章

物联网花园

在我们生活的这个时代，拜物联网（Internet of Things，IoT）所赐，手机能够与灯泡通信，牙刷能够访问互联网。物联网可被视为由日常设备构成的网络，这些设备内嵌了传感器，能够相互通信，还能连接到互联网，而这通常是以无线方式实现的。本章将搭建一个 IoT 传感器网络，以监控花园的温度和湿度。这个网络中有一个或多个低功耗设备，它们运行 Python 代码，并以无线方式将实时传感器数据发送给树莓派。树莓派记录这些数据，并通过本地 Web 服务器提供数据。用户可通过 Web 浏览器查看传感器数据，还将在出现极端情况时通过移动设备收到实时警报。

在完成本章项目的过程中，将介绍如下概念。

❏ 组建低功耗 IoT 传感器网络。

❏ 理解有关低功耗蓝牙（Bluetooth Low Energy，BLE）协议的基本知识。

❏ 在树莓派中创建 BLE 扫描器。

❏ 使用 SQLite 数据库存储传感器数据。

❏ 在树莓派上使用 Bottle 运行 Web 服务器。

❏ 使用 IFTTT（If This Then That）服务向手机发送警报。

14.1 工作原理

在这个项目中，使用的 IoT 设备为 Adafruit BLE Sense 板，它内置了温度传感器和湿度传感器。这种设备定期地测量温度和湿度，并使用稍后将讨论的 BLE 以无线方式传输传感器数据。运行 BLE 扫描器的树莓派接收这些数据，使用数据库存储和检索数据，并运行一个 Web 服务器，以便能够在网页上显示数据。另外，树莓派还能发现温度和湿度数据的异常情况，并通过 IFTTT 服务向用户的移动设备发送警报。图 14.1 概述了这个项目的架构。

为何要使用树莓派呢？为何不让传感器设备直接连接到互联网，而要通过树莓派连接呢？原因在于功耗。如果让这些设备通过 Wi-Fi 等协议直接连接到互联网，功耗通常是使用 BLE 时的 10 倍以上。功耗很重要，因为 IoT 设备通常由电池供电，而设备的续航时间越长越好。在图 14.1 中，一系列低功耗无线设备与网关（这里是树莓派）通信，这是 IoT 常用的架构。

这种项目架构的另一个特征是，数据始终由用户掌握，准确地说是数据存储在树莓派上的数据库中。没有通过互联网传输数据，而将其限制在局域网内。对于这里的简单花园数据来说，这可能无关紧要，但有必要知道的是，IoT 设备并非必须通过网络发送数据才能发挥作用。出于隐私和安全考虑，除非万不得已，否则不要将数据暴露到互联网上。在这个项目中，为发送 IFTTT 警报，少量地使用了互联网。

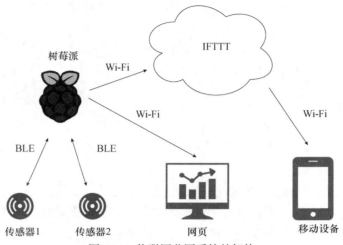

图 14.1　物联网花园系统的架构

14.1.1　低功耗蓝牙

蓝牙是一种支持蓝牙耳机和音箱等的无线技术标准，而 BLE 是其一个子集，针对由电池供电的低功耗设备做了优化。例如，BLE 让手机能够与智能手表和健身追踪器通信。使用 BLE 通信的设备分两大类：中央设备和外围设备。通常，中央设备装备了更强大的硬件，如笔记本计算机和手机；而外围设备的硬件不那么强大，如健身手环和信标（beacon）。在这个项目中，树莓派为中央设备，而 Adafruit BLE Sense 板为外围设备。

> **注意**　中央设备和外围设备之间并非那么界限分明。现代 BLE 芯片让同一个硬件可充当中央设备或外围设备，还可同时充当中央设备和外围设备。

BLE 外围设备通过发送广播数据包让其他设备知道它的存在，如图 14.2 所示。这种数据包通常每隔几毫秒发送一次，其中包含多种信息，如外围设备的名称、传输功率、制造商数据、中央设备是否能够连接到它等。中央设备不断地扫描广播数据包，并能够使用这些数据包中的信息与外围设备建立连接。

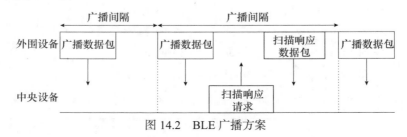

图 14.2　BLE 广播方案

为降低外围设备的电量消耗，广播数据包可包含的数据量不能超过 31 字节，但外围设备可通过扫描响应发送额外的数据包。在常规的广播数据包中，外围设备指出它能否提供扫描响应，如果中央设备需要更多的数据，就发送一个扫描响应请求，让外围设备暂停发送广播数据包，转而发送扫描响应数据包。然而，在这个项目中，需要从传感器那里获取的数据很少，因此直接将温度和湿度数据放在广播数据包中。

在树莓派上，将创建一个 BLE 扫描器，这是使用适用于 Linux 的蓝牙协议栈 BlueZ 实现的。具体地说，将使用下面 3 个命令行程序。

❑ hciconfig：在程序初始化阶段重置 BLE。

❑ hcitool：扫描 BLE 外围设备。

❑ hcidump：读取来自 BLE 外围设备的广播数据。

安装 Raspberry Pi OS 时，默认安装了 hciconfig 和 hcitool，因此只需从终端安装 hcidump，如下所示：

```
$ sudo apt-get install bluez-hcidump
```

在树莓派上使用这些工具时，典型的命令行会话类似于下面这样。首先，在一个终端的命令行中运行 hcidump，为扫描开始后输出数据包做好准备：

```
pi@iotsensors:~ $ sudo hcidump --raw
HCI sniffer - Bluetooth packet analyzer ver 5.50
device: hci0 snap_len: 1500 filter: 0xffffffff
```

上述输出表明，hcidump 正在等待 BLE 输入。接下来，在另一个终端的命令行中使用 hcitool 运行命令 lescan，以开始扫描 BLE 设备：

```
pi@iotsensors:~ $ sudo hcitool lescan
LE Scan...
DE:74:03:D9:3D:8B (unknown)
DE:74:03:D9:3D:8B IOTG1
36:D2:35:5A:BF:B0 (unknown)
8C:79:F5:8C:AE:DA (unknown)
5D:9F:EC:A0:09:51 (unknown)
5D:9F:EC:A0:09:51 (unknown)
60:80:0A:83:18:40 (unknown)
--省略--
```

上述输出表明，扫描器检测到了大量 BLE 设备（当前这种设备无处不在）。运行命令 lescan 后，hcidump 便开始输出广播数据包，因此在运行 hcidump 的终端中，将充斥着类似于下面的消息：

```
< 01 0B 20 07 01 10 00 10 00 00 00
> 04 0E 04 01 0B 20 00
< 01 0C 20 02 01 01
> 04 0E 04 01 0C 20 00
> 04 3E 1B 02 01 02 01 8B 3D D9 03 74 DE 0F 0E FF 22 08 0A 31
  FE 49 4F 54 47 31 1B 36 30 CB
> 04 3E 16 02 01 04 01 8B 3D D9 03 74 DE 0A 02 0A 00 06 09 49
  4F 54 47 31 CB
> 04 3E 23 02 01 03 01 03 58 0A 00 6A 35 17 16 FF 06 00 01 09
  21 0A 13 71 DA 7D 1A 00 52 6F 63 69 6E 61 6E 74 65 C5
> 04 3E 1F 02 01 03 01 B9 D4 AE 7E 01 0E 13 12 FF 06 00 01 09
  21 0A 9E 54 20 C5 51 48 6D 61 6E 64 6F BE
```

这些消息为十六进制数，这是因为前面运行 hcidump 时指定了选项--raw。

这个示例演示了如何在命令行中手动使用 BlueZ 工具，但本项目将在树莓派运行的 Python 代码中执行这些命令。这些 Python 代码还将读取广播数据包，以获取其中的传感器数据。

14.1.2 Web 框架 Bottle

为通过 Web 界面查看传感器数据，需要在树莓派上运行一个 Web 服务器。为此将使用 Bottle——一个接口简单的 Python Web 框架（实际上，整个库只包含一个源代码文件——bottle.py）。下面是在树莓派上使用 Bottle 提供简单网页所需的代码：

```
from bottle import route, run

❶ @route('/hello')
  def hello():
    ❷ return "Hello Bottle World!"

❸ run(host='iotgarden.local', port=8080, debug=True)
```

在这些代码中，首先定义了一条到 URL（统一资源定位符）地址或路径（这里是/hello，客户端可向其发送数据请求）的路由❶。为此，将 Bottle 库中的方法 route()作为 Python 装饰器绑定函数 hello()，让它充当该路由的处理程序。这样，当用户访问该路由时，Bottle 将调用函数 hello()来返回一个字符串❷。方法 run()❸启动 Bottle 服务器，让它能够接受来自客户端的连接请求，这里假设该服务器运行在名为 iotgarden 的树莓派的端口 8080 上。另外请注意，将标志 debug 设置成 True，以方便诊断问题。

请在连接 Wi-Fi 的树莓派上运行上述代码，再在局域网中任意一台计算机上打开浏览器，并访问 http://<iotgarden>.local:8080/hello/（请将<iotgarden>替换为树莓派的名称）。Bottle 将向 Web 浏览器发送一个包含文本"Hello Bottle World!"的网页。仅需几行代码，就创建了一个 Web 服务器。

Python 装饰器

在 Python 中，装饰器用@符号定义，它将一个函数（如前述 Bottle 示例中的 route()）作为参数，并返回另一个函数（如 hello()）。装饰器提供了用一个函数包装（wrap）另一个函数的方便途径。例如，下述代码：

```
@wrapper
def myFunc():
    return 'hi'
```

与下面的代码等价：

```
myFunc = wrapper(myFunc)
```

在 Python 中，函数是第一类（first-class）对象，可像变量那样传递。

请注意，在本章的项目中，使用 Bottle 路由函数的方式与前述示例稍有不同，本章的项目

14

把路由绑定到类方法而不是自由函数（如前述示例中的 hello()）。有关这方面的内容，后文将更详细地介绍。

14.1.3　SQLite 数据库

需要将传感器数据存储起来供以后检索，为此可将数据写入文本文件，但检索起来会很麻烦。有鉴于此，可使用 SQLite 来存储数据，这是一种易于使用的轻量级数据库，非常适合用于树莓派等嵌入式系统中。在 Python 中，使用 sqlite3 模块来访问 SQLite。

SQLite 数据库是使用数据库系统标准语言 SQL（结构查询语言）来操作的。在 Python 代码中，使用字符串来定义 SQL 语句。无须精通 SQL 就可完成这个项目中与 SQLite 相关的任务，只需使用为数不多的几个命令，这些命令将在后文研究代码时讨论。为了感受一下 SQLite 的工作原理，来看一个在 Python 解释器会话中使用 SQLite 的示例。首先，创建一个数据库，并在其中添加一些记录：

```
>>> import sqlite3
❶ >>> con = sqlite3.connect('test.db')
❷ >>> cur = con.cursor()
❸ >>> cur.execute("CREATE TABLE sensor_data (TS datetime, ID text, VAL numeric)")
   >>> for i in range(10):
❹ ...     cur.execute("INSERT into sensor_data VALUES (datetime('now'),'ABC', ?)", (i, ))
❺ >>> con.commit()
   >>> con.close()
   >>> exit()
```

这里调用了方法 sqlite3.connect()，并向它传递了数据库名称（这里为 test.db）❶。如果指定的数据库存在，这个方法就返回指向它的连接；如果不存在，就创建该数据库并返回指向它的连接。然后，使用返回的连接对象创建一个游标❷，用来与数据库交互，以创建表、添加新记录和检索数据等。使用这个游标执行一条 SQL 语句，该语句创建数据库表 sensor_data，其中包含类型为 datetime 的 TS（timestamp，时间戳）列、类型为 text 的 ID 列、类型为 numeric 的 VAL 列❸。接下来，在一个 for 循环中执行 SQL INSERT 语句，在这个表中添加 10 条记录。每条 SQL INSERT 语句都添加一条包含当前时间戳、字符串'ABC'和循环索引 i 的记录❹。'?'是 SQLite 使用的一种格式占位符，其实际值是使用元组指定的。最后，提交对数据库所做的修改，使其永久化❺，再关闭数据库连接。

现在从这个数据库中检索一些值：

```
   >>> con = sqlite3.connect('test.db')
   >>> cur = con.cursor()
❶ >>> cur.execute("SELECT * FROM sensor_data WHERE VAL > 5")
   >>> print(cur.fetchall())
   [('2021-10-16 13:01:22', 'ABC', 6), ('2021-10-16 13:01:22', 'ABC', 7),
    ('2021-10-16 13:01:22', 'ABC', 8), ('2021-10-16 13:01:22', 'ABC', 9)]
```

同样，首先建立指向数据库的连接，并创建一个用于和数据库交互的游标。然后，执行一个 SELECT SQL 查询以检索数据❶。在这个查询中，请求返回 sensor_data 表中所有 VAL 列的值大于 5 的记录。最后，使用游标的方法 fetchall()获取结果，并将其输出。

14.2　需求

在树莓派上，需要使用模块 Bottle、sqlite3 和 Matplotlib，它们分别用来创建 Web 服务器、使用 SQLite 数据库以及根据传感器数据绘制图表。BLE Sense 板的计算能力有限，无法运行完整版 Python。有鉴于此，将使用 CircuitPython 在 BLE Sense 板上编程，这是一个开源的 MicroPython 变种，由 Adafruit 负责维护。在本项目中，为何使用 CircuitPython 而不像第 12 章那样使用 MicroPython 呢？因为 CircuitPython 为 Adafruit 设备提供了更多的库支持。

在本项目中，还需使用如下硬件。

❑ 一个或多个 Adafruit Feather Bluefruit nRF52840 Sense 板。

❑ 一个树莓派 3B+（或更新的产品），以及 micro SD 卡和配套充电器。

❑ 每个 BLE Sense 板使用一块 3.7V 锂电池或一个 USB 充电器。

图 14.3 显示了所需的硬件。

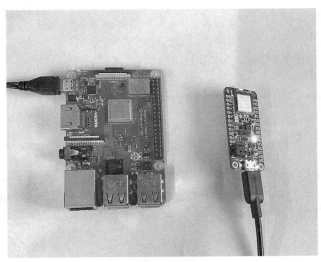

图 14.3　本项目所需的硬件

可将树莓派放在花园附近的房间内，将 BLE Sense 板和配套电源放在花园内，并盖上保护罩。

14.2.1　在树莓派上安装系统和软件

为完成这个项目，首先需要设置树莓派，详情请参阅附录 B。在后面的项目代码中，假定树莓派名为 iotgarden，并在局域网中使用 iotgarden.local 来访问它。

14.2.2　安装 CircuitPython

要安装 CircuitPython，请针对每个 BLE Sense 板执行如下操作。

14

1. 访问 CircuitPython 官网的 Downloads 页面，查找当前使用的 BLE Sense 板型号，并下载相应的 CircuitPython 安装程序（扩展名为.uf2）。将下载的 CircuitPython 的版本号记录下来。

2. 将 BLE Sense 板连接到计算机的 USB 接口，再连按板子上的 Reset 键两次，板上的 LED 将变绿，同时将在计算机上看到一个名为 FTHRSNSBOOT 的驱动器。

3. 将下载的.uf2 文件拖入驱动器 FTHRSNSBOOT。复制完这个文件后，板上的 LED 将闪烁，而计算机上将出现一个名为 CIRCUITPY 的新驱动器。

接下来，需要在板上安装必要的 Adafruit 库，具体做法如下。

1. 访问 CircuitPython 官网的 Libraries 页面，并下载与已下载的 CircuitPython 版本对应的库包（library bundle，扩展名为.zip）。

2. 将下载的文件解压缩，并将解压缩得到的如下文件/文件夹复制到驱动器 CIRCUITPY 中的文件夹 lib 中（如果没有文件夹 lib，就创建一个 lib 文件夹）。

- ❏ adafruit_apds9960。
- ❏ adafruit_ble。
- ❏ adafruit_bme280。
- ❏ adafruit_bmp280.mpy。
- ❏ adafruit_bus_device。
- ❏ adafruit_lis3mdl.mpy。
- ❏ adafruit_lsm6ds。
- ❏ adafruit_register。
- ❏ adafruit_sht31d.mpy。
- ❏ neopixel.mpy。

3. 按下板子上的 Reset 键。至此，就为在项目中使用这个板做好了准备。

默认情况下，CircuitPython 将运行驱动器 CIRCUITPY 中的文件 code.py 中的代码，因此要运行本章的项目，需要将后面讨论的文件 ble_sensors.py 复制到这个驱动器中，并将其重命名为 code.py。

14.2.3 设置 IFTTT 服务

IFTTT 是一款 Web 服务，用于自动响应特定操作。本项目将使用 IFTTT 在传感器提供的温度和湿度数据出现异常时向手机发送警报。为了能够收到 IFTTT 警报，请做如下准备工作。

1. 访问 IFTTT 官网并注册一个账户。

2. 在智能手机上下载并安装 IFTTT 应用。

3. 在浏览器中登录 IFTTT，并单击 Create，再单击 If This 框中的 Add 按钮。

4. 在出现的 Choose a Service 页面中，找到并选择 Webhooks，再选择 Receive a Web Request with a JSON Payload。

5. 在 Event Name 下输入"TH_alert"（注意大小写）并单击 Create Trigger。

6. 返回 Create 页面后，单击 Then That 框中的 Add 按钮。

7. 找到并选择 Notifications，再单击 Send a Notification from the IFTTT App。

8. 在出现的页面中，在 Message 框中添加文本"T/H Alert!"，再单击 Add Ingredient 并选择 OccuredAt；再次单击 Add Ingredient 并选择 JsonPayload。

9. 单击 Create Action 按钮返回 Create 页面，再单击 Continue 和 Finish 结束对警报的定义。

要在 Python 代码中触发警报，需要使用 IFTTT 密钥。要获取这个密钥，可采取如下操作。

1. 在 IFTTT 网站中，单击页面右上角的圆形账户图标，并选择 My Services。

2. 单击链接 Webhooks，再单击按钮 Documentation。

3. 将出现一个页面，其顶部显示了用户密钥，请将其记录下来。在这个页面中，还提供了有关如何向智能手机发送测试警报的信息。如果要运行测试，务必将事件名指定为"TH_alert"。

14.3 代码

本项目的代码分散在如下 Python 文件中。

❏ ble_sensors.py：在 BLE Sense 板中运行的 CircuitPython 代码，从传感器中读取温度和湿度数据，并将其加入 BLE 广播数据包。

❏ BLEScanner.py：在树莓派上实现 BLE 扫描器——使用 BlueZ 工具读取广播数据。这些代码还会发送 IFTTT 警报。

❏ server.py：在树莓派上实现 Bottle Web 服务器。

❏ iotgarden.py：主程序文件，其中的代码用于创建 SQLite 数据库，并启动 BLE 扫描器和 Web 服务器。

除这些 Python 文件外，本项目还有一个名为 static 的子文件夹，其中包含 Bottle Web 服务器使用的一些额外文件。

❏ static/style.css：服务器返回的 HTML 网页的样式表。

❏ static/server.js：服务器返回的获取传感器数据的 JavaScript 代码。

这个项目的完整代码可见本书配套源代码中的"/iotgarden"。

14.3.1 CircuitPython 代码

在 BLE Sense 板上运行的 CircuitPython 代码的目标很明确：从内置温度传感器和湿度传感器那里读取数据，并将这些数据放在 BLE 广播数据包中。这项任务看似简单，但要完成它，需要导入的模块多得惊人。要查看完整的 CircuitPython 代码，可参阅 14.7 节"完整的 CircuitPython 代码"，也可见本书配套源代码中的"/iotgarden/ble_sensors/ble_sensors.py"。

```
import time, struct
import board
import adafruit_bmp280
import adafruit_sht31d
from adafruit_ble import BLERadio
❶ from adafruit_ble.advertising import Advertisement, LazyObjectField
❷ from adafruit_ble.advertising.standard import ManufacturerData,
                                        ManufacturerDataField

import _bleio
import neopixel
```

14

导入 Python 内置模块 time 和 struct，它们分别用于休眠和将数据打包。模块 board 用于访问 I2C 库，这个库让板载 BLE 芯片能够使用 I2C 协议实现与传感器通信。要与传感器通信，模块 adafruit_bmp280 和 adafruit_sht31d 必不可少，而类 BLERadio 用于启用 BLE 和发送广播数据包。❶和❷处的 import 语句导入了 Adafruit BLE 广播模块，以便创建包含传感器数据的自定义广播数据包。另外，还将使用模块 _bleio 来获取设备的 MAC 地址，并使用模块 neopixel 来控制板载 LED。

1. 创建 BLE 广播数据包

接下来，定义一个名为 IOTGAdvertisement 的类，帮助创建 BLE 广播数据包。adafruit_ble 库中有一个 Advertisement 类，负责处理 BLE 广播。因此，将 IOTGAdvertisement 声明为 Advertisement 的子类，以便能够使用该父类的功能，并添加自定义功能。

```
class IOTGAdvertisement(Advertisement):
    flags = None
❶ match_prefixes = (
        struct.pack(
            "<BHBH",  # 前缀格式
            0xFF,     # BLE 标准指出，0xFF 为制造商特有数据
            0x0822,   # 2 字节的公司 ID
            struct.calcsize("<H9s"), # 数据格式
            0xabcd  # 用户 ID
        ), # 需要提供一个元组，因此这个逗号必不可少
    )
❷ manufacturer_data = LazyObjectField(
        ManufacturerData,
        "manufacturer_data",
        advertising_data_type=0xFF, # BLE 标准指出，0xFF 为制造商特有数据
        company_id=0x0822,           # 2 字节的公司 ID
        key_encoding="<H",
    )
    # 设置制造商数据字段
❸ md_field = ManufacturerDataField(0xabcd, "<9s")
```

BLE 标准非常独特，因此这些代码看似错综复杂，但所做的全部工作只是在广播数据包中放置一些自定义数据。首先，创建了一个名为 match_prefixes 的元组❶，供 adafruit_ble 库用来管理广播数据包中的各个字段。这个元组只有一个元素——使用 Python 模块 struct 创建的字节结构体。接下来，定义了字段 manufacturer_data❷，它将使用❶处描述的格式。制造商数据字段是 BLE 广播数据包的标准组成部分，让制造商（或用户）能够在广播数据包中指定一些自定义数据。最后，创建了一个自定义的 ManufacturerDataField 对象❸，将根据传感器值的变化不断更新。

2. 读取并发送数据

CircuitPython 程序的 main()函数读取并发送传感器数据，它首先做一些初始化工作：

```
def main():
    # 初始化 I2C
❶ i2c = board.I2C()

    # 初始化传感器
```

```
❷ bmp280 = adafruit_bmp280.Adafruit_BMP280_I2C(i2c)
❸ sht31d = adafruit_sht31d.SHT31D(i2c)

  # 初始化 BLE
❹ ble = BLERadio()

  # 创建自定义的广播对象
❺ advertisement = IOTGAdvertisement()
  # 将 MAC 地址的开头 4 个十六进制数（2 字节）附加到名称末尾
❻ addr_bytes = _bleio.adapter.address.address_bytes
  name = "{0:02x}{1:02x}".format(addr_bytes[5], addr_bytes[4]).upper()
  # 设置设备名称
❼ ble.name = "IG" + name
```

首先，初始化了 I2C 模块❶，让 BLE 芯片能够与传感器通信。然后，初始化了温度传感器模块 bmp280❷和湿度传感器模块 sht31d❸。还初始化了 BLE 射频（BLE Radio）❹，以便能够发送广播数据包，并创建了自定义类 IOTGAdvertisement 的一个实例❺。

接下来，将 BLE 设备的名称设置成由如下两部分组成：字符串 IG（表示 IoT Garden）、设备 MAC 地址的开头 4 个十六进制数（2 字节）❼。例如，如果 MAC 地址为 de:74:03:d9:3d:8b，设备的名称将被设置为 IGDE74。为此，获取由字节方式表示的 MAC 地址❻。然而，字节的排列顺序与字符串表示相反，以这里的 MAC 地址为例，第 1 个字节为 0x8b。而要查找的是开头两个字节——0xde 和 0x74，它们分别位于 address_bytes 中的索引 5 和索引 4 处。使用字符串格式将这些字节转换为字符串表示，并使用 upper() 转换为大写格式。

下面来看看其他初始化代码。

```
  # 设置初始值
  # 只使用名称的开头 5 个字符
❶ advertisement.md_field = ble.name[:5] + "0000"
  # BLE 广播间隔，单位为秒
  BLE_ADV_INT = 0.2
  # 启动 BLE 广播
❷ ble.start_advertising(advertisement, interval=BLE_ADV_INT)
  # 设置彩灯并关闭其他所有 LED
   pixels = neopixel.NeoPixel(board.NEOPIXEL, 1,
                              brightness=0.1, auto_write=False)
```

这里设置了自定义制造商数据的初始值❶。为此，将设备名称的开头 5 个字符与 4 个值为 0 的字节拼接起来。后面将用传感器数据替换这 4 个字节的前两个字节，至于余下的两个字节，14.6 节 "实验" 中有个练习将会使用它们。

接下来，将 BLE 广播间隔（BLE_ADV_INT）设置为 0.2，这意味着设备将每隔 0.2s 发送一个广播数据包。然后，调用方法开始发送广播数据包❷，并传入自定义广播类和广播间隔。还初始化了 neopixel 库，以控制板载 LED。参数 board.NEOPIXEL 表示彩灯（neopixel LED）的引脚编号，1 表示板上的 LED 数量。将 brightness 设置为 0.1（最大 1.0），将标志 auto_write 设置为 False，意味着需要显式调用方法 show() 让设置生效（稍后将这样做）。

在 main() 函数中，接下来是一个循环，它读取传感器数据并更新 BLE 广播数据包。

```
  # 主循环
  while True:
    # 输出值，这些值将被发送到串行输出
❶ print("Temperature: {:.1f} C".format(bmp280.temperature))
```

14

```
      print("Humidity: {:.1f} %".format(sht31d.relative_humidity))
      # 获取传感器数据
❷    T = int(bmp280.temperature)+ 40
      H = int(sht31d.relative_humidity)
      # 停止广播
❸    ble.stop_advertising()
      # 更新广播数据
❹    advertisement.md_field = ble.name[:5] + chr(T) + chr(H) + "00"
      # 启动广播
❺    ble.start_advertising(advertisement, interval=BLE_ADV_INT)
      # 让彩灯闪烁
      pixels.fill((255, 255, 0))
      pixels.show()
      time.sleep(0.1)
      pixels.fill((0, 0, 0))
      pixels.show()
      # 休眠 2s
❻    time.sleep(2)
```

在这个循环中，首先输出了传感器读取的值❶，可使用这些输出来确认传感器提供的值是否合理。要查看这些值，可通过 USB 将 BLE Sense 板连接到计算机，并运行一个串行终端应用程序，如第 12 章介绍过的 CoolTerm。输出应类似于下面这样：

```
Temperature: 26.7 C
Humidity: 55.6 %
```

接下来，从传感器那里读取温度和湿度值❷，并将它们都转换为整数，因为对于每个值，都只能用 1 个字节来表示。将温度值加上 40，以应对实际温度为负数的情况。BLE Sense 板上的 BMP280 温度传感器支持的温度范围为−40℃到 85℃，加上 40 后范围为[0，125]。在树莓派上解析 BLE 广播数据时，把数据校正到正确的范围。

为修改广播数据包中的数据，必须先停止 BLE 广播❸，再将制造商数据字段设置为如下值：设备名称的开头 5 个字符；温度值和湿度值（每个值占 1 个字节）；两个值为 0 的字节❹。在这里，使用了 chr()将每个 1 字节的值转换为字符。更新数据包中的传感器值后，重新启动广播❺，让树莓派上的扫描器能够获取 BLE Sense 板发送的新的传感器值。

为提供表明设备处于活动状态的视觉线索，让彩灯闪烁，即点亮它并持续 0.1s。方法 fill()使用形如(R, G, B)的元组设置颜色，而方法 show()让设置生效。

最后，在进入下一次循环迭代——再次检查传感器前，添加了 2s 的延迟❻。在此期间，BLE Sense 板将依然每隔 0.2s（广播间隔）发送同样的广播数据包。

> **注意**　测试完这些代码，准备将其部署到 IoT 设备前，建议将前述 print()语句以及点亮菜单的代码注释掉，以节省电量。别忘了，BLE 就是为低功耗而生的。

14.3.2　BLE 扫描器代码

让树莓派通过 BLE 侦听并处理传感器数据的代码封装在 BLEScanner 类中，要查看完整的代码清单，可参阅 14.8 节"完整的 BLE 扫描器代码"，也可见本书配套源代码中的"/iotgarden/BLEScanner.py"。

下面是这个类的构造函数：

```
class BLEScanner:
    def __init__(self, dbname):
        """BLEScanner 类的构造函数"""
        self.T = 0
        self.H = 0
        # 最大值
        self.TMAX = 30
        self.HMIN = 20
        # 最后一次发出警报的时间
    ❶ self.last_alert = time.time()
        # 警报间隔，单位为秒
    ❷ self.ALERT_INT = 60
        # 扫描间隔，单位为秒
    ❸ self.SCAN_INT = 10
    ❹ self._dbname = dbname
    ❺ self.hcitool = None
        self.hcidump = None
    ❻ self.task = None
        # ------------------------------------------------
        # 允许的外围设备：在这里添加设备
        # ------------------------------------------------
    ❼ self.allowlist = ["DE:74:03:D9:3D:8B"]
```

首先，定义了实例变量 T 和 H，用于记录从传感器那里读取的最新温度值和湿度值。然后，设置了触发自动警报的阈值：如果温度超过 TMAX，或者湿度低于 HMIN，程序将使用 IFTTT 发出警报。在❶处，创建了变量 last_alert，用于存储最后一次发出警报的时间。在❷处，设置了警报之间的最短间隔，以免满足警报条件时不断发出警报。在❸处，设置了扫描间隔（单位为秒），用于控制树莓派扫描 BLE 设备的频率。接下来，存储了传递给这个构造函数的 SQLite 数据库名称❹，这个数据库用于存储来自传感器的值。

在❺处和接下来的一行，创建了两个实例变量，用于存储后面将运行的程序 hcitool 和 hcidump 的进程 ID。在❻处，创建了实例变量 task。后面将创建一个独立的线程来运行这项执行扫描的任务，而程序的主线程将运行 Web 服务器。最后，在❼处创建了一个列表，其中包含要侦听的 BLE 设备。运行 BLE 扫描器时，可能发现很多 BLE 外围设备，而不仅仅是 BLE Sense 板。通过使用一个包含传感器设备 ID 的列表，可简化 BLE 数据解析工作。本章后文将演示如何获取设备 ID，以便将其添加到允许列表中。

1. 使用 BlueZ 工具

14.1.1 小节“低功耗蓝牙”中讨论过，这个项目使用 BlueZ——适用于 Linux 的蓝牙协议栈来扫描 BLE 设备。在 BLEScanner 类中，包含使用这些工具的方法。先来看方法 start_scan()，它设置 BlueZ 工具，以便能够执行 BLE 扫描。

```
def start_scan(self):
    """启动为执行扫描所需的 BlueZ 工具"""
    print("BLE scan started...")
    # 重置设备
  ❶ ret = subprocess.run(['sudo', '-n', 'hciconfig', 'hci0', 'reset'],
                          stdout=subprocess.DEVNULL)
    print(ret)

    # 启动 hcitool 进程
  ❷ self.hcitool = subprocess.Popen(['sudo', '-n', 'hcitool',
```

14

```
                                           'lescan', '--duplicates'],
                                        stdout=subprocess.DEVNULL)
     # 启动 hcidump 进程
  ❸ self.hcidump = subprocess.Popen(['sudo', '-n', 'hcidump', '--raw'],
                                        stdout=subprocess.PIPE)
```

首先，使用工具 hciconfig 重置树莓派的 BLE 设备❶。为运行这个进程，使用了 Python 模块 subprocess。方法 subprocess.run()接收用列表表示的进程参数，因此该调用执行命令 sudo -n hciconfig hci0 reset。这个进程的输出 stdout 被设置为 DEVNULL，这意味着不用关注这个命令输出的消息（标志-n 将命令设置为非交互的）。接下来，调用了 subprocess 的另一个方法 Popen()来运行命令 sudo -n hcitool lescan --duplicates❷，这个进程扫描 BLE 外围设备。标志--duplicates 用于确保同一台设备可多次出现在扫描列表中，这是必要的，因为广播数据包中的传感器数据会不断变化，而该程序需要最新的值。

注意   subprocess.run()和 subprocess.Popen()的不同之处在于，前者等待进程结束，而后者会在进程进入后台运行时立即返回。

最后，使用 subprocess.Popen()运行另一个命令：sudo -n hcidump --raw❸。本章前文讨论过，这个命令拦截广播数据，并以十六进制数的方式输出它们。请注意，这里将 stdout 设置成了 subprocess.PIPE，这意味着可像读取文件的内容那样读取这个进程的输出，有关这方面的更详细信息，请参阅接下来的"解析数据"。

现在来看看方法 stop_scan()，它在要停止扫描 BLE 数据包时将方法 start_scan()启动的进程结束。

```
def stop_scan(self):
    """结束 BlueZ 工具进程，以停止 BLE 扫描"""
    subprocess.run(['sudo', 'kill', str(self.hcidump.pid), '-s', 'SIGINT'])
    subprocess.run(['sudo', '-n', 'kill', str(self.hcitool.pid),
                    '-s', "SIGINT"])
    print("BLE scan stopped.")
```

这里根据 pid（进程 ID）结束进程 hcidump 和 hcitool。命令 sudo -n kill pid -s SIGINT 向 pid 指定的进程发送 SIGINT 中断信号，从而结束相应进程。

2. 解析数据

扫描器需要有对收到的 BLE 数据进行解析的方法，先来看方法 parse_hcidump()，它对 hcidump 进程的输出进行解析。

```
def parse_hcidump(self):
    data = ""
    (macid, name, T, H) = (None, None, None, None)
    while True:
      ❶ line = self.hcidump.stdout.readline()
      ❷ line = line.decode()
        if line.startswith('> '):
            data = line[2:]
        elif line.startswith('< '):
            data = ""
        else:
            if data:
              ❸ data += line
```

```
❹ data = " ".join(data.split())
❺ fields = self.parse_data(data)
      success = False
❻ try:
          macid = fields["macid"]
          T = fields["T"]
          H = fields["H"]
          name = fields["name"]
          success = True
      except KeyError:
          # 忽略这种错误，因为它表明数据无效
❼         pass
      if success:
❽         return (macid, name, T, H)
```

在一个 while 循环中，首先使用方法 readline()以每次一行的方式读取 self.hcidump.stdout❶，这与读取文件的内容行很像。hcidump 的典型输出类似于下面这样：

```
> 04 3E 1B 02 01 02 01 8B 3D D9 03 74 DE 0F 0E FF 22 08 0A 31
  FE 49 4F 54 47 31 1B 36 30 CB
```

这里的输出分成了两行，输出开头是一个>字符。要获取这两行，并将它们合并成一个字符串"04 3E 1B 02 01 02 01 8B 3D D9 03 74 DE 0F 0E FF 22 08 0A 31 FE 49 4F 54 47 31 1B 36 30 CB"。为此，使用方法 decode()将 readline()的字节输出转换为字符串❷，再使用某种逻辑构建所需的最终字符串：如果当前行以>开头，就说明它是 hcidump 输出的第 1 行，存储该行并接着处理下一行；如果当前行以<开头，就忽略它；如果当前行不以>或<开头，就说明它是广播的第 2 行，将其与前一行合并❸。

这样得到的数据在中间和末尾都有换行符，为删除这些换行符，结合使用了字符串方法 split()和 join()❹。下面的示例说明了这种处理方案的工作原理：

```
>>> x = "ab cd\n ef\tff\r\n"
>>> x.split()
['ab', 'cd', 'ef', 'ff']
>>> " ".join(x.split())
'ab cd ef ff'
```

从第 1 行输出可知，方法 split()自动在空白字符处拆分字符串，生成一个子串列表并删除空白字符。这删除了不想要的换行符，但也删除了原本要保留的空格。为恢复被删除的空格，使用了方法 join()，它将列表项合并为单个字符串，并在列表项之间添加空格，如第 2 行输出所示。

回到方法 parse_hcidump()。现在有了完整的 BLE 广播数据包——存储在变量 data 中的字符串，对其调用方法 parse_data()，得到存储在字段字典中的设备详情❺（方法 parse_data()将稍后介绍）。然后，从这个字典中获取 MAC 地址（代码中用 macid 表示）、设备名称、温度和湿度；这些代码放在一个 try 块内❻，以防数据不符合预期。如果数据不符合预期，将引发异常，因此调用 pass 以忽略当前广播数据包❼。如果成功地获取了所有的值，就以元组的方式将它们返回❽。

现在来看看方法 parse_hcidump()中用来创建字段字典的方法 parse_data()：

```
def parse_data(self, data):
    fields = {}
    # 解析 MAC 地址（代码中用 macid 表示）
❶   x = [int(val, 16) for val in data.split()]
```

```
❷ macid = ":".join([format(val, '02x').upper() for val in x[7:13][::-1]])
     # 检查 MAC 地址是否在允许列表中
❸ if macid in self.allowlist:
        # 检查第 6 个字节, 以确定 PDU 类型
    ❹ if (x[5] == 0x02): # ADV_IND
       ❺ fields["macid"] = macid
            # 解析数据
       ❻ fields["T"] = x[26]
          fields["H"] = x[27]
       ❼ name = "".join([format(val, '02x').upper() for val in x[21:26]])
       ❽ name = bytearray.fromhex(name).decode()
          fields["name"] = name
    return fields
```

首先，定义了空字典 fields，用于存储解析得到的数据。然后，将数据拆分为由十六进制数组成的列表❶，并提取发送广播数据包的外围设备的 MAC 地址❷。下面的示例说明了它们的工作原理：

```
>>> data = "04 3E 1C 02 01 02 01 8B 3D D9 03 74 DE 10 0F FF 22
             08 0B 31 FE 49 4F 54 47 31 61 62 63 64 BD"
>>> x = [int(val, 16) for val in data.split()]
>>> x
[4, 62, 28, 2, 1, 2, 1, 139, 61, 217, 3, 116, 222, 16, 15, 255, 34,
 8, 11, 49, 254, 73, 79, 84, 71, 49, 97, 98, 99, 100, 189]
>>> x[7:13][::-1]
[222, 116, 3, 217, 61, 139]
>>> [format(val, '02x').upper() for val in x[7:13][::-1]]
['DE', '74', '03', 'D9', '3D', '8B']
>>> ":".join([format(val, '02x').upper() for val in x[7:13][::-1]])
'DE:74:03:D9:3D:8B'
```

首先，数据被拆分成一个由十进制数组成的列表 x。然后，获取第 7～12 字节以提取 MAC 地址，再使用列表推导式和 format() 将这些数字转换为两字符的字符串。[::-1] 将 MAC 地址中数字的排列顺序反转，因为在广播数据包中这些数字是以相反的顺序排列的。最后，方法 join() 将构成 MAC 地址的字节合并成一个字符串，并用冒号分隔。

回到方法 parse_data()。检查提取的 MAC 地址是否与允许列表中的某个设备匹配❸。如果不与任何设备匹配，就忽略获得的数据；如果匹配，就检查数据的第 6 个字节，确认数据包类型为 ADV_IND❹。这确保数据是常规的广播数据包，而不是扫描响应数据包。接下来，将 MAC 地址❺存储在字典 fields 中，并将从数据列表的相应索引处获取的温度和湿度值也存储在该字典中❻。还像读取 MAC 地址那样，读取被添加到 BLE 广播数据包中的 5 字符设备名❼，再调用 decode() 将其转换为字符串❽。最后，将字典 fields 返回。

3. 发送警报

对 BLE 广播数据包中的数据进行解析后，需要确定传感器数据是否正常，如果不正常，就发送 IFTTT 警报。为此，定义了方法 send_alert()。

```
def send_alert(self):
    # 检查 T 和 H
  ❶ delta = time.time() - self.last_alert
  ❷ if ((self.T > self.TMAX) or (self.H < self.HMIN)) and
                                (delta > self.ALERT_INT):
        print("Triggering IFTTT alert!")
```

```
❸ key = 'ABCDEF'  # 务必使用自己的 IFTTT 密钥
❹ url = 'https://maker.ifttt.com/trigger/TH_alert/json/with/key/' + key
  json_data = {"T": self.T, "H": self.H}
❺ r = requests.post(url, data = json_data)
  # 保存最后一次发送警报的时间
  self.last_alert = time.time()
```

首先，计算最后一次发送警报后过去了多长时间❶，再检查警报发送条件❷。满足如下条件将触发警报：当前温度超过 TMAX 或湿度低于 HMIN，且从最后一次发送警报后过去了足够长的时间。由于目标是监控花园的环境状况，因此检查花园的温度是否太高或湿度是否太低是合理的，还可以指定其他警报触发条件。接下来，设置用户密钥❸（务必使用在 14.2.3 小节"设置 IFTTT 服务"中获取的密钥），并使用它来创建 IFTTT Webhooks URL❹。然后，创建一个包含传感器数据的简单 JSON 字符串，并将其发送到前述 IFTTT URL❺。最后，将实例变量 last_alert 设置为当前时间，供以后使用。

4. 执行扫描

方法 scan_task()协调执行 BLE 扫描所需完成的任务，它还将扫描得到的数据存储到 SQLite 数据库中。这个方法的定义如下：

```
def scan_task(self):
    """在独立线程中运行的扫描任务"""
    # 启动 BLE 扫描
❶  self.start_scan()
    # 获取数据
❷  (macid, name, self.T, self.H) = self.parse_hcidump()
    # 校正温度偏移量
    self.T = self.T - 40
    print(self.T, self.H)
    # 停止 BLE 扫描
❸  self.stop_scan()

    # 必要时发送警报
❹  self.send_alert()
    # 将数据写入数据库
    # 连接到数据库
    con = sqlite3.connect(self._dbname)
    cur = con.cursor()
    devID = macid
    # 添加数据
    with con:
❺    cur.execute("INSERT INTO iotgarden_data VALUES (?, ?, ?, ?, ?)",
                  (devID, name, datetime.now(), self.T, self.H))
    # 提交更改
    con.commit()
    # 关闭数据库
    con.close()
    # 调度下一项任务
❻  self.task = Timer(self.SCAN_INT, self.scan_task)
❼  self.task.start()
```

这个方法使用了前面定义的方法。首先，通过调用 start_scan()启动 BlueZ 工具❶，再调用 parse_hcidump()来解析广播数据❷，并将获得的值存储在一个元组中。

然后，校正 IoT 设备添加的温度偏移量，方法是减去 40（本章前文介绍过，添加这个偏移

14

量旨在支持为负数的温度值）。调用 stop_scan()停止 BLE 扫描❸，并调用 send_alert()在必要时发送 IFTTT 警报❹。

接下来，连接到 SQLite 数据库，以便在数据库中插入一行（其中包含 MAC 地址、设备名、当前时间、温度和湿度）❺。然后，创建一个 Timer 对象（Timer 类位于模块 threading 中），并将它设置成在时间间隔 SCAN_INT 后调用方法 scan_task()❻。最后，启动这个定时器❼。这样，在指定的时间间隔过后，将在一个与程序其他部分并行运行的新线程中执行 scan_task()，从而反复进行 BLE 扫描。

14.3.3   Web 服务器代码

本小节介绍文件 server.py 中的代码。这个文件使用 Bottle 在树莓派上实现了一个 Web 服务器。这些代码生成一个网页，其中包含最新的传感器数据，还有根据传感器数据绘制的图表。除 Python 外，还将使用少量的 HTML、CSS 和 JavaScript 代码，但无须精通 Web 开发也能理解它们。简单地说，HTML 定义了网页的结构，CSS 决定了网页的样式，而 JavaScript 代码用于在页面中执行操作。

要查看文件 server.py 中的完整代码，可参阅 14.9 节"完整的 Python Web 服务器代码"，也可见本书配套源代码中的"/iotgarden/server.py"。

1.   创建并运行服务器

管理 Web 服务器的 Python 代码封装在 IOTGServer 类中，下面是这个类的构造函数。

```
class IOTGServer:
    def __init__(self, dbname, host, port):
        self._dbname = dbname
        self._host = host
        self._port = port
        # 创建 Bottle 对象
      ❶ self._app = Bottle()
```

这个构造函数接收并存储数据库名称、主机名和端口号，还创建了一个 Bottle 实例❶，用于实现 Web 服务器。

本章前文简要地探讨了 Web 框架 Bottle 的工作原理，已知在使用 Bottle 时，需要定义指向 Web 资源的路由，并绑定到用户访问该路由时将调用的处理程序。这项任务是由 IOTGServer 类的方法 run()完成的。

```
def run(self):
    # ----------
    # 添加路由
    # ----------
    # T/H 数据
  ❶ self._app.route('/thdata')(self.thdata)
    # 绘制图表
  ❷ self._app.route('/image/<macid>')(self.plot_image)
    # 静态文件：CSS 文件和 JavaScript 代码文件
  ❸ self._app.route('/static/<filename>')(self.st_file)
    # HTML 主页
  ❹ self._app.route('/')(self.main_page)
```

```
      # 启动服务器
❺ self._app.run(host=self._host, port=self._port)
```

首先，创建了 4 条路由，其中每条路由都有与之配对的处理程序。路由/thdata❶以 JSON 格式返回所有扫描到的设备的最新传感器数据。路由/image/<macid>❷显示根据传感器数据创建的图表，这个图表是使用 Matplotlib 根据 SQLite 数据库中的数据动态创建的。在这条路由的<macid>部分，使用了 Bottle URL 模板语法创建了一个表示设备 MAC 地址的占位符，而实际 ID 将由 JavaScript 代码填充。❸处的路由稍有不同，在 Bottle 中，可在路由中使用关键字/static 来提供静态文件（磁盘上既有的文件）。在这个项目中，将使用这种方式来提供 JavaScript 和 CSS 文件。最后，路由/❹表示将在服务器运行时加载的 HTML 主页。在方法 run()的末尾，对 Botlle 实例调用了方法 run()，以启动服务器❺。

2. 提供主页

下面来看看 main_page()——与指向 HTML 主页的 Bottle 路由相关联的处理程序。用户在 Web 浏览器中访问 http://<iotgarden>.local:8080/时，将调用这个方法。

```
      def main_page(self):
          """HTML 主页"""
❶ response.content_type = 'text/html'
          strHTML = """
<!DOCTYPE html>
<html>
<head>
❷ <link href="static/style.css" rel="stylesheet">
❸ <script src="static/server.js"></script>
</head>
<body>
<div id = "title">The IoT Garden </div>
<hr/>
❹ <div id="sensors"></div>
</body>
</html>"""
          return strHTML
```

首先，将这个方法返回的响应的内容类型设置为文本或 HTML❶，再将 HTML 定义为一个在三引号（"""）内声明的多行字符串。在 HTML 代码中，载入了一个 CSS 样式表文件❷和一个 JavaScript 文件❸。这些文件是使用前面讨论的路由/static 提供的，它们分别用来设置页面的样式以及获取最新的传感器数据。接下来，声明了一个空的<div>元素❹（表示 HTML 文档的一个区块），并将其 ID 设置为 sensors。稍后将看到，这个区块由 JavaScript 文件中的代码动态填充。

下面是路由/static 的处理程序，它给主页提供 JavaScript 和 CSS 文件。

```
def st_file(self, filename):
    """提供静态文件"""
    return static_file(filename, root='./static')
```

JavaScript 和 CSS 文件都放在 Python 代码所在文件夹下的子文件夹 "/static" 中。为提供这个子文件夹中的文件，使用了 Bottle 框架中的方法 static_file()，并向它传递指定的文件名。

14

3. 检索传感器数据

已知，有两条与传感器数据相关联的 Bottle 路由——/image/<macid>和/thdata，其中前者用于获取根据传感器数据创建的图表，而后者用于获取所有设备的最新传感器数据。下面来看看与这些路由相关联的处理程序，先来看看与路由/image/<macid>相关联的方法 plot_image()。

```
def plot_image(self, macid):
    """从数据库读取传感器数据，并根据它们创建图表"""
    # 检索数据
❶   data = self.get_data(macid)
    # 创建图表
    plt.legend(['T', 'H'], loc='upper left')
❷   plt.plot(data)
    # 保存到缓冲区
❸   buf = io.BytesIO()
❹   plt.savefig(buf, format='png')
    # 将流位置重置到开头
    buf.seek(0)
    # 读取以字节表示的图像数据
❺   img_data = buf.read()
    # 设置响应类型
    response.content_type = 'image/png'
    # 返回以字节表示的图像数据
❻   return img_data
```

这个方法将一个 MAC 地址作为参数，该 MAC 地址指定了要根据哪台设备的传感器数据绘制图表。调用稍后将讨论的辅助方法 get_data()❶，从 SQLite 数据库中检索设备的数据。这个方法返回一个形如[(T, H), (T, H), ...]的元组列表，其中每个元组都包含温度和湿度。在❷处，使用 Matplotlib 根据这些数据绘制图表。

正常情况下，调用 plt.show()在计算机上显示 Matplotlib 图表，但在这里，Web 服务器需要以图像字节的方式发送图像数据，以便能够在浏览器中查看相应的图表。为此，使用 Python 模块 io.BytesIO 创建了一个缓冲区❸，用作存储图像数据的文件流，再以 PNG 格式将图表存储到这个缓冲区中❹。接下来，使用 buf.seek(0)重置这个流，以便从开头开始读取图像字节❺。最后，将返回的响应类型设置为 PNG 图像，再将图像字节返回❻。

下面来看看在方法 plot_image()中调用的方法 get_data()，它检索具有给定 MAC 地址的设备提供的所有温度和湿度数据。

```
def get_data(self, macid):
    # 连接到数据库
    con = sqlite3.connect(self._dbname)
    cur = con.cursor()
    data = []
❶   for row in cur.execute("SELECT * FROM iotgarden_data
                        where DEVID = :dev_id LIMIT 100", {"dev_id" : macid}):
❷       data.append((row[3], row[4]))
    # 提交查询
    con.commit()
    # 关闭数据库
    con.close()

    return data
```

连接到 SQLite 数据库后，执行一个查询，从数据库中获取最新的 100 行，这些行的 DEVID

与传递给这个方法的 MAC 地址相等❶。从数据库返回的行包含形如(DEVID, NAME, TS, T, H) 的字段，选取每行的最后两个字段（温度和湿度），并将它们作为一个元组添加到列表 data 末尾❷。这样便得到了方法 plot_image()期望的元组列表。

另一个处理传感器数据的程序是 thdata()——与路由/thdata 相关联的处理程序。这个方法返回每个 BLE Sense 设备的最新温度和湿度值。

```
def thdata(self):
    """连接到数据库并检索最新的传感器数据"""
    # 连接到数据库
    con = sqlite3.connect(self._dbname)
    cur = con.cursor()
    macid = ""
    name = ""

    # 创建设备列表
    devices = []

    # 从数据库中获取唯一的设备列表
❶   devid_list = cur.execute("SELECT DISTINCT DEVID FROM iotgarden_data")
    for devid in devid_list:
❷       for row in cur.execute("SELECT * FROM iotgarden_data
            where DEVID = :devid ORDER BY TS DESC LIMIT 1",
            {"devid" : devid[0]}):
❸           devices.append({'macid': macid, 'name': name, 'T' : T, 'H': H})

            # 提交查询
    con.commit()
    # 关闭数据库
    con.close()
    # 返回设备字典
❹   return {"devices" : devices}
```

首先，对 SQLite 数据库执行了查询 SELECT DISTINCT DEVID FROM iotgarden_data❶，这个查询返回数据库中所有不同的设备 ID。例如，如果在这个项目中使用了 3 个 BLE Sense 板，这个查询将返回这 3 个 BLE Sense 板的设备 ID。

对于找到的每个设备 ID，执行数据库查询 SELECT * FROM iotgarden_data where DEVID = :devid ORDER BY TS DESC LIMIT 1❷。这将获取与给定设备 ID 相关联的最新数据行（根据时间戳确定）。将获取的信息添加到列表 devices 中❸，这个列表中的每个元素都是一个字典。在❹处，在一个字典中将这个列表映射到键"devices"，并返回这个字典。这里采用了 JSON 格式（一个元素为列表的字典，而该列表又是由字典组成的），以方便在 JavaScript 代码中进行解析。

4. JavaScript 代码

下面来看看文件 static/server.js 中的 JavaScript 代码。这个文件包含在处理程序 main_page()返回的 HTML 文件中，因此用户访问项目主页时，将在用户主机（通常不是树莓派）的 Web 浏览器中运行这些 JavaScript 代码。这些代码使用 Bottle 路由在主页的 HTML 代码中动态地添加传感器数据。

```
// 从服务器获取数据的异步函数
async function fetch_data() {
```

```
❶ let response = await fetch('thdata');
❷ devices_json = await response.json();
   console.log('updating HTML...');
❸ devices = devices_json["devices"];
❹ let strHTML = "";
❺ var ts = new Date().getTime();
❻ for (let i = 0; i < devices.length; i++) {
       // console.log(devices[i].macid)
       strHTML = '<div class="thdata">';
       strHTML += '<span>' + devices[i].name + '(' + devices[i].macid
           + '): </span>';
       strHTML += '<span>T = ' + devices[i].T +
                   ' C (' + (9.0*devices[i].T/5.0 + 32.0) + ' F),</span>';
       strHTML += '<span> H = ' + devices[i].H + ' % </span>';
       strHTML += '</div>'; // thdata
       // 创建图像 div
❼      strHTML += '<div class="imdiv"><img src="image/' +
           devices[i]["macid"] + '?ts=' + ts + '"></div>';
       // 添加分隔线
       strHTML += '<hr/>';
   }

   // 设置 HTML 数据
❽  document.getElementById("sensors").innerHTML = strHTML;
};
```

首先定义了 JavaScript 函数 fetch_data(),其中的关键字 async 指出可在这个函数中调用 await 方法。async 和 await 都是简化异步编程的现代 JavaScript 特性。例如通过网络向服务器请求数据时,不知道何时将获得来自服务器的响应,但又不想一直等着。通过使用 async 和 await,可去做其他事情,且在响应到来后将得到通知。但在获得的响应中可能包含有用的数据,也可能指出出现了错误。

使用 await 以异步方式调用 JavaScript 方法 fetch(),以获取资源/thdata❶。这个调用达到服务器后,将导致服务器调用路由处理程序 thdata()(它位于文件 server.py 定义的 IOTGarden 类中)。然后,再次以异步方式获取❶处调用返回的响应❷,这个调用将等到收到响应后才返回。响应为 JSON 数据,并可从该数据中获取键"devices"的内容❸,这是一个列表,包含来自设备的传感器数据。

接下来,声明了一个字符串变量(并将其初始化为空)❹,用于存储显示传感器数据的 HTML 代码。使用 JavaScript 方法 Date()获取当前时间戳❺,供后面用来确保图表图像得以正确地加载。然后,遍历所有的设备❻,并创建所需的 HTML 字符串。需要特别注意的是,创建了一个用于显示 Matplotlib 图表的 HTML <img>元素❼,并将位置指定为 Bottle 路由/image/<macid>(将从这里获取图像)。

创建 HTML 字符串后,将其添加到主页的 HTML 中❽,具体地说是将其放在 ID 为"sensors" 的<div>元素中。这个<div>元素是在 main_page()中创建的,它原本是空的。main_page()是 IOTGarden 类中定义的与主页路由相关联的处理程序。

为更好地说明❻处 for 循环中代码的作用,下面给出了该循环的一次迭代生成的 HTML 字符串。请注意,为方便阅读,对格式做了调整。

```
❶ <div class="thdata">
     <span>IGDE74(DE:74:03:D9:3D:8B): </span>
```

```
        <span>T = 26 C, (73.4 F),</span>
        <span>H = 55 % </span>
    </div>
❷ <div class="imdiv">
    ❸ <img src="image/DE:74:03:D9:3D:8B?ts=1635673486192">
    </div>
❹ <hr>
```

首先是一个 class 属性为 thdata 的<div>元素❶，它包含 3 个<span>元素，用于放置设备名、MAC 地址、最新的温度值以及最新的湿度值。然后，是一个 class 属性为 imdiv 的<div>元素❷，它包含用于显示图表的<img>元素❸。这个<img>元素的属性 src 被设置为"image/DE:74:03:D9:3D:8B?ts=1635673486192"。该属性值的第 1 部分（image/DE:74:03:D9:3D:8B）是一条路由，与 IOTGarden 类中的处理程序 plot_image()相关联，该处理程序将设备的 MAC 地址作为参数；ts 部分为当前时间戳，使得浏览器不缓存图像。浏览器使用缓存技术，以避免加载最近加载过的 Web 资源，但此处要确保图表被定期地更新。通过在该图像的 URL 中添加时间戳，可让 URL 随时发生改变，进而使浏览器每次都获取该资源。

上述 HTML 字符串的末尾是一条水平线❹，充当了不同设备的传感器数据之间的分隔线。如果有多个 BLE 设备，将在上述 HTML 代码后面看到类似的 HTML 代码。

在文件 static/server.js 的末尾，包含如下 JavaScript 代码。

```
    // 页面加载时获取数据
❶ window.onload = function() {
        fetch_data();
    };
    // 每隔 30s 获取一次数据
❷ setInterval(fetch_data, 30000)
```

这里定义了页面加载后将调用的匿名函数❶，这个函数调用前面定义的异步函数 fetch_data()，确保用户访问页面时立即显示传感器数据。使用 JavaScript 函数 setInterval()指定每隔 30000ms（即 30s）调用一次 fetch_data()❷，让用户能够看到实时图表和最新的传感器数据。

5. CSS 文件

CSS 文件通过样式表控制网页的外观。样式表指定了有关该如何渲染各种 HTML 元素的规则，这些规则依赖于盒子模型——将 HTML 中的每个元素都视为一个矩形盒子。通过指定颜色、不透明度、边距、边框、文本字体、布局限定符等，几乎可控制盒子外观的每个方面。在文件 static/style.css 中，定义了用于本项目主页的 CSS 规则。

```
html {
    background-color: gray;
}

body {
    min-height: 100vh;
    max-width: 800px;
    background-color: #444444;
    margin-left: auto;
    margin-right: auto;
    margin-top: 0;
}
```

14

```
h1 {
    color: #aaaaaa;
    font-family: "Times New Roman", Times, serif;
}

#title {
    font-family: "Times New Roman", Times, serif;
    font-size: 40px;
    text-align: center;
}
❶ .thdata {
    display: flex;
    justify-content: center;
    width: 80%;
    color: #aaaaaa;
    font-family: Arial, Helvetica, sans-serif;
    font-size: 24px;
    margin: auto;
}
❷ .imdiv {
    display: flex;
    justify-content: center;
}
```

这里不详细介绍这个 CSS 文件，只说说❶和❷处的代码块，它们分别定义了 class 属性为 thdata 和 imdiv 的 HTML 元素的布局规则。这些 HTML 元素都是前面介绍的 JavaScript 文件生成的<div>元素。

14.3.4　主程序文件

主程序文件 iotgarden.py 整合了在树莓派上运行的所有代码，它负责创建和管理 SQLite 数据库、启动 BLE 扫描器、运行 Bottle Web 服务器以及接收命令行参数。要查看这个文件中的完整代码，可参阅 14.10 节"完整的主程序代码"，也可见本书配套源代码中的"/iotgarden/iotgarden.py"。

1．准备好数据库

主程序使用函数 setup_db()来准备好 SQLite 数据库。项目开始运行时或需要清除数据库中的旧数据时，都将调用这个函数。

```
def setup_db(dbname):
    """准备好数据库"""
    # 连接到数据库（如果指定的数据库不存在，就创建它）
  ❶ con = sqlite3.connect(dbname)
    cur = con.cursor()
    # 删除既有的表
  ❷ cur.execute("DROP TABLE IF EXISTS iotgarden_data")
    # 创建表
  ❸ cur.execute("CREATE TABLE iotgarden_data(DEVID TEXT, NAME TEXT,
                 TS DATETIME, T NUMERIC, H NUMERIC)")
```

首先，连接到指定的数据库❶，如果指定的数据库不存在，该调用将创建它。如果数据库中存在 iotgarden_data 表，就将其删除❷，再创建一个同名的新表❸。这个表包含如下字段：DEVID（存储设备 MAC 地址的文本字段）、NAME（存储设备名称的文本字段）、TS（存储时间戳的 DATETIME 字段）、T（存储温度值的数值字段）和 H（存储湿度值的数值字段）。

主程序中还有一个辅助函数——print_db()，用于输出数据库的内容。在调试时，或者需要查看以文本（而不是图表）方式显示的所有传感器数据时，这个函数很有用。

```python
def print_db(dbname):
    """输出数据库的内容"""
    # 连接到数据库
    con = sqlite3.connect(dbname)
    cur = con.cursor()
❶  for row in cur.execute("SELECT * FROM iotgarden_data"):
        print(row)
```

连接到数据库后，执行一个查询来收集传感器数据表中所有的行❶，再以每次一行的方式输出。

2. 函数 main()

下面来看看函数 main()。

```python
def main():
    print("starting iotgarden...")
    # 创建命令行参数分析器
    parser = argparse.ArgumentParser(description="iotgarden.")
    # 添加参数
❶  parser.add_argument('--createdb', action='store_true', required=False)
❷  parser.add_argument('--lsdb', action='store_true', required=False)
❸  parser.add_argument('--hostname', dest='hostname', required=False)
    args = parser.parse_args()

    # 设置数据库名称
❹  dbname = 'iotgarden.db'

    if (args.createdb):
        print("Setting up database...")
❺      setup_db(dbname)
        print("done. exiting.")
        exit(0)

    if (args.lsdb):
        print("Listing database contents...")
❻      print_db(dbname)
        print("done. exiting.")
        exit(0)
    # 设置主机名
❼  hostname = 'iotgarden.local'
    if (args.hostname):
        hostname = args.hostname

    # 创建 BLE 扫描器
❽  bs = BLEScanner(dbname)
    # 启动 BLE 扫描器
    bs.start()

    # 创建服务器
❾  server = IOTGServer(dbname, hostname, 8080)
    # 运行服务器
    server.run()
```

使用一个分析器对象添加了如下命令行参数：指定是否要创建或重置数据库的选项❶；指定是否要输出数据库内容的选项❷。还添加了选项--hostname❸用于修改主机名，这在树莓派的名称不是 iotgarden 时很有用。

接下来，设置了 SQLite 数据库的文件名❹。然后，确定是否指定了命令行参数--createdb，如果指定了，就调用前面讨论过的函数 setup_db()❺。如果指定了命令行参数--lsdb，就输出数据库的内容❻。接下来，将主机名设置为默认值 iotgarden.local❼，再确定是否指定了命令行参数--hostname，如果指定了，就将主机名设置为指定的值。

最后，创建一个 BLEScanner 对象，并使用方法 start()启动它❽。另外，还创建了 Bottle 服务器❾，并调用方法 run()启动它。扫描器和 Web 服务器将并行地运行。

14.4   运行物联网花园程序

本章项目的代码驻留在两个地方。首先，文件 ble_sensors.py 中包含 CircuitPython 代码，需要将这个文件重命名为 code.py 并上传到 BLE Sense 板，这在 14.2.2 小节"安装 CircuitPython"中讨论过。让每个 BLE Sense 板都正常运行后，需要确定其 MAC 地址。为此，可将 BLE Sense 板接上电源，并在树莓派上执行如下命令：

```
$ sudo hcitool lescan
```

执行这个命令时得到的输出如下：

```
LE Scan...
57:E0:F5:93:AD:B1 (unknown)
57:E0:F5:93:AD:B1 (unknown)
DE:74:03:D9:3D:8B (unknown)
DE:74:03:D9:3D:8B IOTG1
27:FE:36:49:F0:2E (unknown)
7A:17:EB:3C:04:A5 (unknown)
7A:17:EB:3C:04:A5 (unknown)
```

从中可知，BLE Sense 板的 MAC 地址为 DE:74:03:D9:3D:8B（IOTG1 左边），但你的 BLE Sense 板的 MAC 地址很可能与此不同。请将 BLE Sense 板的 MAC 地址记录下来，并将其添加到 BLE 扫描器代码中的允许列表中。

其他代码都驻留在树莓派上，可使用 SSH 和 VS Code 来处理这些代码，这将在附录 B 中讨论。做好各项准备后，在代码所在的目录中执行如下命令：

```
$ sudo python iotgarden.py
```

将在终端中出现一系列类似于下面的消息：

```
starting iotgarden...
BLE scan started...
CompletedProcess(args=['sudo', 'hciconfig', 'hci0', 'reset'], returncode=0)
04 3E 1C 02 01 02 01 8B 3D D9 03 74 DE 10 0F FF 22 08 0B CD AB 49 4F 54 47 31
1A 3A 30 30 C9 26 58
BLE scan stopped.
Bottle v0.12.19 server starting up (using WSGIRefServer())...
Listening on http://iotgarden.local:8080/
Hit Ctrl-C to quit.
```

现在，在树莓派所在局域网中的任何一台计算机上打开浏览器，并输入地址 http://
<iotgarden>.local:8080/（将其中的/<iotgarden>替换为所用的树莓派的名称），将看到类似于

图 14.4 所示的输出。

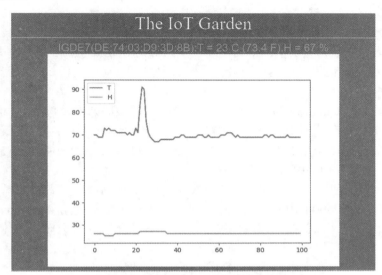

图 14.4 物联网花园项目的浏览器输出

浏览器中显示了一个网页，其中包含设备 ID 以及最新的温度值和湿度值，还有根据 100 个来自设备的最新值绘制的图表。如果配置了多台设备，将针对每台设备显示这些信息。图表将每隔 30s 刷新一次，以显示最新的数据。

如果要测试 IFTTT 警报系统，又不想等到极度炎热或干燥的时候才触发，可将手指放在温度传感器上（或用其他方法给它加热，但千万注意不要损坏 BLE Sense 板），让测量到的温度超过文件 BLEScanner.py 中设置的阈值 self.TMAX，将在树莓派上的终端中出现类似于下面的消息：

```
Triggering IFTTT alert!
```

几秒钟后，手机上的 IFTTT 应用也将收到警报。

14.5 小结

本章介绍了很多内容。介绍了 IoT 架构，其中包含硬件、软件和网络；介绍了如何使用 CircuitPython 从传感器那里获取数据，并通过 BLE 无线协议传输它们；介绍了如何在树莓派上运行简单的 Web 服务器，以及如何使用 HTML、JavaScript 和 CSS 在 Web 浏览器中显示传感器数据；还介绍了如何使用 IFTTT 服务让物联网花园实时地发出警报。

14.6 实验

1. 为简单起见，本项目创建的用来显示传感器数据的网页相当简陋，但它提供了很不错的框架，可以此为基础创建更精致的数据可视化，传感器数据使用结构化数据库 SQLite 存储时尤其如此。下面是一些有关如何改进该网页的建议。

14

❑ 不同时显示来自所有 BLE Sense 板的数据，而是创建一个下拉式列表，让用户选择要显示来自哪个板的数据。

❑ 实现一个途径，让用户指定要在图表中显示多少天的数据。为此，可结合使用 JavaScript DatePicker、一条自定义 Bottle 路由和一个特殊的 SQLite 查询。

❑ 调整 JavaScript 代码，让显示的最新传感器数据每过几秒更新一次，但让图表的刷新频率更小些。

2. 在这个项目的 CircuitPython 代码中，以单字节整数的方式传输温度和湿度数据，如果要让精度更高呢？即如何通过 BLE 传输如 26.54 这样的值呢？（提示：在 BLE 广播数据包的制造商数据字段中，有两个未用的字节。对于像 26.54 这样的值，可将小数部分 54 存储在一个字节中，并在 BLE 扫描器代码中将收到的值除以 100）

3. 在 IoT 中，功耗是一个重要的考虑因素，请想一想如何降低设备的功耗。一种方法是增大 BLE 广播间隔；另一种可探索的方法是，在 BLE Sense 板上使用 Arduino C++库（而不是 CircuitPython），这样可让设备在不读取传感器数据也不传输 BLE 消息时进入休眠状态，从而降低功耗。

14.7 完整的 CircuitPython 代码

文件 ble_sensors.py 中完整的 CircuitPython 代码如下：

```
"""

ble_sensors.py

在 Adafruit BLE Sense 板上运行的 CircuitPython 代码
这个程序从内置的温度传感器和湿度传感器处读取数据
并将其放到 BLE 广播数据包中

编写者：Mahesh Venkitachalam
"""

import time
import struct
import board
import adafruit_bmp280
import adafruit_sht31d
from adafruit_ble import BLERadio
from adafruit_ble.advertising import Advertisement, LazyObjectField
from adafruit_ble.advertising.standard import ManufacturerData, ManufacturerDataField
import _bleio
import neopixel

# 继承 adafruit_ble 类 Advertisement
class IOTGAdvertisement(Advertisement):
    flags = None
    match_prefixes = (
        struct.pack(
            "<BHBH",   # 前缀格式
            0xFF,       # BLE 标准指出，0xFF 为制造商特有数据
            0x0822,     # 2 字节的公司 ID
            struct.calcsize("<H9s"),  # 数据格式
            0xabcd  # 我们的 ID
    ), # 需要提供一个元组，因此这个逗号必不可少
```

```
    )
    manufacturer_data = LazyObjectField(
        ManufacturerData,
        "manufacturer_data",
        advertising_data_type=0xFF, # BLE 标准指出，0xFF 为制造商特有数据
        company_id=0x0822,          # 2 字节的公司 ID
        key_encoding="<H",
    )
    # 设置制造商数据字段
    md_field = ManufacturerDataField(0xabcd, "<9s")

def main():

    # 初始化 I2C
    i2c = board.I2C()

    # 初始化传感器
    bmp280 = adafruit_bmp280.Adafruit_BMP280_I2C(i2c)
    sht31d = adafruit_sht31d.SHT31D(i2c)

    # 初始化 BLE
    ble = BLERadio()

    # 创建自定义的广播对象
    advertisement = IOTGAdvertisement()
    # 将 MAC 地址的开头 4 个十六进制数（2 字节）添加到名称末尾
    addr_bytes = _bleio.adapter.address.address_bytes
    name = "{0:02x}{1:02x}".format(addr_bytes[5], addr_bytes[4]).upper()
    # 设置设备名
    ble.name = "IG" + name

    # 设置初始值
    # 只使用名称的开头 5 个字符
    advertisement.md_field = ble.name[:5] + "0000"
    # BLE 广播间隔，单位为秒
    BLE_ADV_INT = 0.2
    # 启动 BLE 广播
    ble.start_advertising(advertisement, interval=BLE_ADV_INT)

    # 设置彩灯并关闭其他所有 LED
    pixels = neopixel.NeoPixel(board.NEOPIXEL, 1,
                               brightness=0.1, auto_write=False)

    # 主循环
    while True:
        # 输出值，这些值将被发送到串行输出
        print("Temperature: {:.1f} C".format(bmp280.temperature))
        print("Humidity: {:.1f} %".format(sht31d.relative_humidity))
        # 获取传感器数据
        # BMP280 的测温范围为-40～85℃
        # 为支持温度为负数的情况，加上偏移量 40
        T = int(bmp280.temperature) + 40
        H = int(sht31d.relative_humidity)
        # 停止广播
        ble.stop_advertising()
        # 更新广播数据
        advertisement.md_field = ble.name[:5] + chr(T) + chr(H) + "00"
        # 启动广播
        ble.start_advertising(advertisement, interval=BLE_ADV_INT)
        # 让彩灯闪烁
        pixels.fill((255, 255, 0))
        pixels.show()
```

14

```
            time.sleep(0.1)
            pixels.fill((0, 0, 0))
            pixels.show()

            # 休眠 2s
            time.sleep(2)

# 调用函数 main()
if __name__ == "__main__":
    main()
```

14.8　完整的 BLE 扫描器代码

下面是文件 BLEScanner.py 中完整的 BLE 扫描器代码：

```
"""

BLEScanner.py

这个类使用 BlueZ 工具 hciconfig、hcitool 和 hcidump
解析 BLE 外围设备发送的广播数据，并将其存储到数据库中
这个类还通过 IFTTT 服务发送警报

编写者: Mahesh Venkitachalam
"""

import sqlite3
import subprocess
from threading import Timer
import sys
import os
import time
import requests
from datetime import datetime

class BLEScanner:
    def __init__(self, dbname):
        """BLEScanner 类的构造函数"""
        self.T = 0
        self.H = 0
        # 最大值
        self.TMAX = 30
        self.HMIN = 20
        # 最后一次发出警报的时间
        self.last_alert = time.time()
        # 警报间隔，单位为秒
        self.ALERT_INT = 60
        # 扫描间隔，单位为秒
        self.SCAN_INT = 10
        self._dbname = dbname
        self.hcitool = None
        self.hcidump = None
        self.task = None
        # ----------------------------------------------
        # 允许的外围设备：在这里添加设备
        # ----------------------------------------------
        self.allowlist = ["DE:74:03:D9:3D:8B"]

    def start(self):
        """启动 BLE 扫描"""
        # 启动任务
```

```python
        self.scan_task()

def stop(self):
    """停止 BLE 扫描"""
    # 停止定时器
    self.task.cancel()

def send_alert(self):
    """如果传感器数据超过了阈值，就发送 IFTTT 警报"""
    # 检查 T 和 H
    delta = time.time() - self.last_alert
    # print("delta: ", delta)
    if ((self.T > self.TMAX) or (self.H < self.HMIN)) and (delta > self.ALERT_INT):
        print("Triggering IFTTT alert!")
        key = '6zmfaOBei1DgdmlOgOi6C' # 务必使用自己的 IFTTT 密钥
        url = 'https://maker.ifttt.com/trigger/TH_alert/json/with/key/' + key
        json_data = {"T": self.T, "H": self.H}
        r = requests.post(url, data = json_data)
        # 保存最后一次发送警报的时间
        self.last_alert = time.time()

def start_scan(self):
    """启动为执行扫描所需的 BlueZ 工具"""
    print("BLE scan started...")
    # 重置设备
    ret = subprocess.run(['sudo', '-n', 'hciconfig', 'hci0', 'reset'],
                         stdout=subprocess.DEVNULL)
    print(ret)

    # 启动 hcitool 进程
    self.hcitool = subprocess.Popen(['sudo', '-n', 'hcitool', 'lescan', '--duplicates'],
                                    stdout=subprocess.DEVNULL)

    # 启动 hcidump 进程
    self.hcidump = subprocess.Popen(['sudo', '-n', 'hcidump', '--raw'],
                                    stdout=subprocess.PIPE)

def stop_scan(self):
    """结束 BlueZ 工具进程，以停止 BLE 扫描"""
    subprocess.run(['sudo', 'kill', str(self.hcidump.pid), '-s', 'SIGINT'])
    subprocess.run(['sudo', '-n', 'kill', str(self.hcitool.pid), '-s', "SIGINT"])
    print("BLE scan stopped.")

def parse_data(self, data):
    """解析 hcdump 字符串，并输出 MAC 地址（代码中用 macid 表示）、名称和制造商数据"""
    fields = {}
    # 解析 MAC 地址
    x = [int(val, 16) for val in data.split()]
    macid = ":".join([format(val, '02x').upper() for val in x[7:13][::-1]])
    # 检查 MAC 地址是否在允许列表中
    if macid in self.allowlist:
        # 检查第 6 个字节，以确定 PDU 类型
        if (x[5] == 0x02): # ADV_IND
            print(data)
            fields["macid"] = macid
            # 设置 pkt 类型
            #fields["ptype"] = "ADV_IND"
            # 解析数据
            fields["T"] = x[26]
            fields["H"] = x[27]
            name = "".join([format(val, '02x').upper() for val in x[21:26]])
            name = bytearray.fromhex(name).decode()
```

```
                    fields["name"] = name
            return fields

    def parse_hcidump(self):
        """解析来自 hcidump 的输出"""
        data = ""
        (macid, name, T, H) = (None, None, None, None)
        while True:
            line = self.hcidump.stdout.readline()
            line = line.decode()
            if line.startswith('> '):
                data = line[2:]
            elif line.startswith('< '):
                data = ""
            else:
                if data:
                    # 拼接行
                    data += line
                    # 一种删除空白字符的巧妙方式
                    data = " ".join(data.split())
                    # 解析数据
                    fields = self.parse_data(data)
                    success = False
                    try:
                        macid = fields["macid"]
                        T = fields["T"]
                        H = fields["H"]
                        name = fields["name"]
                        success = True
                    except KeyError:
                        # 忽略这种错误，因为它表明数据无效
                        pass
                    if success:
                        return (macid, name, T, H)

    def scan_task(self):
        """在独立线程中运行的扫描任务"""
        # 启动 BLE 扫描
        self.start_scan()
        # 获取数据
        (macid, name, self.T, self.H) = self.parse_hcidump()
        # 校正温度偏移量
        self.T = self.T - 40
        print(self.T, self.H)
        # 停止 BLE 扫描
        self.stop_scan()

        # 必要时发送警报
        self.send_alert()

        # 写入数据库
        # 连接到数据库
        con = sqlite3.connect(self._dbname)
        cur = con.cursor()
        devID = macid
        # 添加数据
        with con:
            cur.execute("INSERT INTO iotgarden_data VALUES (?, ?, ?, ?, ?)",
                (devID, name, datetime.now(), self.T, self.H))
        # 提交更改
        con.commit()
        # 关闭数据库
```

```
        con.close()

        # 调度下一项任务
        self.task = Timer(self.SCAN_INT, self.scan_task)
        self.task.start()

# 用于独立地测试这个类
def main():
    print("starting BLEScanner...")
    bs = BLEScanner("iotgarden.db")
    bs.start()
    data = None
    while True:
        try:
            (macid, name, T, H) = bs.parse_hcidump()
            # exit(0)
        except:
            bs.stop()
            print("stopped. Exiting")
            exit(0)

        print(macid, name, T, H)
        time.sleep(10)

if __name__ == '__main__':
    main()
```

14.9 完整的 Python Web 服务器代码

下面是文件 server.py 中完整的 Python Web 服务器代码：

```
"""

server.py

这个程序创建基于 Bottle.py 的 Web 服务器，还根据传感器数据绘制图表

编写者: Mahesh Venkitachalam
"""

from bottle import Bottle, route, template, response, static_file
from matplotlib import pyplot as plt
import io
import sqlite3

class IOTGServer:

    def __init__(self, dbname, host, port):
        """IGServer 类的构造函数"""
        self._dbname = dbname
        self._host = host
        self._port = port
        # 创建 Bottle 对象
        self._app = Bottle()

    def get_data(self, macid):
        # 连接到数据库
        con = sqlite3.connect(self._dbname)
        cur = con.cursor()
        data = []
```

14

```
                    for row in cur.execute("SELECT * FROM iotgarden_data where DEVID = :dev_id LIMIT 100",
                                            {"dev_id" : macid}):
                        data.append((row[3], row[4]))
            # 提交查询
            con.commit()
            # 关闭数据库
            con.close()

            return data

        def plot_image(self, macid):
            """从数据库读取传感器数据，并根据它们创建图表"""
            # 检索数据
            data = self.get_data(macid)
            # 创建图表
            plt.legend(['T', 'H'], loc='upper left')
            plt.plot(data)
            # 保存到缓冲区
            buf = io.BytesIO()
            plt.savefig(buf, format='png')
            # 将流位置重置到开头
            buf.seek(0)
            # 读取以字节表示的图像数据
            img_data = buf.read()
            # 设置响应类型
            response.content_type = 'image/png'
            # 返回以字节表示的图像数据
            return img_data

        def main_page(self):
            """HTML 主页"""
            response.content_type = 'text/html'
            strHTML = """
<!DOCTYPE html>
<html>
<head>
<link href="static/style.css" rel="stylesheet">
<script src="static/server.js"></script>
</head>
<body>
<div id = "title">The IoT Garden </div>
<hr/>
<div id="sensors"></div>
</body>
</html>"""
            return strHTML

        def thdata(self):
            """连接到数据库并检索最新的传感器数据"""
            # 连接到数据库
            con = sqlite3.connect(self._dbname)
            cur = con.cursor()
            # 创建设备列表
            devices = []
            # 从数据库中获取唯一的设备列表
            devid_list = cur.execute("SELECT DISTINCT DEVID FROM iotgarden_data")
            # print(devid_list)
            for devid in devid_list:
                for row in cur.execute("SELECT * FROM iotgarden_data where DEVID = :devid
                    ORDER BY TS DESC LIMIT 1",
                    {"devid" : devid[0]}):
```

```
                devices.append({'macid': row[0], 'name': row[1], 'T' : row[3], 'H': row[4]})

            # 提交查询
            con.commit()
            # 关闭数据库
            con.close()
            # 返回设备字典
            return {"devices" : devices}

        def st_file(self, filename):
            """提供静态文件"""
            return static_file(filename, root='./static')

        def run(self):
            # ----------
            # 添加路由
            # ----------
            # T/H 数据
            self._app.route('/thdata')(self.thdata)
            # 绘制图表
            self._app.route('/image/<macid>')(self.plot_image)
            # 静态文件：CSS 文件和 JavaScript 代码文件
            self._app.route('/static/<filename>')(self.st_file)
            # HTML 主页
            self._app.route('/')(self.main_page)

            # 启动服务器
            self._app.run(host=self._host, port=self._port)
```

14.10　完整的主程序代码

下面是文件 iotgarden.py 中完整的主程序代码。

```
"""
iotgarden.py

物联网花园项目的主程序
它准备好数据库并启动 Bottle Web 服务器和 BLE 扫描器

编写者：Mahesh Venkitachalam
"""

import argparse
import sqlite3
from BLEScanner import BLEScanner
from server import IOTGServer

def print_db(dbname):
    """输出数据库的内容"""
    # 连接到数据库
    con = sqlite3.connect(dbname)
    cur = con.cursor()
    for row in cur.execute("SELECT * FROM iotgarden_data"):
        print(row)

def setup_db(dbname):
    """准备好数据库"""
    # 连接到数据库（如果指定的数据库不存在，就创建它）
    con = sqlite3.connect(dbname)
    cur = con.cursor()
```

```python
        # 删除既有的表
        cur.execute("DROP TABLE IF EXISTS iotgarden_data")
        # 创建表
        cur.execute("CREATE TABLE iotgarden_data(DEVID TEXT, NAME TEXT,
                    TS DATETIME, T NUMERIC, H NUMERIC)")

    def main():
        print("starting iotgarden...")

        # 创建命令行参数分析器
        parser = argparse.ArgumentParser(description="iotgarden.")
        # 添加参数
        parser.add_argument('--createdb', action='store_true', required=False)
        parser.add_argument('--lsdb', action='store_true', required=False)
        parser.add_argument('--hostname', dest='hostname', required=False)
        args = parser.parse_args()

        # 设置数据库名称
        dbname = 'iotgarden.db'

        if (args.createdb):
            print("Setting up database...")
            setup_db(dbname)
            print("done. exiting.")
            exit(0)

        if (args.lsdb):
            print("Listing database contents...")
            print_db(dbname)
            print("done. exiting.")
            exit(0)
        # 设置主机名
        hostname = 'iotgarden.local'
        if (args.hostname):
            hostname = args.hostname

        # 创建 BLE 扫描器
        bs = BLEScanner(dbname)
        # 启动 BLE 扫描器
        bs.start()

        # 创建服务器
        server = IOTGServer(dbname, hostname, 8080)
        # 运行服务器
        server.run()

    # 调用函数 main()
    if __name__ == "__main__":
        main()
```

## 第 15 章

树莓派音频机器学习 **15**

过去数年，机器学习（Machine Learning，ML）风靡全球。它无处不在，从人脸识别到预测输入法再到自动驾驶，且每天都好像有新的机器学习应用出现。本章将介绍使用 Python 和 TensorFlow 开发一个基于机器学习的语音识别系统，并在价格低廉的树莓派上运行它。

语音识别系统已部署到众多设备中，它们以语音助手的形式出现，如Alexa、Siri。这些系统能够执行各种任务，从设置提醒到在办公室打开家里的电灯，但都要求设备连接到互联网，并要求登录相关的服务，这带来了与隐私、安全和能耗相关的问题。要使电灯能够对语音命令做出响应，就必须连接到互联网吗？答案是否定的。本章将介绍如何设计适用于低功耗设备且不要求设备连接到互联网的语音识别系统。

本项目将介绍如下概念。

❑ 使用机器学习工作流程解决问题。

❑ 使用 TensorFlow 和 Colab 创建机器学习模型。

❑ 简化机器学习模式使其适用于树莓派。

❑ 使用短时傅里叶变换（STFT）处理音频并生成声谱图。

❑ 利用多处理技术并行地运行任务。

15.1 机器学习概述

对于机器学习这样庞大的主题，要用一节的内容做全面介绍是不可能的。有鉴于此，这里只将机器学习视为一个解决问题的工具——如何使用它来区分人们口头说出的不同词汇。实际上，诸如 TensorFlow 等机器学习框架非常成熟且易用，用户无须成为专家就能有效地使用机器学习来解决问题。因此，本节只简要地介绍与本章项目相关的术语。

机器学习只是计算机学科人工智能（AI）的一个很小的分支，但大众说到 AI 时，通常指的是机器学习。机器学习本身又有各种分支，这些分支有着不同的方法和算法。在这个项目中，将使用被称为深度学习的机器学习分支，它利用深度神经网络（DNN）来识别大型数据集中的特征和模式。DNN 起源于人工神经网络（ANN），而 ANN 是基于人脑神经元的，由一系列可接收多项输入的节点组成，其中每个节点还有相关联的权重。ANN 的输出通常是输入和权重的非线性函数，而这种输出又可作为另一个 ANN 的输入。有多层 ANN 时，神经网络便是深度神经网络。通常，层数越多（即网络越深），模型的准确度就越高。

在这个项目中，将使用监督学习。监督学习过程可分为两个阶段，其中第一个阶段是训练阶段：向模型提供输入及期望的输出。例如，如果要打造一个人员存在检测系统，用于识别视频帧中是否有人，将在训练阶段向模型展示两种情形（有人和没人）的样本，且每个样本都有相应的标签。第二个阶段是推断阶段：展示新输入，让模型根据训练阶段学到的知识做出预测。还是以人员存在检测系统为例，在推断阶段，展示新的视频帧，让模型预测各帧中是否有人员存在。除监督学习外，还有非监督学习，即让机器学习系统自身根据未标记的数据去找出模式。

机器学习模型有很多帮助其处理数据的数值参数，在训练阶段，将自动调整这些参数，以最大限度地减小期望值与模型预测值之间的误差。为此，通常使用一种被称为梯度下降的算法。除在训练阶段调整的机器学习模型参数外，还有超参数，它是针对整个模型进行调整的变量，如使用的神经网络架构和训练数据集的大小。图 15.1 展示了本项目采用的神经网络架构。

在这个网络架构中，每层都表示对数据做某种处理，以提高模型的准确度。神经网络的设计至关重要，但仅对每层进行说明对了解整个网络的工作原理帮助不大。一个更应该考虑的问题是，选择神经网络架构的依据是什么？答案是要为手头的项目选择最佳的神经网络架构，必须通过试验。常见的做法是尝试不同的神经网络架构，看看哪种架构经过训练后提供的结果最准确。一些机器学习研究人员发布了性能良好的架构，可根据实际应用场景，在它们的基础上进行改进。

图 15.1   本项目采用的神经网络架构

注意   要更深入地了解机器学习，强烈推荐阅读 Andrew Glassner 的著作 *Deep Learning: A Visual Approach*（No Starch 出版社，2021 年）。这部著作能让你对机器学习有良好的直观认识，且未涉及过多的数学知识和代码。另外，推荐在 Coursera 上学习 Andrew Ng 讲授的在线机器学习课程，它内容全面而实用。

15.2   工作原理

在这个项目中，将使用机器学习框架 TensorFlow 创建一个神经网络模型，并使用一系列包含语音命令的音频文件对其进行训练。然后，对训练后的模型进行优化，并将其载入带麦克风的树莓派，让它能够识别语音命令。图 15.2 显示了这个项目的框图。

对于这个项目的训练部分，将在 Colab 中完成。Colab 是一款基于云的免费服务，用于在 Web 服务器中编写并运行 Python 程序。使用 Colab 有两个优点，首先，不需要在本地计算机上安装 TensorFlow，也无须处理与各种 TensorFlow 版本相关的不兼容问题；其次，Colab 可运行在功能比个人计算机强大得多的机器上，因此训练能够更快地完成。至于训练数据集，将使用小型语音命令数据集（Mini Speech Commands dataset）。这是 Google 2018 年发布的语音命令数据集（Speech Commands dataset）的一个子集，包含数千个样本（单词 yes、no、up、down、left、right、stop 和 go 的录音），并被标准化为采样率为 16000Hz 的 16 位 WAV 文件。对于每条录音，都将生成一个声谱图（显示了音频的频率成分随时间变化情况的图像），并通过 TensorFlow 使用这些声谱图来训练一个深度神经网络。

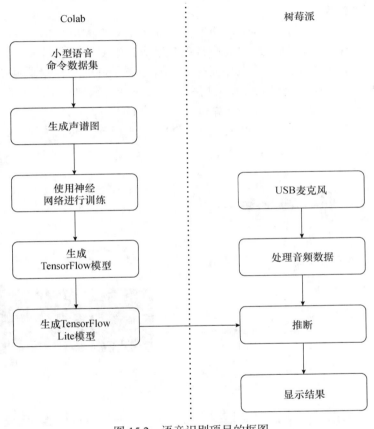

图 15.2　语音识别项目的框图

注意　设计这个项目的训练部分时，参考了 TensorFlow 官方示例 "Simple Audio Recognition"。这个项目使用的神经网络架构与这个示例相同，但其他部分与这个示例有天壤之别，因为我们的目标是在树莓派上识别现场音频，而这个示例根据既有 WAV 文件进行推断。

　　训练完成后，将把训练得到的模型转换为简化格式 TensorFlow Lite（这种格式是针对嵌入式系统等功能不那么强大的硬件设计的），再将简化后的模型载入树莓派。将在树莓派上运行 Python 代码，持续地侦听来自 USB 麦克风的音频输入，根据音频生成声谱图，并据此做出推断以识别出来自训练集的语音命令，再将模型识别出的命令输出到串行监视器。

15

15.2.1　声谱图

这个项目的一个关键步骤是生成音频数据的声谱图。这里的音频数据包括用于训练模型的既有数据，以及在推断期间接收到的实时数据。第 4 章介绍过，频谱图显示了音频样本中特定时间点的频率；第 13 章介绍过，频谱图是使用离散傅里叶变换（DFT）这种数学工具计算得到的。从本质上说，声谱图就是由一系列傅里叶变换生成的一系列频谱图，揭示了音频数据的频率成分随时间变化的情况。

为何对于每个音频样本，都需要生成声谱图（而不是只生成单个频谱图）呢？因为人类语音非常复杂，即便只说一个单词，发出的声音中频率成分的变化也非常大，且非常独特。在这个项目中，将使用时长为 1s 的音频，其中每个音频都包含 16000 个样本。如果计算整个音频的DFT，就无法准确地获悉频率随时间变化的情况，因此不能可靠地识别所说的单词。有鉴于此，将把音频分割成一系列重叠的片段，并计算每个片段的 DFT，从而生成创建声谱图所需的一系列频谱图。这种计算被称为短时傅里叶变换（STFT），图 15.3 对其做了说明。

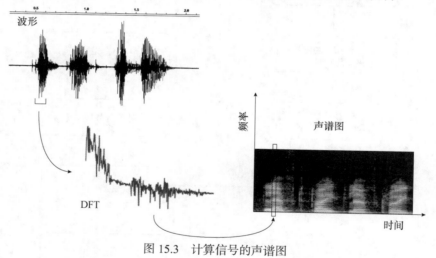

图 15.3　计算信号的声谱图

STFT 提供 M 个 DFT，这些 DFT 是根据均匀的时间片段计算得到的，因此声谱图的 x 轴表示时间。每个 DFT 都提供了 N 个频段（frequency bin）以及这些频段内声音的强度。频段被映射到声谱图的 y 轴，因此声谱图是一个 $M \times N$ 的图像，其中每列都表示一个 DFT，而颜色指出了信号在给定频段的强度。

这个项目为何要使用傅里叶变换呢？为何不直接使用音频的波形，而要从这些波形中提取频率信息呢？为找到这个问题的答案，请看图 15.4。

该图的上半部分显示了一段录音的波形,这段录音是在说出单词序列 Left、right、left 和 right时录制的；下半部分是该录音的声谱图。如果仅看波形，将发现两次说的 left 有点相似，两次说的 right 也如此，但从波形很难识别出每个单词的明显特征。相反，声谱图揭示出了每个单词更明显的特征，如单词 right 明亮的 C 形曲线（如箭头所示）。凭肉眼就能更清楚地看到这些独特的特征，而神经网络也能"看到"这些特征。

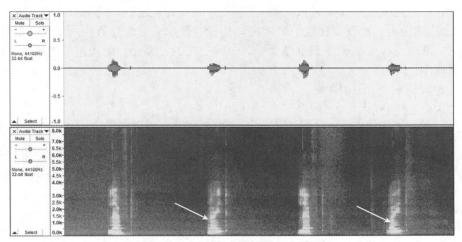

图 15.4　语音样本的波形和声谱图

总之，鉴于声谱图从本质上说就是图像，因此通过计算数据的声谱图，将语音识别问题变成了图像分类问题，从而能够利用大量用于图像分类的机器学习技术。当然，波形也可被视为图像，但正如该图所示，在捕捉音频数据的明显特征方面，声谱图表现得更好，因此更适合在机器学习应用程序中使用。

15.2.2　在树莓派上推断

树莓派上的代码必须完成多项任务：读取来自外接麦克风的音频输入，计算该音频的声谱图，并使用训练好的 TensorFlow Lite 模型做出推断。下面是一种执行这些操作的方式：

（1）读取 1s 的音频数据；

（2）处理数据；

（3）做出推断；

（4）重复上述过程。

然而，这种方式存在一个严重的问题。当执行第 2 和 3 步时，可能有其他的语音数据进来，导致错失这些数据。解决方案是使用 Python 多处理技术同时执行不同的任务，主进程只收集音频数据并将其加入队列；在另一个独立的进程中，从队列中取出数据并根据它们做出推断。这种新方案类似于下面这样。

在主进程中：

（1）每次读取 1s 的音频数据；

（2）将数据加入队列。

在推断进程中：

（1）检查队列中是否有数据；

（2）如果有，就根据数据做出推断。

现在，主进程不会错失任何音频输入，因为将数据加入队列是非常快的操作。但还有一个问题。持续地从麦克风那里收集时长为 1s 的音频样本并处理它们，但不能假定发出的每个命令都在时长 1s 的间隔内。命令可在位于时间间隔边缘时发出，进而分散在两个相邻的样本中。在这种情况下，推断进程可能无法识别该命令。一种更佳的方案是，创建重叠的样本，如下所示。

在主进程中：

（1）首先收集一个 2s 的样本；

（2）将这个 2s 的样本加入队列；

（3）再收集一个 1s 的样本；

（4）创建一个 2s 的样本，方法是将第 2 步的样本的后半部分前移，作为要创建的样本的前半部分，并将第 3 步的样本作为要创建的样本的后半部分；

（5）回到第 2 步。

在推断进程中：

（1）检查队列中是否有数据；

（2）如果有，就基于峰值振幅从 2s 的样本中选取时长为 1s 的一段，再根据这部分做出推断；

（3）回到第 1 步。

在这个新方案中，加入队列的每个样本的时长都是 2s，在相邻样本之间有 1s 是重叠的，如图 15.5 所示。这样，即便当前样本中的单词不完整，下一个样本也将包含这个单词的完整版本。推断时依然只使用时长为 1s 的音频，但以时长为 2s 的样本中振幅值最大的点为中心，因为这部分样本包含单词的可能性最大。为何要使用时长为 1s 的音频做出推断呢？这旨在与训练数据集保持一致。

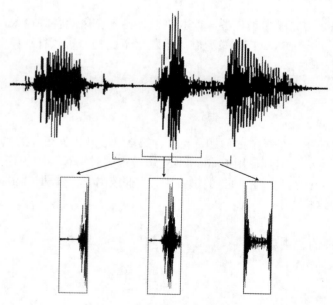

图 15.5　重叠的采样方案

通过结合使用多处理技术和重叠采样，设计出的语音识别系统可最大限度地避免错失输入，从而提高推断结果的准确度。

15.3 需求

在本章项目中，为训练机器学习模型，需要登录 Colab。在树莓派上，需要使用如下 Python 库和模块。

❏ tflite_runtime：用于运行 TensorFlow 推断。
❏ SciPy：用于计算音频波形的 STFT。
❏ NumPy：用于处理音频数据。
❏ PyAudio：用于读取来自麦克风的音频数据。

有关如何安装这些库和模块，请参阅附录 B。还将使用 Python 内置模块 multiprocessing，以便在两个不同的线程中分别进行音频处理和机器学习推断。

在硬件方面，需求如下。

❏ 一个树莓派 3B+或更新的产品。
❏ 一个给树莓派供电的 5V 电源。
❏ 一个 16GB 的 micro SD 卡。
❏ 一个与树莓派兼容的单声道 USB 麦克风。

USB 麦克风大都与树莓派兼容，图 15.6 显示了一个这样的麦克风。

图 15.6 连接到树莓派的 USB 麦克风

为核实树莓派能否识别所用的 USB 麦克风，可使用 SSH 登录树莓派，并执行如下命令：

```
$ dmesg -w
```

现在将麦克风插入树莓派的 USB 接口，应看到类似于下面的输出：

```
[26965.023138] usb 1-1.3: New USB device found, idVendor=cafe, idProduct=4010, bcdDevice= 1.00
[26965.023163] usb 1-1.3: New USB device strings: Mfr=1, Product=2, SerialNumber=3
```

15

```
[26965.023179] usb 1-1.3: Product: Mico
[26965.023194] usb 1-1.3: Manufacturer: Electronut Labs
[26965.023209] usb 1-1.3: SerialNumber: 123456
```

这里的信息应该与麦克风的规格一致，表明麦克风已被识别出来。

15.4 代码

本项目的代码分两部分——训练部分和推断部分，其中训练部分将在 Colab 中运行，而推断部分将在树莓派上运行。下面分别研究这两部分。

15.4.1 在 Colab 中训练模型

本小节介绍训练语音识别模型所需的 Colab 代码。建议通过 Chrome 浏览器来使用 Colab。首先做些设置工作并下载训练数据集；然后，通过运行一些代码来熟悉这些数据，对数据进行清洗以便用于训练，并探索如何根据音频文件创建声谱图；最后，把学到的知识付诸实践——创建并训练模型。最终结果是一个可加载到树莓派上的.tflite 文件，即对训练得到的模型进行简化后的 TensorFlow Lite 版本。读者可从本书配套源代码中的 "/audioml" 中找到这个文件。

Colab 笔记本（Colab notebook）由一系列可在其中输入一行或多行代码的单元格组成。在单元格中输入所需的代码后，可单击单元格左上角的 Play 按钮来运行它们。与这些代码相关联的输出都将出现在该单元格下方。在本小节中，每个代码清单都表示一个 Colab 单元格的完整内容。如果该单元格中的代码有输出，将在代码清单末尾以灰色显示，并用一条虚线将其与代码分隔开来。

1. 设置工作

在 Colab 笔记本开头，需要做些设置工作。首先，导入必要的 Python 模块：

```
import os
import pathlib
import matplotlib.pyplot as plt
import numpy as np
import scipy
import scipy.signal
from scipy.io import wavfile
import glob

import tensorflow as tf
from tensorflow.keras.layers.experimental import preprocessing
from tensorflow.keras import layers
from tensorflow.keras import models
from tensorflow.keras import applications
```

在下一个单元格中，做些初始化工作：

```
# 给随机函数设置种子
seed = 42
tf.random.set_seed(seed)
np.random.seed(seed)
```

这里初始化了将用来打乱输入文件名排列顺序的随机函数。

接下来，下载训练数据集：

```
data_dir = 'data/mini_speech_commands'
data_path = pathlib.Path(data_dir)
filename = 'mini_speech_commands.zip'
url = "http://storage.googleapis.com/download.tensorflow.org/data/mini_speech_commands.zip"
if not data_path.exists():
    tf.keras.utils.get_file(filename, origin=url, extract=True, cache_dir='.',
                            cache_subdir='data')
```

这个单元格从 Google 下载小型语音命令数据集（Mini Speech Commands dataset），并将数据提取到目录 data 中。由于使用的是 Colab，数据将被下载到云端的文件系统而不是本地计算机，且当前会话结束后这些文件将被删除。然而，在会话活动期间，并不希望在每次运行该单元格时都去下载这些数据。函数 tf.keras.utils.get_file()用于缓存这些数据，以免需要不断地去下载它们。

2. 熟悉数据

着手训练模型前，熟悉一下刚下载的数据很有帮助。为此，可使用 Python 模块 glob，它可通过模式匹配来查找文件和目录：

```
glob.glob(data_dir + '/*')
--------------------------------------------------------------------------
['data/mini_speech_commands/up',
 'data/mini_speech_commands/no',
 'data/mini_speech_commands/README.md',
 'data/mini_speech_commands/stop',
 'data/mini_speech_commands/left',
 'data/mini_speech_commands/right',
 'data/mini_speech_commands/go',
 'data/mini_speech_commands/down',
 'data/mini_speech_commands/yes']
```

向 glob 传递了模式'/*'，以列出目录 data 下的所有一级子目录（*是一个通配符）。输出表明这个数据集包含文本文件 README.md 和 8 个子目录，这 8 个子目录表示要对模型进行训练使其能够识别的 8 个语音命令。出于方便考虑，创建一个列表，其中包含这些命令。

```
commands = ['up', 'no', 'stop', 'left', 'right', 'go', 'down', 'yes']
```

在机器学习模型中，将把音频样本关联到表示上述命令之一的整型变量 label_id。这个整型变量表示列表 commands 中的索引。例如，label_id 的值为 0 时，表示'up'；而 label_id 的值为 6 时，表示'down'。

现在来看看这些子目录的内容：

```
❶ wav_file_names = glob.glob(data_dir + '/*/*')
❷ np.random.shuffle(wav_file_names)
  print(len(wav_file_names))
  for file_name in wav_file_names[:5]:
      print(file_name)
--------------------------------------------------------------------------
8000
data/mini_speech_commands/down/27c30960_nohash_0.wav
data/mini_speech_commands/go/19785c4e_nohash_0.wav
data/mini_speech_commands/yes/d9b50b8b_nohash_0.wav
data/mini_speech_commands/no/f953e1af_nohash_3.wav
data/mini_speech_commands/stop/f632210f_nohash_0.wav
```

这里也使用了 glob，但向它传递了模式'/*/*'，以列出这些子目录中的所有文件❶。然后，随机排列返回的列表中的文件名，以消除训练数据中存在的偏差❷。输出找到的文件总数，并显示开头 5 个文件名。输出表明这个数据集中有 8000 个 WAV 文件，且展示了文件命名方式，如 f632210f_nohash_0.wav。

接下来，看看该数据集中的一些 WAV 文件：

```
❶ filepath = 'data/mini_speech_commands/stop/f632210f_nohash_1.wav'
❷ rate, data = wavfile.read(filepath)
  print("rate = {}, data.shape = {}, data.dtype = {}".format(rate, data.shape, data.dtype))

  filepath = 'data/mini_speech_commands/no/f953e1af_nohash_3.wav'
  rate, data = wavfile.read(filepath)
  print("rate = {}, data.shape = {}, data.dtype = {}".format(rate, data.shape, data.dtype))
  -------------------------------------------------------------------------------------
  rate = 16000, data.shape = (13654,), data.dtype = int16
  rate = 16000, data.shape = (16000,), data.dtype = int16
```

指定要查看的 WAV 文件的名称❶，并使用 SciPy 库中的模块 wavefile 读取这个文件中的数据❷。然后，输出采样率以及数据的形状（样本数）和类型。对第二个 WAV 文件做了同样的处理。输出表明，这两个 WAV 文件的采样率都是 16000Hz（符合预期），且每个样本都是 16 位整数（也符合预期）。然而，形状表明第 1 个文件只包含 13654 个样本，这是个问题。为训练神经网络，每个 WAV 文件的长度都必须相同。在这里，希望每条录音的时长都是 1s，即包含 16000 个样本。然而，在这个数据集中，并非所有文件都符合这个标准。稍后将介绍这种问题的一个解决方案，下面先来根据一个 WAV 文件中的数据绘制图表。

```
  filepath = 'data/mini_speech_commands/stop/f632210f_nohash_1.wav'
  rate, data = wavfile.read(filepath)
❶ plt.plot(data)
  -------------------------------------------------------------------------------------
```

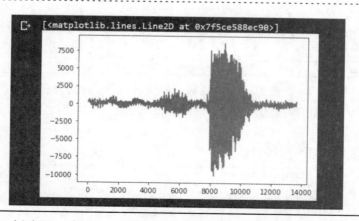

使用 Matplotlib 创建了一个显示音频波形的图表❶。这个数据集中的 WAV 文件包含的数据是 16 位的有符号整型，这种数据类型的取值范围为-32768～32767。上述图表的 y 轴表明，这个文件中数据的范围大约为-10000～7500；x 轴表明样本数只有大约 14000 个，没有达到要求的 16000 个。

3. 清洗数据

从刚才的研究可知，这个数据集需要标准化，让每个音频数据的时长都为 1s。这种准备工作被称为数据清洗，可通过在音频数据后面不断填充 0 直到样本数为 16000 来完成。还应通过标准化来进一步清洗数据，即将每个位于范围[−32768, 32767]的样本值映射到范围[−1, 1]。对机器学习来说，这种标准化至关重要，因为通过确保输入数据小而统一，有助于训练模型（具体地说，输入数据过大会给用来训练模型的梯度下降算法带来收敛问题）。

下面是一个数据清洗示例，它对前面查看的 WAV 文件做了填充和标准化处理。为确认这种清洗是管用的，还根据得到的结果绘制了图表。

```
❶ padded_data = np.zeros((16000,), dtype=np.int16)
❷ padded_data[:data.shape[0]] = data
❸ norm_data = np.array(padded_data/32768.0, dtype=np.float32)
   plt.plot(norm_data)
```

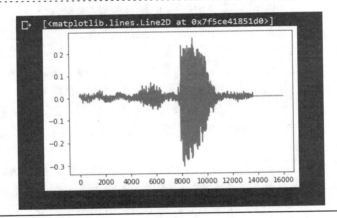

创建了一个长度为 16000 的 16 位 NumPy 数组，并将其元素都初始化为 0❶。然后，使用数组切片运算符[:]将太短的 WAV 文件的内容复制到这个数组的开头❷，其中的 data.shape[0]提供了 WAV 文件包含的样本数，因为 data.shape 是一个形如(13654,)的元组。这样便有了时长为 1s 的 WAV 数据，它由原始音频数据和根据需要填充的 0 组成。接下来，将数组中的值除以 32768（16 位整型的最大可能取值），得到数据的标准化版本❸。最后，根据这些数据绘制图表。

图表的 x 轴表明，经过填充后有 16000 个样本，其中大约第 14000～16000 个样本都为 0；y 轴表明，经过标准化后，所有的值都在范围(−1, 1)内。

4. 如何生成声谱图

前文讨论了不使用 WAV 文件中的原始数据来训练模型，而根据 WAV 文件生成声谱图，并使用声谱图来训练模型。下面演示如何生成声谱图：

```
   filepath = 'data/mini_speech_commands/yes/00f0204f_nohash_0.wav'
   rate, data = wavfile.read(filepath)
❶ f, t, spec = scipy.signal.stft(data, fs=16000, nperseg=255,
                                    noverlap = 124, nfft=256)
```

15

```
❷ spec = np.abs(spec)
  print("spec: min = {}, max = {}, shape = {}, dtype = {}".format(np.min(spec),
                                      np.max(spec), spec.shape, spec.dtype))
❸ X = t * 129*124
❹ plt.pcolormesh(X, f, spec)
------------------------------------------------------------------------------------
spec: min = 0.0, max = 2089.085693359375, shape = (129, 124), dtype = float32
------------------------------------------------------------------------------------
```

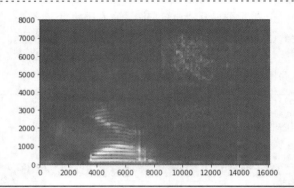

从子目录 yes 中随便选择了一个文件，并像前面一样使用 SciPy 库中的模块 wavfile 提取其数据。然后，使用函数 scipy.signal.stft()根据数据计算声谱图❶。在这个函数调用中，fs 为采样率，nperseg 为每个分片的长度，noverlap 为相邻分片之间重叠的样本数。函数 stft()返回一个元组，其中包含 3 个元素：f（频率数组）；t（被映射到范围[0.0, 1.0]的时间间隔数组）；spec（STFT本身，一个 129 × 124 复数网格，在输出中这个尺寸由 shape 给出）。为将 spec 中的复数转换为实数，使用了 np.abs()❷。

然后，输出一些有关计算得到的声谱图的信息。接下来，创建数组 X，用于存储与时间间隔对应的样本编号❸。为计算样本编号，将 t 与网格尺寸相乘。最后，使用方法 pcolormesh()绘制 spec 中的网格，并将 X 中的值作为 x 值，将 f 中的值作为 y 值❹。

输出显示了计算得到的声谱图。这个 129 × 124 网格（图像）和众多类似于它的网格将作为神经网络的输入。在频率 1000Hz 下方和大约第 4000 号样本右方，有一些亮点，这些亮点处的频率成分是最重要的，而较暗的区域的频率不那么重要。

注意 在这个声谱图中，可注意到 y 轴的最大值大约为 8000Hz，这是由数字信号处理领域的采样定理决定的。该定理指出，在数字采样信号中，可准确测量的最高频率为采样率的一半。在这里，最高频率为 $16000 \div 2 = 8000$Hz。

5. 训练模型

现在可以将注意力转向机器学习模型训练了，这在很大程度上意味着将诸如 NumPy 和 SciPy 等 Python 库抛诸脑后，转而使用 TensorFlow 方法和数据结构，如 tf.Tensor 和 tf.data.Dataset。本章前文一直在使用 NumPy 和 SciPy，因为它们可为探索语音命令数据集提供便利。实际上，可继续使用它们来训练模型，但这样做将错失 TensorFlow 提供的优化机会，因为 TensorFlow 是专为开发大型机器学习系统而设计的。执行前文介绍过的大部分计算时，需要使用的 TensorFlow

函数都几乎没变，因此切换过程将非常平滑。就本章的项目而言，在接下来的讨论中说到张量时，其实跟说 NumPy 数组的意思差不多。

要训练机器学习模型，需要能够根据输入音频文件计算声谱图，并从输入音频文件的路径中提取标签 ID（表示语音命令）。为此，首先创建一个计算 STFT 的函数：

```
def stft(x):
  ❶ f, t, spec = scipy.signal.stft(x.numpy(), fs=16000, nperseg=255,
                                    noverlap=124, nfft=256)
  ❷ return tf.convert_to_tensor(np.abs(spec))
```

这个函数接收参数 x（从 WAV 文件中提取的数据），并像前面一样使用 SciPy 计算 STFT❶。然后，将返回的 NumPy 数组转换为 tf.Tensor 对象，并返回该对象❷。实际上，有一个名为 tf.signal.stft() 的 TensorFlow 方法，它类似于方法 scipy.signal.stft()，既然如此，为何要使用 scipy.signal.stft() 呢？原因是在树莓派上无法使用这个 TensorFlow 方法，因为在树莓派上，将使用简化的 TensorFlow Lite 解释器。在训练阶段所做的任何预处理，都必须与推断阶段所做的相应预处理相同，因此需要确保在 Colab 中使用将在树莓派上使用的函数。

现在在一个辅助函数中调用函数 stft()，这个辅助函数提取声谱图，并从文件路径中提取标签 ID。

```
def get_spec_label_pair(filepath):
    # 读取 WAV 文件
    file_data = tf.io.read_file(filepath)
    data, rate = tf.audio.decode_wav(file_data)
    data = tf.squeeze(data, axis=-1)
    # 如果样本数小于 16000，就用 0 填充
  ❶ zero_padding = tf.zeros([16000] - tf.shape(data), dtype=tf.float32)
    # 将数据和用 0 填充的内容合并
  ❷ padded_data = tf.concat([data, zero_padding], 0)
    # 计算声谱图
  ❸ spec = tf.py_function(func=stft, inp=[padded_data], Tout=tf.float32)
    spec.set_shape((129, 124))
    spec = tf.expand_dims(spec, -1)
    # 提取标签
  ❹ cmd = tf.strings.split(filepath, os.path.sep)[-2]
  ❺ label_id = tf.argmax(tf.cast(cmd == commands, "uint32"))
    # 返回元组
    return (spec, label_id)
```

首先，使用 tf.io.read_file() 读取文件，并使用函数 tf.audio.decode_wav()（这个函数相当于前面使用的函数 scipy.io.wavfile.read()）解码 WAV 格式。然后，使用 tf.squeeze() 将张量 data 的形状从 (N, 1) 调整为 (N,)，这是后面要使用的函数的要求。接下来，创建一个张量，用于在数据后面填充 0❶。然而，张量是不可变的对象，因此不能像前面使用 NumPy 数组时那样，直接将 WAV 数据复制到全 0 张量中。有鉴于此，创建一个刚好包含所需数量的 0 的张量，再将其与张量 data 拼接起来❷。

接下来，使用函数 tf.py_function() 调用前面定义的函数 stft()❸。在这个调用中，还需指定输入及输出的数据类型，这是在 TensorFlow 中调用非 TensorFlow 函数的一种常用方式。然后，调整 stft() 返回的张量的形状：首先使用 set_shape() 将形状调整为 (129, 124)，这之所以必要是因为将数据从 Python 函数返回到了 TensorFlow 函数；然后，调用 tf.expand_dims(spec, -1) 添加第 3 个维度，将形状从 (129, 124) 调整为 (129, 124, 1)，这是后面将构建的神经网络模型的要求。最

15

后，从文件路径中提取标签（如'no'）❹，再将标签字符串转换为整数并存储在变量 label_id 中❺，以便将其作为 commands 列表中字符串的索引。

接下来，需要准备好输入文件，以便能够将它们用于训练。前文提到，总共有 8000 个音频文件分散在各个子目录中，将它们的文件路径以随机顺序排列，并放在了列表 wav_file_names 中。现在将这些数据分成 3 份：80%（即 6400 个文件）用于训练；10%（即 800 个文件）用于验证；余下的 10%用于测试。在机器学习中，这种划分数据的方式很常见。使用训练数据集对模型进行训练后，可使用验证数据集来修改超参数，以微调模型的准确度。测试数据只用于检查调整后的模型的最终准确度。

```
train_files = wav_file_names[:6400]
val_files = wav_file_names[6400:7200]
test_files = wav_file_names[7200:]
```

现在，将这些文件路径字符串列表加载到 TensorFlow Dataset 对象中。在使用 TensorFlow 时，这些对象至关重要，因为它们存储了输入数据，还能用来对数据进行大规模变换。

```
train_ds = tf.data.Dataset.from_tensor_slices(train_files)
val_ds = tf.data.Dataset.from_tensor_slices(val_files)
test_ds = tf.data.Dataset.from_tensor_slices(test_files)
```

看一下刚刚创建了什么：

```
for val in train_ds.take(5):
    print(val)
------------------------------------------------------------------------
tf.Tensor(b'data/mini_speech_commands/stop/b4aa9fef_nohash_2.wav', shape=(), dtype=string)
tf.Tensor(b'data/mini_speech_commands/stop/962f27eb_nohash_0.wav', shape=(), dtype=string)
--省略--
tf.Tensor(b'data/mini_speech_commands/left/cf87b736_nohash_1.wav', shape=(), dtype=string)
```

每个 Dataset 对象都包含大量类型为字符串的张量，而每个张量都包含一个文件路径。然而，实际需要的是与这些文件路径对应的(spec, label_id)对，因此下面来创建它们：

```
train_ds = train_ds.map(get_spec_label_pair)
val_ds = val_ds.map(get_spec_label_pair)
test_ds = test_ds.map(get_spec_label_pair)
```

使用 map()将函数 get_spec_label_pair()应用于每个 Dataset 对象。在计算中，这种将函数映射到列表的做法很常见。从本质上说，这就是在遍历 Dataset 对象中的每个文件路径，并对其调用函数 get_spec_label_pair()，再将返回的(spec, label_id)对存储在一个新的 Dataset 对象中。

现在进一步处理训练数据集，将其分成更小的批：

```
batch_size = 64
train_ds = train_ds.batch(batch_size)
val_ds = val_ds.batch(batch_size)
```

这里将训练数据集和验证数据集的批大小都设置为 64，这是一种提高训练速度的常用技巧。如果同时使用全部 6400 个训练样本和 800 个验证样本，将占用大量内存，还将降低训练速度。

终于可以创建神经网络模型了：

```
❶ input_shape = (129, 124, 1)
❷ num_labels = 8
  norm_layer = preprocessing.Normalization()
```

```
❸ norm_layer.adapt(train_ds.map(lambda x, _: x))

❹ model = models.Sequential([
    layers.Input(shape=input_shape),
    preprocessing.Resizing(32, 32),
    norm_layer,
    layers.Conv2D(32, 3, activation='relu'),
    layers.Conv2D(64, 3, activation='relu'),
    layers.MaxPooling2D(),
    layers.Dropout(0.25),
    layers.Flatten(),
    layers.Dense(128, activation='relu'),
    layers.Dropout(0.5),
    layers.Dense(num_labels),
])
❺ model.summary()
---------------------------------------------------------------------------
Model: "sequential_3"

_____
Layer (type)                 Output Shape              Param #
=================================================================
resizing_3 (Resizing)        (None, 32, 32, 1)         0
normalization_3 (Normalization) (None, 32, 32, 1)      3
conv2d_5 (Conv2D)            (None, 30, 30, 32)         320
conv2d_6 (Conv2D)            (None, 28, 28, 64)         18496
max_pooling2d_3 (MaxPooling2D) (None, 14, 14, 64)       0
dropout_6 (Dropout)          (None, 14, 14, 64)         0
flatten_3 (Flatten)          (None, 12544)              0
dense_6 (Dense)              (None, 128)                1605760
dropout_7 (Dropout)          (None, 128)                0
dense_7 (Dense)              (None, 8)                  1032
=================================================================
Total params: 1,625,611
Trainable params: 1,625,608
Non-trainable params: 3
```

设置了模型第 1 层的输入的形状❶，并设置了标签数❷——模型输出层的单元数。接下来，定义了一个针对声谱图数据的标准化层，它缩放和移动数据，使其分布以 1 为中心，且标准偏差为 1。这是在机器学习中常见的做法，旨在改善训练效果。不要被❸处的 lambda 吓到，它不过是定义了一个匿名函数，该匿名函数从训练数据集的每个(spec, label_id)对中提取声谱图。x, _: x 表示忽略第二个元素，只返回第一个元素。

接下来，以每次指定一层的方式创建了神经网络模型❹，这里指定的架构与图 15.1 所示的架构一致。最后，输出了模型小结❺，模型小结指出了模型包含的所有层、各层输出的形状以及每层的可训练参数个数。

现在需要编译这个模型。编译阶段设置模型的优化器、损失函数和评价指标。

```
model.compile(
    optimizer=tf.keras.optimizers.Adam(),
    loss=tf.keras.losses.SparseCategoricalCrossentropy(from_logits=True),
    metrics=['accuracy'],
)
```

损失函数用于对模型的输出和正确的训练数据进行比较，以衡量神经网络的表现。优化器用于调整模型中可训练的参数，以减少损失。这里使用了一个类型为 Adam 的优化器和一个类型为 SparseCategoricalCrossentropy 的损失函数，还指定收集一些准确度指标，用于检查训练效果。

15

下面来训练模型：

```
EPOCHS = 10
history = model.fit(
    train_ds,
    validation_data=val_ds,
    epochs=EPOCHS,
    callbacks=tf.keras.callbacks.EarlyStopping(verbose=1, patience=15), ❶
)
--------------------------------------------------------------------------
Epoch 1/10
100/100 [==================] - 38s 371ms/step - loss: 1.7219 - accuracy: 0.3700
                            - val_loss: 1.2672 - val_accuracy: 0.5763
Epoch 2/10
100/100 [==================] - 37s 368ms/step - loss: 1.1791 - accuracy: 0.5756
                            - val_loss: 0.9616 - val_accuracy: 0.6650
--省略--
Epoch 10/10
100/100 [==================] - 39s 388ms/step - loss: 0.3897 - accuracy: 0.8639
                            - val_loss: 0.4766 - val_accuracy: 0.8450
```

为训练模型，调用了 model.fit()，并将训练数据集 train_ds 传递给它。还指定了验证数据集 val_ds，这种数据集用于评估模型的准确度。训练将进行 10 轮（epoch），在每轮中，都将整个训练数据集提供给神经网络，并将数据随机打乱，因此通过多轮训练，可将模型训练得更好。使用选项 callback 指定了一个函数❶，这个函数在损失不再降低时结束训练。

运行这个 Colab 单元格需要一段时间。在训练过程中，屏幕上会显示进度。在输出中，Epoch 10 下列出的 val_accuracy 值表明，训练结束后，模型根据验证数据做出的推断的准确率大约为 85%（指标 val_accuracy 对应于验证数据集，而指标 accuracy 对应于训练数据集）。

现在可尝试对测试数据做出推断了：

```
test_audio = []
test_labels = []

❶ for audio, label in test_ds:
    test_audio.append(audio.numpy())
    test_labels.append(label.numpy())

❷ test_audio = np.array(test_audio)
  test_labels = np.array(test_labels)

❸ y_pred = np.argmax(model.predict(test_audio), axis=1)
  y_true = test_labels

❹ test_acc = sum(y_pred == y_true) / len(y_true)
  print(f'Test set accuracy: {test_acc:.0%}')
--------------------------------------------------------------------------
25/25 [==============================] - 1s 35ms/step
Test set accuracy: 84%
```

首先，遍历测试数据集 test_ds，并使用其中的数据填充两个列表——test_audio 和 test_labels❶。然后，使用这两个列表创建了两个 NumPy 数组❷，并对这些数据做出推断❸。为计算测试的准确率，汇总预测值与实际值匹配的次数，并将其除以实际值个数❹。输出表明准确率为 84%，虽然不完美，但对这个项目来说已经足够好了。

6. 将模型导入树莓派

现在完成了训练机器学习模型的工作，需要将这个模型从 Colab 导入树莓派。为此，首先保存这个模型：

```
model.save('audioml.sav')
```

这将把模型保存到云端一个名为 audioml.sav 的文件中。接下来，将这个文件转换为 TensorFlow Lite 格式，以便能够在树莓派上使用：

```
❶ converter = tf.lite.TFLiteConverter.from_saved_model('audioml.sav')
❷ tflite_model = converter.convert()

❸ with open('audioml.tflite', 'wb') as f:
     f.write(tflite_model)
```

首先创建一个 TFLiteConverter 对象，并传入保存的模型文件名❶。然后，执行转换❷，并将简化后的 TensorFlow 模型写入文件 audioml.tflite❸。现在需要将这个.tflite 文件从 Colab 下载到本地计算机，为此运行下面的代码片段，在浏览器中将提示保存这个.tflite 文件：

```
from google.colab import files
files.download('audioml.tflite')
```

有了模型文件后，可像本书前文讨论的那样，使用 SSH 将其传输到树莓派。

15.4.2 在树莓派上使用模型

现在将注意力转向在树莓派上做出推断的代码。这些代码使用并行处理从麦克风那里获取音频数据，对数据进行预处理，再将其提供给模型进行推断。与本书前文介绍的一样，可在本地计算机中编写代码，再通过 SSH 将其传输到树莓派。要查看完整的代码，可参阅 15.8 节"完整代码"，也可见本书配套源代码中的"/audioml"。

1. 设置工作

首先，导入所需的模块：

```
from scipy.io import wavfile
from scipy import signal
import numpy as np
import argparse
import pyaudio
import wave
import time
from tflite_runtime.interpreter import Interpreter
from multiprocessing import Process, Queue
```

接下来，初始化一些被定义为全局变量的参数：

```
VERBOSE_DEBUG = False
CHUNK = 4000
FORMAT = pyaudio.paInt16
CHANNELS = 1
SAMPLE_RATE = 16000
RECORD_SECONDS = 1
```

15

```
NCHUNKS = int((SAMPLE_RATE * RECORD_SECONDS) / CHUNK)
ND = 2* CHUNK * NCHUNKS
NDH = ND // 2
# 麦克风的设备索引
❶ dev_index = -1
```

VERBOSE_DEBUG 是一个标志，后面很多地方都会用到。这里暂时将它设置成了 False，但如果它被设置为 True（通过命令行参数设置），将输出大量的调试信息。

注意　在接下来的代码清单中，省略了用于调试的 print() 语句。要查看这些语句，可参阅 15.8 节"完整代码"或本书配套源代码中的"/audioml"。

接下来是一些用于处理音频输入的全局变量。CHUNK 指定了使用 PyAudio 每次读取的样本数；FORMAT 指定音频数据由 16 位的整数组成；将 CHANNELS 设置成了 1，因为将使用单声道麦克风；将 SAMPLE_RATE 设置成了 16000，旨在与机器学习训练数据集保持一致。RECORD_SECONDS 指出将把音频拆成时长为 1s 的片段（但接下来会将其拼接成重叠的时长为 2s 的片断，这在前面讨论过）。计算时长为 1s 的录音包含的块数，并将其存储在变量 NCHUNKS 中。ND 和 NDH 用于实现重叠方案，这将在后文更详细地讨论。

最后，将麦克风的设备索引初始化为-1❶，知道麦克风的设备索引后，将在命令行中修改这个值。下面是帮助获悉麦克风设备索引的函数。

可通过指定相应的命令行参数来调用这个函数。

```
def list_devices():
    """列出 PyAudio 设备"""
    # 初始化 PyAudio
❶   p = pyaudio.PyAudio()
    # 获取设备列表
    index = None
❷   nDevices = p.get_device_count()
    print('\naudioml.py:\nFound the following input devices:')
❸   for i in range(nDevices):
        deviceInfo = p.get_device_info_by_index(i)
        if deviceInfo['maxInputChannels'] > 0:
            print(deviceInfo['index'], deviceInfo['name'],
                    deviceInfo['defaultSampleRate'])
    # 清理
❹   p.terminate()
```

首先，初始化 PyAudio❶并获取检测到的音频设备的数量❷。然后，遍历设备❸，使用 get_device_info_by_index() 获取有关每台设备的信息，并输出有输入声道的设备（即麦克风）的信息。最后，清理 PyAudio❹。

这个函数的典型输出类似于下面这样：

```
audioml.py:
Found the following input devices:
1 Mico: USB Audio (hw:3,0) 16000.0
```

上述输出表明，有一台名为 Mico 的设备，其默认采样率为 16000Hz，索引为 1。

2. 获取音频数据

在这个项目中，树莓派的主要任务之一是不断从麦克风那里获取音频输入，并将其拆分为可用于推断的数据。为此，创建了函数 get_live_input()，它接收参数 interpreter，以便能够使用 TensorFlow Lite 模型。这个函数的开头部分如下：

```
def get_live_input(interpreter):
    # 创建一个队列对象
  ❶ dataq = Queue()
    # 启动推断进程
  ❷ proc = Process(target = inference_process, args=(dataq, interpreter))
    proc.start()
```

15.4.2 小节"工作原理"中讨论过，为避免错失输入，需要使用不同的进程来读取音频输入和做出推断。这里首先创建了一个 multiprocessing.Queue 对象，供进程相互通信❶。然后，使用 multiprocessing.Process() 创建推断进程❷，并将这个进程的处理程序指定为 inference_process，这个处理程序将对象 dataq 和 interpreter 作为参数（稍后将研究这个处理程序的代码）。接下来，启动这个进程，让推断和数据捕获并行地进行。

在函数 get_live_input() 中，接下来初始化了 PyAudio：

```
    # 初始化 PyAudio
  ❶ p = pyaudio.PyAudio()
    print('opening stream...')
  ❷ stream = p.open(format = FORMAT,
                    channels = CHANNELS,
                    rate = SAMPLE_RATE,
                    input = True,
                    frames_per_buffer = CHUNK,
                    input_device_index = dev_index)
    # 丢弃开头 1s 的音频数据
  ❸ for i in range(0, NCHUNKS):
        data = stream.read(CHUNK, exception_on_overflow = False)
```

首先，创建一个 PyAudio 对象 p❶，并打开一个音频输入流❷，将一些全局变量用作参数。然后，丢弃开头 1s 的数据❸，以忽略麦克风刚启用时传入的不可靠数据。

现在可以开始读取数据了：

```
    # 用于收集两个片段的计数器
  ❶ count = 0
  ❷ inference_data = np.zeros((ND,), dtype=np.int16)
    print("Listening...")
    try:
      ❸ while True:
            chunks = []
          ❹ for i in range(0, NCHUNKS):
                data = stream.read(CHUNK, exception_on_overflow = False)
                chunks.append(data)
            # 处理数据
            buffer = b''.join(chunks)
          ❺ audio_data = np.frombuffer(buffer, dtype=np.int16)
```

首先，将 count 初始化为 0❶，这个变量用于跟踪读入了多少个时长为 1s 的音频数据片段。然后，将 16 位数组 inference_data 初始化为全 0❷，这个数组包含 ND 个元素，对应于 2s 的音频。接下来，是一个不断处理音频数据的 while 循环❸。在这个循环中，使用了一个 for 循环❹来读取 1s 的音频数据，在每个迭代中都读取一块，并将其添加到列表 chunks 末尾。有了 1s 的数据后，再将这些数据转换为一个 NumPy 数组❺。

接下来（还是在前述 while 循环中），实现了 15.2 节 "工作原理" 中讨论的方法，以创建重叠的时长为 2s 的音频剪辑（这里使用了全局变量 NDH）。

```
if count == 0:
    # 设置前半部分
 ❶ inference_data[:NDH] = audio_data
    count += 1
elif count == 1:
    # 设置后半部分
 ❷ inference_data[NDH:] = audio_data
    # 将数据加入队列
 ❸ dataq.put(inference_data)
    count += 1
else:
    # 将后半部分作为前半部分
 ❹ inference_data[:NDH] = inference_data[NDH:]
    # 设置后半部分
 ❺ inference_data[NDH:] = audio_data
    # 将数据加入队列
 ❻ dataq.put(inference_data)
```

首次读取 1s 的片段后，将其存储在 inference_data 的前半部分中❶。对于接下来读取的时长为 1s 的片段，将其存储在 inference_data 的后半部分中❷。现在有了完整的 2s 剪辑，因此将 inference_data 加入队列，让推断进程去处理❸。接下来每读取 1s 的片段，都将 inference_data 的后半部分移到前半部分❹，将 inference_data 的后半部分设置为新读取的数据❺，再将 inference_data 加入队列❻，让相邻的 2s 音频剪辑之间有 1s 的重叠。

整个 while 循环都放在一个 try 块内。要退出这个循环，只需按 Ctrl + C 快捷键引发异常，进而执行下面的 except 块：

```
except KeyboardInterrupt:
    print("exiting...")
stream.stop_stream()
stream.close()
p.terminate()
```

这个 except 块做了一些基本的清理工作，即停止并关闭流、终止 PyAudio。

3. 预处理音频数据

接下来，创建几个函数，对音频数据做预处理，以便用于推断。首先是 process_audio_data()，它将从队列中提取的 2s 音频剪辑作为参数，根据峰值振幅从中提取最重要的 1s 音频。下面分几部分对这个函数进行介绍。

```
def process_audio_data(waveform):
    # 除以最大的 16 位值，再计算峰间振幅值
 ❶ PTP = np.ptp(waveform / 32768.0)
    # 如果过于安静，就返回 None
 ❷ if PTP < 0.3:
        return []
```

为了简化，要在没人说话时跳过对麦克风输入的推断。然而，环境中总会有噪声，因此不能仅仅去判断是否存在值为 0 的振幅。有鉴于此，计算音频的峰间振幅值（最高值和最低值之差），如果它低于特定的阈值，就不做推断。为此，将音频数据除以 32768，将其范围标准化为

(−1, 1)，并将结果传递给 np.ptp() 以计算峰间振幅值❶。通过标准化，更容易指定阈值——只需将其设置为一个小数即可。

如果峰间振幅值小于 0.3，就返回一个（将被推断进程忽略的）空列表❷，可能需要根据环境中噪声的大小调整这个阈值。

在函数 process_audio_data() 中，采用了另一种方法对不会被忽略的音频数据进行标准化。

```
  # 标准化音频
  wabs = np.abs(waveform)
  wmax = np.max(wabs)
❶ waveform = waveform / wmax
  # 根据标准化后的波形计算峰间振幅值
❷ PTP = np.ptp(waveform)
  # 缩放并居中
❸ waveform = 2.0*(waveform - np.min(waveform))/PTP - 1
```

前面为忽略过于安静的音频而标准化数据时，将音频数据除以 32768——16 位有符号整型数的最大可能取值。然而，在大多数情况下，音频数据的峰值振幅都远远低于这个值。所以要这样标准化音频数据：不管最大振幅值是多少，都将其缩放到 1。为此，首先找出音频数据中的峰值振幅，并将信号除以这个振幅值❶。然后，计算标准化后的音频的峰间振幅值❷，并使用这个值来对数据进行缩放和居中❸。具体地说，表达式 (waveform - np.min(waveform))/PTP 将波形值缩放到范围 (0, 1)，而乘以 2 再减去 1 将范围调整为 (−1, 1)——这正是所需要的。

接下来，函数 process_audio_data() 从数据中提取 1s 的音频。

```
  # 提取 16000 个样本（时长为 1s）
❶ max_index = np.argmax(waveform)
❷ start_index = max(0, max_index-8000)
❸ end_index = min(max_index+8000, waveform.shape[0])
❹ waveform = waveform[start_index:end_index]
  # 样本数小于 16000 时，在后面填充 0
  waveform_padded = np.zeros((16000,))
  waveform_padded[:waveform.shape[0]] = waveform
  return waveform_padded
```

要获取最重要的那 1s 数据，因此找到最大振幅值对应的数组索引❶，再在该索引之前❷和之后❸都获取 8000 个值，从而获取 1s 的数据。为避免开始索引和结束索引落在原始剪辑的外面，使用了 max() 和 min()。为提取相关的音频数据，使用了切片运算符❹。由于使用了 max() 和 min()，最终获得的样本数可能不到 16000 个，但神经网络要求每个输入都刚好包含 16000 个样本。为解决这个问题，在数据后面填充 0（这里使用了与训练阶段一样的 NumPy 技巧），再返回结果。

图 15.7 显示了一个示例波形在预处理各个阶段的情况，对函数 process_audio_data() 做了总结。

在图 15.7 中，最上面的是未处理的音频；第二个波形是通过标准化将音频值的范围调整为 (−1, 1) 的结果；第三个波形是平移并缩放后的结果，从 y 轴可知现在整个波形都在范围 (−1, 1) 内；第四个波形包含从第三个波形中提取的 16000 个样本，且峰值振幅位于正中间。

15

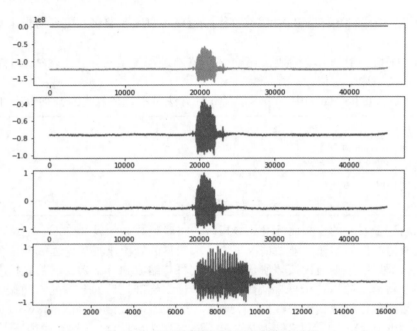

图 15.7　音频数据预处理过程的各个阶段

接下来，需要计算音频数据的声谱图，为此创建了函数 get_spectrogram()：

```
def get_spectrogram(waveform):
  ❶ waveform_padded = process_audio_data(waveform)
  ❷ if not len(waveform_padded):
        return []
     # 计算声谱图
  ❸ f, t, Zxx = signal.stft(waveform_padded, fs=16000, nperseg=255,
        noverlap = 124, nfft=256)
     # 输出为复数，因此计算其模
  ❹ spectrogram = np.abs(Zxx)
     return spectrogram
```

首先，调用函数 process_audio_data()对音频做预处理❶。如果这个函数返回的是一个空列表（因为音频声音太小），get_spectrogram()也返回一个空列表❷。接下来，使用 SciPy 库中的 signal.stft()计算声谱图❸，这与训练模型时所做的完全相同。然后，计算 STFT 的模❹（也与训练阶段所做的一样，将复数转换为实数），并返回结果。

4. 做出推断

这个项目的核心部分是，使用训练好的模型根据输入的音频数据做出推断，以识别语音命令。前面说过，这是在一个独立的进程中进行的（与从麦克风那里获取音频数据的代码不在一个进程中）。下面是执行这项任务的处理程序：

```
def inference_process(dataq, interpreter):
    success = False
    while True:
      ❶ if not dataq.empty():
```

```
   # 从队列中获取数据
❷ inference_data = dataq.get()
   # 仅当前一次推断失败时才推断
❸ if not success:
       success = run_inference(inference_data, interpreter)
   else:
       # 跳过，并重置标志以免再次跳过
❹     success = False
```

将推断过程放在一个 while 循环中，因此会不断进行。在这个循环中，首先检查队列中是否有数据❶，如果有，就获取它❷。然后，使用函数 run_inference()根据数据做出推断（这个函数将稍后介绍），但仅当标志 success 为 False 时才这样做❸，这个标志用于避免两次对同一个语音命令做出响应。前文介绍过，由于采用了重叠技术，音频剪辑的后半部分与下一个剪辑的前半部分相同，这样就能够捕获分散在两个片段中的语音命令，但也意味着成功推断后应忽略队列中的下一个元素，因为其中的部分音频来自前一个元素。忽略一个数据后，将标志 success 重置为 False❹，以免忽略下一个数据。

下面来看看实际做出推断的函数 run_inference()：

```
def run_inference(waveform, interpreter):
    # 获取声谱图
❶ spectrogram = get_spectrogram(waveform)
   if not len(spectrogram):
       return False
   # 获取有关输入张量和输出张量的详细信息
❷ input_details = interpreter.get_input_details()
❸ output_details = interpreter.get_output_details()
```

这个函数通过参数接收原始音频数据 waveform 和 TensorFlow Lite 模型 interpreter。首先，调用 get_spectrogram()根据音频数据生成声谱图❶，并在音频声音太小时返回 False。然后，获取有关 TensorFlow Lite 解释器的输入❷和输出❸的详细信息。这些信息指出，模型要求提供什么样的输入，以及模型将提供什么样的输出。input_details 的内容类似于下面这样：

```
[{'name': 'serving_default_input_5:0', 'index': 0, 'shape': array([1, 129, 124,   1]),
  'shape_signature': array([ -1, 129, 124,   1]), 'dtype': <class 'numpy.float32'>,
  'quantization': (0.0, 0), 'quantization_parameters': {'scales': array([], dtype=float32),
  'zero_points': array([], dtype=int32), 'quantized_dimension': 0}, 'sparsity_parameters': {}}]
```

请注意，input_details 是一个存储字典的数组。这里最重要的信息是条目 "'shape': array([1, 129, 124, 1])"。前面已确保将作为解释器输入的声谱图为条目'shape'指定的形状。条目'index'为解释器中张量列表中张量的索引，而'dtype'指定了输入的数据类型，这里为 float32——有符号的 32 位浮点数。在函数 run_inference()的后续代码中，需要引用'index'和'dtype'。

output_details 的内容如下：

```
[{'name': 'StatefulPartitionedCall:0', 'index': 17, 'shape': array([1, 8]), 'shape_signature':
  array([-1,  8]), 'dtype': <class 'numpy.float32'>, 'quantization': (0.0, 0),
  'quantization_parameters': {'scales': array([], dtype=float32), 'zero_points':
  array([], dtype=int32), 'quantized_dimension': 0}, 'sparsity_parameters': {}}]
```

请注意这个字典中的'shape'条目，它指出输出是一个形状为(1, 8)的数组，这种形状对应于 8 个语音命令的标签 ID。

在函数 run_inference()中，接下来根据输入数据做出推断：

15

```
   # 设置输入
❶ input_data = spectrogram.astype(np.float32)
❷ interpreter.set_tensor(input_details[0]['index'], input_data)

   # 运行解释器
   print("running inference...")
❸ interpreter.invoke()
   # 获取输出
❹ output_data = interpreter.get_tensor(output_details[0]['index'])
❺ yvals = output_data[0]
   print(yvals)
```

首先，将声谱图数据转换为 32 位浮点数❶。最初的音频数据为 16 位整数，缩放和其他预处理操作将这些数据转换成了 64 位浮点数，但从 input_details 的内容可知，TensorFlow Lite 模型要求输入为 32 位浮点数，因此这里进行了转换。接下来，将输入值赋给了解释器中合适的张量❷，其中的[0]访问 input_details 的第 1 个（也是唯一的）元素（正如前文所说，这是一个字典），而['index']获取该字典中与键'index'相关联的值，以指定要设置哪个张量。为根据输入做出推断，调用了方法 invoke()❸。然后，使用与刚才类似的索引方式检索输入张量❹，并通过提取数组 output_data 的第 1 个元素获取输出本身❺。由于只提供了一个输入，因此输出也只有一个。yvals 的内容类似于下面这样：

```
[  6.640185  -26.032831  -26.028618   8.746256   62.545185   -0.5698182   -15.045679   -29.140179 ]
```

这 8 个数字对应于训练模型时使用的 8 种命令，它们指出了输入数据为相应单词的可能性。在这个数组中，索引 4 处的值无疑是最大的，因此与之对应的单词就是神经网络预测的答案。像下面这样来解读结果：

```
# 必须与训练时的标签/ID 完全相同，这至关重要
commands = ['up', 'no', 'stop', 'left', 'right', 'go', 'down', 'yes']
print(">>> " + commands[np.argmax(output_data[0])].upper())
```

首先，定义了列表 commands，其中元素的排列顺序与训练时完全相同。务必确保这些元素的排列顺序在训练阶段和推断阶段是一致的，这很重要，不然将错误地解读结果。然后，使用 np.argmax()获取输出数据中最大值的索引，并使用这个索引从列表 commands 中找出相应的字符串。

5. 编写函数 main()

现在来看看将一切整合起来的函数 main()：

```
def main():
    # 将在这个函数中设置的全局变量
    global VERBOSE_DEBUG
    # 创建 ArgumentParser 对象
    descStr = "This program does ML inference on audio data."
    parser = argparse.ArgumentParser(description=descStr)
    # 添加一个互斥参数组
❶   group = parser.add_mutually_exclusive_group(required=True)
    # 添加互斥参数
❷   group.add_argument('--list', action='store_true', required=False)
❸   group.add_argument('--input', dest='wavfile_name', required=False)
❹   group.add_argument('--index', dest='index', required=False)
    # 添加其他参数
```

```
❺ parser.add_argument('--verbose', action='store_true', required=False)
  # 分析参数
  args = parser.parse_args()
```

首先，声明 VERBOSE_DEBUG 为全局变量，因为要在这个函数中设置它，且不希望它被视为局部变量。然后，创建一个 argparse.ArgumentParser 对象，并在其中添加一个互斥参数组❶。这样做是因为有些命令行参数是彼此不兼容的，这些参数是--list、--input 和--index。参数--list❷指定要列出所有的 PyAudio 设备，从而获悉麦克风的索引号；参数--input❸指定将一个 WAV 文件作为输入，而不将来自麦克风的现场数据作为输入，这在测试阶段很有用；参数--index❹指定捕获索引号为特定值的麦克风的音频输入，并做出推断。还添加了非互斥参数--verbose❺，用于指定要在程序运行时输出详细的调试信息。

接下来，创建 TensorFlow Lite 解释器，以便能够使用机器学习模型：

```
# 载入 TensorFlow Lite 模型
interpreter = Interpreter('audioml.tflite')
interpreter.allocate_tensors()
```

首先，创建了一个 Interpreter 对象，并传入了文件 audioml.tflite，它包含训练阶段创建的模型。然后，调用 allocate_tensors()创建必要的张量，为进行推断做好准备。

最后，函数 main()根据各个命令行参数的设置采取相应的措施：

```
# 检查标志 verbose
if args.verbose:
    VERBOSE_DEBUG = True
# 检查是否提供了 WAV 文件
if args.wavfile_name:
  ❶ wavfile_name = args.wavfile_name
    # 获取音频数据
  ❷ rate, waveform = wavfile.read(wavfile_name)
    # 做出推断
  ❸ run_inference(waveform, interpreter)
elif args.list:
    # 列出设备
  ❹ list_devices()
else:
    # 存储设备索引
  ❺ dev_index = int(args.index)
    # 获取现场音频
  ❻ get_live_input(interpreter)
print("done.")
```

如果指定了命令行参数--input，就获取 WAV 文件的名称❶并读取该文件的内容❷，再根据数据进行推断❸。如果指定了参数--list，就调用函数 list_devices()❹。如果指定了参数--index，就获取设备索引并使用它来设置 dev_index❺，再调用函数 get_live_input()处理现场音频❻。

15.5　运行语音识别系统

要运行这个项目，请将 Python 代码和文件 audioml.tflite 放到树莓派的一个文件夹中。要进行测试，可从本书配套源代码中的"/audioml"中下载文件 right.wav，并将其放到上述文件夹中。可通过 SSH 远程登录树莓派，详细请参阅附录 B。

15

首先，尝试使用命令行参数--input 根据一个 WAV 文件做出推断：

```
$ sudo python audioml.py --input right.wav
```

输出如下：

```
running inference...
[  6.640185  -26.032831  -26.028618    8.746256   62.545185   -0.5698182
  -15.045679  -29.140179 ]
❶ >>> RIGHT
run_inference: 0.029174549999879673s
done.
```

可注意到，程序正确地识别了该 WAV 文件记录的命令 right❶。

现在将麦克风连接到树莓派，并使用参数--list 确定麦克风的设备索引号，如下所示：

```
$ sudo python audioml.py --list
```

输出应类似于下面这样：

```
audioml.py:
Found the following input devices:
1 Mico: USB Audio(hw:3,0)16000.0
done.
```

从上述输出可知，麦克风的设备索引号为 1。请使用命令参数--index 指定该索引号，尝试进行实时语音识别，如下所示：

```
$ sudo python audioml.py --index 1
--省略--
opening stream...
Listening...
running inference...
[-2.647918    0.17592785 -3.3615346    6.6812882    4.472283    -3.7535028
  1.2349942    1.8546474 ]
❶ >>> LEFT
run_inference: 0.03520956500142347s
running inference...
[-2.7683923 -5.9614644 -8.532391    6.906795   19.197264   -4.0255833
  1.7236844 -4.374415 ]
❷ >>> RIGHT
run_inference: 0.03026762299850816s
--省略--
^C
KeyboardInterrupt
exiting...
done.
```

启动程序并看到提示"Listening…"后，输入"LEFT"和"RIGHT"。❶和❷处的输出表明，程序正确地识别了这些命令。

尝试使用命令行参数--verbose 运行这个程序，以便看到有关它是如何工作的更详细信息。另外，尝试快速而连续地发出命令，看看多处理和重叠技术是否管用。

15.6　小结

本章简要地介绍了机器学习。首先介绍了如何使用 TensorFlow 框架训练一个深度神经网络，使其能够识别语音命令，并将最终的模型转换为 TensorFlow Lite 格式，以便在资源有限的树莓派上使用，接着介绍了声谱图及在机器学习训练前对输入数据做预处理的重要性，然后介绍了如何使用 Python 多处理技术、如何在树莓派上使用 PyAudio 读取 USB 麦克风输入，以及如何运行 TensorFlow Lite 解释器进行机器学习推断。

15.7　实验

1. 知道如何在树莓派上识别语音命令后，可打造一个辅助设备，并让它对这些命令做出响应，而不仅仅是输出识别出的命令。例如，可使用命令 left、right、up、down、stop 和 go 来控制安装在云台上的相机（甚至激光设备）。（提示：需要使用前述 6 个命令重新训练机器学习模型，还需将云台放在带两个伺服电机的双轴云台支架上，并将伺服电机连接到树莓派，由树莓派根据推断结果控制它们）

2. 查阅有关梅尔声谱图（mel spectrogram）的资料。梅尔声谱图是本章使用的声谱图的变种，更适合分析人类语音数据。

3. 尝试修改本章的神经网络——添加或删除一些层，如删除第二个卷积（Conv2D）层，看看这对模型的准确度以及在树莓派上的推断准确度有何影响。

4. 本章使用的是一个专用神经网络，还有一些预先训练好的神经网络可供使用。例如，可查阅有关 MobileNet V2 的资料，看看要使用这个神经网络，需要对本章的项目做哪些修改。

15.8　完整代码

下面列出了在树莓派上运行的完整代码，包括输出详细调试信息的 print() 语句。Colab 笔记本代码可见本书配套源代码中的 "/audioml/audioml.ipynb"。

```python
"""
    simple_audio.py

    这个程序从树莓派上的麦克风处收集音频数据
    并使用 TensorFlow Lite 模型进行推断

    编写者：Mahesh Venkitachalam
"""

from scipy.io import wavfile
from scipy import signal
import numpy as np
import argparse
import pyaudio
import wave
import time

from tflite_runtime.interpreter import Interpreter
from multiprocessing import Process, Queue

VERBOSE_DEBUG = False
CHUNK = 4000                    # 选择一个可整除 SAMPLE_RATE 的值
FORMAT = pyaudio.paInt16
CHANNELS = 1
SAMPLE_RATE = 16000
RECORD_SECONDS = 1
```

```python
NCHUNKS = int((SAMPLE_RATE * RECORD_SECONDS) / CHUNK)
ND = 2 * SAMPLE_RATE * RECORD_SECONDS
NDH = ND // 2
# 麦克风的设备索引
dev_index = -1

def list_devices():
    """列出 PyAudio 设备"""
    # 初始化 PyAudio
    p = pyaudio.PyAudio()
    # 获取设备列表
    index = None
    nDevices = p.get_device_count()
    print('\naudioml.py:\nFound the following input devices:')
    for i in range(nDevices):
        deviceInfo = p.get_device_info_by_index(i)
        if deviceInfo['maxInputChannels'] > 0:
            print(deviceInfo['index'], deviceInfo['name'], deviceInfo['default
SampleRate'])
    # 清理
    p.terminate()
def inference_process(dataq, interpreter):
    """执行推断的处理程序"""
    success = False
    while True:
        if not dataq.empty():
            # 从队列中获取数据
            inference_data = dataq.get()
            # 仅当前一次推断失败时才推断
            # 不然将得到重复的结果
            # 因为输入数据存在重叠部分
            if not success:
                success = run_inference(inference_data, interpreter)
            else:
                # 跳过，并重置标志以免再次跳过
                success = False

def process_audio_data(waveform):
    """处理音频输入
这个函数从 WAV 文件获取原始音频数据
并进行缩放和填充（填充到包含 16000 个样本）
    """

    if VERBOSE_DEBUG:
        print("waveform:", waveform.shape, waveform.dtype, type(waveform))
        print(waveform[:5])

    # 除以最大的 16 位值，再计算振幅峰间值
    PTP = np.ptp(waveform / 32768.0)

    if VERBOSE_DEBUG:
        print("peak-to-peak (16 bit scaling): {}".format(PTP))

    # 如果过于安静，就返回 None
    if PTP < 0.3:
        return []

    # 标准化音频
    wabs = np.abs(waveform)
    wmax = np.max(wabs)
    waveform = waveform / wmax

    # 根据标准化后的波形计算振幅峰间值
```

```
    PTP = np.ptp(waveform)

    if VERBOSE_DEBUG:
        print("peak-to-peak (after normalize): {}".format(PTP))
        print("After normalization:")
        print("waveform:", waveform.shape, waveform.dtype, type(waveform))
        print(waveform[:5])

    # 缩放并居中
    waveform = 2.0*(waveform - np.min(waveform))/PTP - 1

    # 提取 16000 个样本（时长为 1s）
    max_index = np.argmax(waveform)
    start_index = max(0, max_index-8000)
    end_index = min(max_index+8000, waveform.shape[0])
    waveform = waveform[start_index:end_index]

    # 样本数小于 16000 时，在后面填充 0
    if VERBOSE_DEBUG:
        print("After padding:")

    waveform_padded = np.zeros((16000,))
    waveform_padded[:waveform.shape[0]] = waveform

    if VERBOSE_DEBUG:
        print("waveform_padded:", waveform_padded.shape,
                waveform_padded.dtype, type(waveform_padded))
        print(waveform_padded[:5])

    return waveform_padded

def get_spectrogram(waveform):
    """根据音频数据计算声谱图"""

    waveform_padded = process_audio_data(waveform)

    if not len(waveform_padded):
        return []

    # 计算声谱图
    f, t, Zxx = signal.stft(waveform_padded, fs=16000, nperseg=255,
            noverlap = 124, nfft=256)
    # 输出为复数，因此计算其模
    spectrogram = np.abs(Zxx)

    if VERBOSE_DEBUG:
        print("spectrogram:", spectrogram.shape, type(spectrogram))
        print(spectrogram[0, 0])

    return spectrogram

def run_inference(waveform, interpreter):
    # 开始计时
    start = time.perf_counter()

    # 获取声谱图
    spectrogram = get_spectrogram(waveform)

    if not len(spectrogram):
        if VERBOSE_DEBUG:
            print("Too silent. Skipping...")
        return False
```

```python
    if VERBOSE_DEBUG:
        print("spectrogram: %s, %s, %s" % (type(spectrogram),
                spectrogram.dtype, spectrogram.shape))

    # 获取有关输入张量和输出张量的详细信息
    input_details = interpreter.get_input_details()
    output_details = interpreter.get_output_details()

    if VERBOSE_DEBUG:
        print("input_details: {}".format(input_details))
        print("output_details: {}".format(output_details))

    # 调整声谱图的形状，以符合解释器的要求
    spectrogram = np.reshape(spectrogram, (-1, spectrogram.shape[0],
                                        spectrogram.shape[1], 1))

    # 设置输入
    input_data = spectrogram.astype(np.float32)
    interpreter.set_tensor(input_details[0]['index'], input_data)

    # 运行解释器
    print("running inference...")
    interpreter.invoke()

    # 获取输出
    output_data = interpreter.get_tensor(output_details[0]['index'])
    yvals = output_data[0]
    if VERBOSE_DEBUG:
        print(output_data)

    print(yvals)

    # 必须与训练时的标签/ID 完全相同，这至关重要
    commands = ['up', 'no', 'stop', 'left', 'right', 'go', 'down', 'yes']
    print(">>> " + commands[np.argmax(output_data[0])].upper())

    # 停止计时
    end = time.perf_counter()
    print("run_inference: {}s".format(end - start))
    # 指出成功地完成了推断
    return True

def get_live_input(interpreter):
    """这个函数从麦克风处获取现场音频
    并根据输入进行推断"""

    # 创建一个队列对象
    dataq = Queue()
    # 启动推断进程
    proc = Process(target = inference_process, args=(dataq, interpreter))
    proc.start()

    # 初始化 PyAudio
    p = pyaudio.PyAudio()

    print('opening stream...')
    stream = p.open(format = FORMAT,
                    channels = CHANNELS,
                    rate = SAMPLE_RATE,
                    input = True,
                    frames_per_buffer = CHUNK,
                    input_device_index = dev_index)
```

```python
        # 丢弃开头 1s 的音频数据
        for i in range(0, NCHUNKS):
            data = stream.read(CHUNK, exception_on_overflow = False)

        # 用于收集两个片段的计数器
        count = 0
        inference_data = np.zeros((ND,), dtype=np.int16)
        print("Listening...")
        try:
            while True:
                # print("Listening...")

                chunks = []
                for i in range(0, NCHUNKS):
                    data = stream.read(CHUNK, exception_on_overflow = False)
                    chunks.append(data)

                # 处理数据
                buffer = b''.join(chunks)
                audio_data = np.frombuffer(buffer, dtype=np.int16)

                if count == 0:
                    # 设置前半部分
                    inference_data[:NDH] = audio_data
                    count += 1
                elif count == 1:
                    # 设置后半部分
                    inference_data[NDH:] = audio_data
                    # 将数据加入队列
                    dataq.put(inference_data)
                    count += 1
                else:
                    # 将后半部分作为前半部分
                    inference_data[:NDH] = inference_data[NDH:]
                    # 设置后半部分
                    inference_data[NDH:] = audio_data
                    # 将数据加入队列
                    dataq.put(inference_data)

                # print("queue: {}".format(dataq.qsize()))

        except KeyboardInterrupt:
            print("exiting...")

        stream.stop_stream()
        stream.close()
        p.terminate()

def main():
    """程序的 main()函数"""
    # 将在这个函数设置的全局变量
    global VERBOSE_DEBUG
    # 创建 ArgumentParser 对象
    descStr = "This program does ML inference on audio data."
    parser = argparse.ArgumentParser(description=descStr)
    # 添加一个互斥参数组
    group = parser.add_mutually_exclusive_group(required=True)
    # 添加互斥参数
    group.add_argument('--list', action='store_true', required=False)
    group.add_argument('--input', dest='wavfile_name', required=False)
    group.add_argument('--index', dest='index', required=False)
    # 添加其他参数
```

```
    parser.add_argument('--verbose', action='store_true', required=False)

    # 分析参数
    args = parser.parse_args()

    # 载入 TensorFlow Lite 模型
    interpreter = Interpreter('audioml.tflite')
    interpreter.allocate_tensors()

    # 检查标志 verbose
    if args.verbose:
        VERBOSE_DEBUG = True

    # 检查是否提供了 WAV 文件
    if args.wavfile_name:
        wavfile_name = args.wavfile_name
        # 获取音频数据
        rate, waveform = wavfile.read(wavfile_name)
        # 做出推断
        run_inference(waveform, interpreter)
    elif args.list:
        # 列出设备
        list_devices()
    else:
        # 存储设备索引
        dev_index = int(args.index)
        # 获取现场音频
        get_live_input(interpreter)

    print("done.")

# 调用函数 main()
if __name__ == '__main__':
    main()
```

附录 A 安装Python

本附录介绍如何获取本书项目的源代码，以及如何安装 Python 和本书用到的外部模块。本书的项目都使用 Python 3.9 进行了测试。

A.1　获取本书项目的源代码

本书项目的源代码可按本书"目录"页之前的"资源与支持"页进行获取。

下载并解压缩源代码后，需要将其中的文件夹 common 的路径（通常为 pp-master/common/）添加到环境变量 PYTHONPATH 中，以便能够找到并使用该文件夹中的 Python 文件。

在 Windows 系统中，可创建环境变量 PYTHONPATH 并在其中添加前述路径（如果已经有这种环境变量，就直接添加）。在 macOS 中，可在 home 目录下的.profile 文件（如果没有这样的文件，就创建）中添加下面这行内容（请将 path_to_common_folder 替换为前述文件夹 common 的路径）：

```
export PYTHONPATH=$PYTHONPATH:path_to_common_folder
```

Linux 用户可采取类似的措施：在.bashrc、.bash_profile 或.cshrc/.login 文件中添加上述内容。要查看默认终端，可使用命令 echo $SHELL。

A.2　安装 Python 和 Python 模块

推荐使用 Python 发行版 Anaconda 来运行本书的项目，因为它自带了本书需要的大部分 Python 模块。下面介绍如何在 Windows、macOS 和 Linux 系统中安装 Python 和 Python 模块。

A.2.1　Windows

访问 Anaconda 官网并下载 Windows 版本的 Anaconda 安装文件。安装完毕后，启动 Anaconda prompt（在搜索栏中搜索 Anaconda prompt 即可找到），使用它来运行程序。为此，只需使用 cd 命令切换到本书代码所在的目录。

另外，将如下 Anaconda 的安装位置及其支持文件路径添加到环境变量 Path 中：

```
C:\Users\mahes\anaconda3
C:\Users\mahes\anaconda3\Scripts
C:\Users\mahes\anaconda3\Library\bin
```

在这里，Anaconda 安装目录为 C:\Users\mahes\ anaconda3\，请根据实际安装目录做相应的修改。

1. 安装 GLFW

在本书基于 OpenGL 的三维图形项目中，需要使用 GLFW 库，这可从 GLFW 官网下载。在 Windows 系统中安装 GLFW 后，将环境变量 GLFW_LIBRARY 设置为文件 glfw3.dll 的完整路径，让 Python 能够找到这个库。文件 glfw3.dll 的完整路径类似于下面这样：C:\glfw-3.0.4.bin.WIN32\lib-msvc120\glfw3.dll。

要在 Python 中使用 GLFW，需要导入模块 pyglfw，它只包含一个 Python 文件——glfw.py。不需要安装 pyglfw，因为本书的源代码提供了它，可在本书配套源代码的 "/common" 中找到。如果要安装更新的版本，可从 GitHub 中的 rougier/pyglfw 项目下载。

还需确保在计算机中安装了显卡驱动程序，因为很多程序（尤其是游戏）都会使用 GPU。

2. 安装其他模块

还需安装其他几个模块，因为 Anaconda 标准发行版没有提供它们。为此，可在 Anaconda 提示符下执行如下命令：

```
conda install -c anaconda pyaudio
conda install -c anaconda pyopengl
```

A.2.2　macOS

访问 Anaconda 官网，下载 macOS 版本的 Anaconda 安装文件。安装完毕后打开一个终端，并执行命令 which python。输出将指出 Anaconda Python 的版本，如果没有，在.profile 文件中添加 Anaconda 安装路径（将其中的 your_anaconda_install_dir_path 替换为 Anaconda 安装路径）：

```
export PYTHONPATH=your_anaconda_install_dir_path:$PYTHONPATH
```

1. 安装 GLFW

在本书基于 OpenGL 的三维图形项目中，需要使用 GLFW 库，这可从 GLFW 官网下载。请选择选项 macOS Pre-compiled Binaries，并将下载的文件夹复制到 Home 文件夹中。例如，在我的计算机中，Home 文件夹为/Users/mahesh/。

接下来，需要在.profile 文件中添加如下内容（根据实际情况修改其中的路径）：

```
export GLFW_LIBRARY=/Users/mahesh/glfw-3.3.8.bin.MACOS/lib-universal/libglfw.3.dylib
```

首次运行使用 GLFW 的程序时，可能出现安全警告，需要在 Security（安全）下的 System Preferences（系统首选项）中允许程序运行。

2. 安装其他模块

接下来，需要安装其他一些模块，因为 Anaconda 标准发行版没有提供它们。为此，可在终端执行如下命令：

```
conda install -c anaconda pyaudio
conda install -c anaconda pyopengl
```

A.2.3　Linux

Linux 系统通常自带 Python，还有构建必要包所需的所有开发工具，因此不需要安装 Anaconda。在大多数 Linux 发行版中，都可使用 pip3 来安装本书所需的包，相关命令类似于下面这样：

```
sudo pip3 install matplotlib
```

另一种安装包的方式是，下载模块源代码（通常包含在.gz 或.zip 文件中），将其解压缩到一个文件夹中，再像下面这样安装：

```
sudo python setup.py install
```

可采用上述任何一种方法安装本书所需的包。

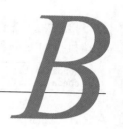

设置树莓派

本附录介绍如何设置树莓派，以让读者能够使用它来完成第 13～15 章的项目。完成这些项目时，可使用树莓派 3B+或树莓派 4B，在这两种树莓派上安装操作系统和软件的方式相同。除树莓派外，还需要一个兼容电源和一个容量不少于 16GB 的 micro SD 卡。

B.1　安装操作系统

在树莓派上安装操作系统的方式有多种，这里简要地介绍较简单的一种——使用 Raspberry Pi Imager。

1. 从树莓派官网的 Software 页面下载 Raspberry Pi Imager。
2. 将 micro SD 卡插入计算机（可能需要使用 micro SD 卡适配器）。
3. 打开 Raspberry Pi Imager，并单击 Choose OS（选择操作系统）按钮，打开如图 B.1 所示的对话框。

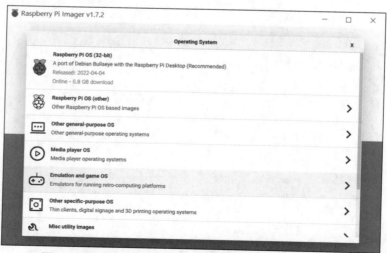

图 B.1　Raspberry Pi Imager 中的 Operating System 对话框

4. 单击选项 Raspberry Pi OS（根据你的设备选择 32-bit 或其他）。

5．单击 Choose Storage（选择存储位置）按钮，将出现类似于图 B.2 所示的对话框。

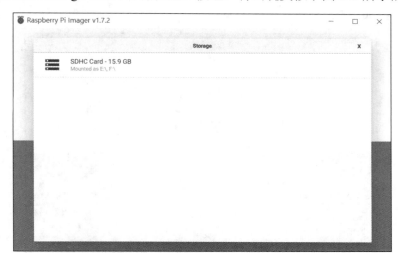

图 B.2　Raspberry Pi Imager 中的 Storage 对话框

6．其中列出了插入的 micro SD 卡，请单击它。

7．单击齿轮图标打开 Advanced options（高级选项）对话框，如图 B.3 所示。

图 B.3　Raspberry Pi Imager 中的 Advanced options 对话框

8．在文本框 Set hostname（设置主机名）中，给树莓派指定一个名称。在图 B.3 中，指定的名称为 audioml。默认情况下，安装 Raspberry Pi OS 时会启用服务 Avahi，能够通过局域网访问树莓派，在指定的名称后面加上.local（如 audioml.local）即可。相比于必须牢记并使用 IP 地址，这要方便得多。

9. 在 Advanced Options 对话框中，设置用户名和密码，并启用 SSH。再向下滚动到与 Wi-Fi 连接相关的选项，如图 B.4 所示。

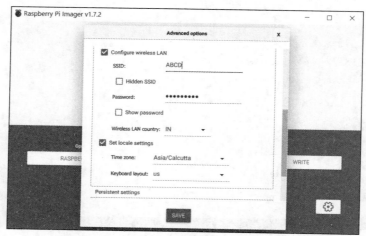

图 B.4   Raspberry Pi Imager 中的 Wi-Fi 设置选项

10. 指定 Wi-Fi 设置，如图 B.4 所示。指定完所有设置后，单击 SAVE（保存）按钮，再单击 WRITE（写入）按钮，将所有这些信息都写入 micro SD 卡。

11. 将 micro SD 卡插入树莓派，再启动树莓派，它将自动连接到 Wi-Fi 网络。

现在应该能够使用 SSH 远程登录树莓派了。具体如何登录，稍后将介绍。

B.2   测试连接

为检查树莓派是否连接到了局域网，可在计算机的命令行终端中执行 ping 命令。例如，下面说明了在 Windows 命令提示符窗口发起的 ping 会话是什么样的：

```
$ ping audioml.local

Pinging audioml.local [fe80::e3e0:1223:9b20:2d6f%6] with 32 bytes of data:
Reply from fe80::e3e0:1223:9b20:2d6f%6: time=66ms
Reply from fe80::e3e0:1223:9b20:2d6f%6: time=3ms
Reply from fe80::e3e0:1223:9b20:2d6f%6: time=2ms
Reply from fe80::e3e0:1223:9b20:2d6f%6: time=3ms

Ping statistics for fe80::e3e0:1223:9b20:2d6f%6:
    Packets: Sent = 4, Received = 4, Lost = 0 (0% loss),
Approximate round trip times in milli-seconds:
    Minimum = 2ms, Maximum = 66ms, Average = 18ms
```

上述 ping 命令输出指出发送了多少个字节，以及多长时间后有应答。如果出现的是消息"Request timeout…"，就表明树莓派没有连接到网络。在这种情况下，请在网上搜索故障排除策略。例如，在 Windows 计算机中，可尝试以管理员身份打开一个命令提示符窗口，并执行命令 arp -d 清除 ARP 缓存（ARP 是一种用于检测网络中其他计算机的协议），再尝试执行命令 ping。如果依然以失败告终，可给树莓派接上显示器和键盘，再检查它能否连接到互联网。

B.3 使用 SSH 登录树莓派

可给树莓派接上键盘、鼠标和显示器，以便直接操作它。但就本书的项目而言，最方便的做法是在台式机或笔记本计算机中使用 SSH 远程登录树莓派。如果经常从同一台计算机远程登录树莓派，可能会觉得每次都需要输入密码很让人恼火。可使用 SSH 自带的工具 ssh-keygen，创建公钥/私钥方案，让你无须输入密码就能安全地登录树莓派。为此，macOS 和 Linux 用户可按下面的流程做（对于 Windows 用户，可使用 PuTTY。要获悉这方面的更详细信息，可在网上搜索相关资料）。

1. 在计算机终端中执行命令 ssh-keygen，生成一个密钥文件：

```
$ ssh-keygen
Generating public/private rsa key pair.
Enter file in which to save the key (/Users/xxx/.ssh/id_rsa):
Enter passphrase (empty for no passphrase):
Enter same passphrase again:
Your identification has been saved in /Users/xxx/.ssh/id_rsa.
Your public key has been saved in /Users/xxx/.ssh/id_rsa.pub.
The key fingerprint is:
--省略--
```

2. 将这个密钥文件复制到树莓派中，为此可使用 SSH 自带的命令 scp。请执行如下命令（将其中的 IP 地址替换为树莓派的实际 IP 地址）：

```
$ scp ~/.ssh/id_rsa.pub pi@192.168.4.32:.ssh/
The authenticity of host '192.168.4.32 (192.168.4.32)' can't
be established.
RSA key fingerprint is f1:ab:07:e7:dc:2e:f1:37:1b:6f:9b:66:85:2a:33:a7.
Are you sure you want to continue connecting (yes/no)? yes
Warning: Permanently added '192.168.4.32' (RSA) to the list of
known hosts.
pi@192.168.4.32's password:
id_rsa.pub                          100%  398     0.4KB/s   00:00
```

3. 登录树莓派，核实密钥文件已复制到树莓派（同样将其中的 IP 地址替换为树莓派的实际 IP 地址）：

```
$ ssh pi@192.168.4.32
pi@192.168.4.32's password:

$ cd .ssh
$ ls
id_rsa.pub  known_hosts

$ cat id_rsa.pub >> authorized_keys
$ ls
authorized_keys  id_rsa.pub  known_hosts
$ logout
```

下次登录树莓派时，不会再要求输入密码了。另外，在这个示例中，执行命令 ssh-keygen 时指定的口令 passphrase 为空，这是不安全的。在本书涉及树莓派的项目中，不需要太在乎安全问题，因此这种做法是可行的。但在其他情况下，可能应该考虑指定口令。

B.4　安装 Python 模块

在树莓派上安装操作系统时，已安装第 13～15 章中项目所需的大部分 Python 模块。对于其他模块，可使用 SSH 登录树莓派，再逐个执行下面的命令来安装它们：

```
$ sudo pip3 install bottle
$ sudo apt install python3-matplotlib
$ sudo apt-get install python3-scipy
$ sudo apt-get install python3-pyaudio
$ sudo pip3 install tflite-runtime
```

这样做后，应该能够完成本书使用树莓派的所有项目。

B.5　远程使用 Visual Studio Code

使用 SSH 登录树莓派后，可在计算机上编辑源代码，并使用命令 scp 将之传输到树莓派，但这种做法比较麻烦。还有一种更好的方法，那就是使用 Visual Studio Code。Visual Studio Code（VS Code）是一款流行的代码编辑器，出自 Microsoft 之手。这款编辑器支持大量改善功能的插件（扩展），通过其中的 Visual Studio Code Remote – SSH 能够从计算机连接到树莓派，并直接编辑其中的文件。有关如何安装该扩展的详细信息，请参阅 Visual Studio Code 官方文档中的"Remote Development using SSH"。